设计科学研究方法

由振伟　刘键　侯文军　孙炜　著

北京邮电大学出版社
www.buptpress.com

内 容 简 介

本书全面深入地介绍了设计科学研究领域中的基本概念、常用的定性和定量研究方法以及论文撰写的基本流程及规范，对研究方法的实施过程、相关案例、优缺点进行了详细介绍。

本书内容翔实丰富、深入浅出，可以作为高等院校设计艺术学、环境设计、建筑设计、展示设计等专业的研究生和高年级本科生相关课程的教材或理论科研参考书，也可以作为相关产业服务人员的理论指导手册。

图书在版编目(CIP)数据

设计科学研究方法 / 由振伟等著. -- 北京：北京邮电大学出版社，2020.7(2023.9 重印)

ISBN 978-7-5635-6063-9

Ⅰ.①设… Ⅱ.①由… Ⅲ.①设计学—研究方法 Ⅳ.①TB21-3

中国版本图书馆 CIP 数据核字(2020)第 081991 号

策划编辑：姚　顺　刘纳新　　**责任编辑**：刘春棠　　**封面设计**：徐湘男　柏拉图

出版发行：北京邮电大学出版社
社　　址：北京市海淀区西土城路 10 号
邮政编码：100876
发 行 部：电话：010-62282185　传真：010-62283578
E-mail：publish@bupt.edu.cn
经　　销：各地新华书店
印　　刷：唐山玺诚印务有限公司
开　　本：787 mm×1 092 mm　1/16
印　　张：15
字　　数：372 千字
版　　次：2020 年 7 月第 1 版
印　　次：2023 年 9 月第 3 次印刷

ISBN 978-7-5635-6063-9　　定价：75.00 元

序

长期以来，设计学科在中国的发展路径迂回曲折，游离在科学和艺术之间的模糊性一直让人难以琢磨，莫衷一是。从早先工艺美术体系派生的艺术设计理论到工程设计把设计归结为工业造型和人机关系的理论，都是设计在不同时代的反映，这种反映展现了设计作为人工物品和设计作为意义载体所具备的不同关系。今天，从设计学科所面临的复杂问题来看，这样的认识又需要用新的视角去观察：设计所面对和解决的问题日益庞大而复杂，设计学科的边界日益模糊、设计学科与其他学科之间的交叉也越来越混合，过去的设计知识结构已经很难对付现在的设计问题，更不要说设计学科还要不断面临未来挑战的巨大压力。因此，重新构筑设计学科的知识结构变得十分重要！否则将会难以应对社会不断发展和科技创新不断涌现的问题。

改变设计知识结构的重要一步就是转换对设计学科的认识，即不再把设计仅仅看作是关乎造型外观和审美的层面，而是把设计从科学研究的角度去理解和认识。设计问题是面对用户从人机关系到消费行为的深入分析，是对交互体验和社会关系的深入理解；设计研究是对复杂问题抽丝剥茧的分析过程，是从信息的收集、整理、归纳到解码与重构的过程；在这一过程中，从社会学到心理学，从逻辑分析到问题定义，都需要采用不同学科的研究方法并加以综合应用。从另一方面看，科学的研究方法对训练和形成设计研究的系统知识架构具有非常重要的作用，这一点针对完全基于艺术感性设计训练的学生和设计师来说尤为关键，因为设计具有感性与理性、艺术与科学、逻辑与直觉高度统一的特征，这一特征也是设计研究者应当具备的最重要的素质。

由振伟等老师所著的《设计科学研究方法》一书正好符合了这样一个大时代的需求。对于今天的设计研究者们来说，这本书是一场及时雨。该书整理了一系列设计科学研究中比较重要和常见的研究方法，具有重要的参考价值和实操性，相比很多书把设计过于理论化的状况，这本书更加实用和落地，给读者们带来更加具有现实意义和具体操作过程的引导。

从本书的内容来看主要有几个重要特点：(1)内容新，直接和国际院校通行的设计研究知识与方法接轨;(2)系统性,全书框架系统性强,在内容上充分考虑各种研究方法的系统关联;(3)应用性,强调方法的应用和实证性,相关案例对理解研究方法很有帮助。

相信本书的出版将会进一步促进设计研究的发展,也会让设计研究的应用得到更加脚踏实地的推广。

蔡　军

清华大学美术学院

2020/6/11

前　言

设计的成功与否直接影响一个企业的生存，设计的优劣甚至能够影响一个国家在全球的经济竞争力。近年来，中国崛起了一批像华为、小米这样以设计为主导的成功企业。中国正在由制造强国向设计强国转变。设计的核心任务是满足用户和市场需求、帮助企业实现经济效益。这就要求设计必须要准确，要基于事实依据开展工作和进行决策。无论是企业层面，还是国家层面，都要求设计的定位、方向、策略必须正确。设计科学就是应对这一客观需求而逐渐形成的一门学科，这一学科的知识体系要求探索如何运用科学的思维、科学的方法和手段进行精确设计。

在中国学术界，设计是以艺术为基础发展起来的。设计领域中的研究往往注重造型形式，注重美学评价，注重思维思想，注重实际应用，但不够科学，不够准确。在美国、欧洲和日本的很多高校，设计都是工科专业。他们注重系统方法理论，注重工程技术和科学研究。1987 年，日本的千叶大学在全球率先成立了设计科学系，分别在设计心理、人因情报、设计管理、设计文化等多学科领域开展设计科学研究，培养了一批设计科学研究的优秀人才。越来越多的中国设计师和设计教育工作者也开始意识到设计科学研究的重要性，并开始学习设计科学。然而设计科学是一门综合的应用科学，深入学习非常之难。这门科学实际上学习和借鉴了经济学、社会学、心理学、行为学，甚至生物医学多个学科领域的实验和研究方法，并合理地运用到了设计之中。学习者不仅要有设计基础，更要有文理或文工交叉的知识背景和较强的学习能力。科学研究是偏工科的数据型研究，所持有的是理性思维，然而从事艺术设计的人往往思维偏向于抽象，如何将两者完美结合，是一个非常大的难题。这一难题也对设计教育提出了更高的要求。

关于研究方法的著作有很多，但关于设计科学研究过程和程序实施详解的著作很少。一些书籍尝试从设计的角度介入研究，但却无法科学而深入地进行讲解与阐释，始终停留在定性分析讨论或基础的描述性统计分析层面上。一些书籍则是想从其他学科来切入设计，将其他学科的研究方法生搬硬套在设计环节之中，但又由于知识背景不够完善，对设计的理解不够充分，缺乏设计思维，因此根本无法有效地挖掘对设计实施有用的信息。拥有工科设计背景的作者也曾有过如何将设计与科学研究相结合的困惑。经过近十年的学习研究和实践，作者积累了一系列研究方法的相关资料，并和本书编撰团队的其他成员共同整理归纳了设计科学研究中最为常用的一些方法，著述于此书。

本书共有 6 部分。第 1 部分主要介绍本书的构成、使用方法以及设计科学研究中的基本概念。第 2 部分和第 3 部分介绍调查研究方法和实验研究方法的基本概念、实施流程和实施手段。第 4 部分和第 5 部分介绍设计研究领域常用的定性与定量研究方法。最后一部分介绍研究论文撰写的基本概念以及撰写规范。

编撰本书的目的是为对设计科学研究感兴趣的学生提供学习参考。作为入门的基础知识书籍，本书可以帮助学生了解设计科学的基本概念，引导学生掌握如何针对自己研究的对象和假设，选取研究方法和设计实验，并以科学的手段挖掘设计要素和进行设计决策。为方便学生更好地学习理解和掌握，书中描述、援引了大量的实际案例来详细阐明每一种研究方法的实施流程和实施手段。此外，本书还介绍了研究论文撰写的相关知识和格式规范。本书适合进行设计研究的硕士生、博士生以及做研究报告的产业服务者使用。通过对本书的学习，学生可以更好地完成从提出设计问题到开展设计研究再到设计研究论文写作和发表的系列科研工作，产业服务者可以大大缩短进入设计科学研究领域的学习时间。

本书的编撰得到了多方面的大力支持。首先，感谢日本筑波大学的小山慎一教授和千叶大学的日比野治雄教授。在他们的引导下，作者在学习研究生涯中才得以顺利开启设计科学研究的大门。其次，感谢本书编撰团队成员侯文军教授、刘键副教授和孙炜副教授的辛勤工作和配合。最后，感谢我的研究生团队在资料收集和整理过程中作出的巨大贡献。

2019 年 12 月于北京

目　录

第1部分　绪论

第2部分 调查研究方法

第 3 部分　实验研究方法

第 4 部分　定性研究方法

第5部分 定量研究方法

第6部分　研究论文撰写

第1部分　绪论

第1章　本书的构成与使用方法

1.1　本书阅读引导

本书分为6部分，第1部分主要介绍本书的构成、使用方法以及设计科学研究的基本概念，第2部分和第3部分介绍调查研究方法和实验研究方法的基本概念、实施流程和实施手段，第4部分和第5部分介绍设计研究领域常用的定性与定量研究方法，最后一部分介绍研究论文撰写的基本概念以及撰写规范。各章节之间的关系如图1-1所示。

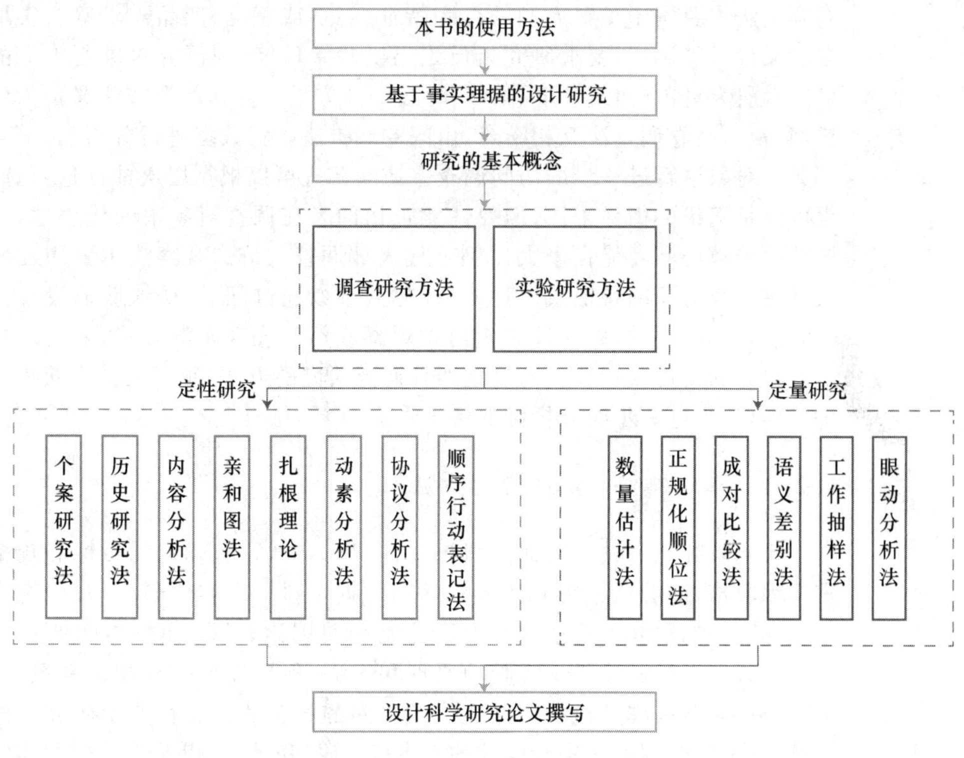

图1-1　章节关系图

1.2 各部分的构成与使用方法

1.2.1 第1部分:绪论

第1部分主要介绍了本书的构成、使用方法,以及设计、实证研究、设计研究与研究的基本概念与相关背景,对设计领域中实证研究的发展进行回顾与展望,并对作为一门科学的设计学进行概念、方法上的明确与论证。设计研究发展到现在这一阶段,似乎进入了一个门槛期。学科理论体系对于应用性理论的需求日益增长,社会实践中也出现越来越多的问题,有待理论指导与解释。基于实际现象、事实数据进行研究获得可靠的理论知识,成为当下设计发生转变的重要主题。在这一背景下,回顾与整合设计学与科学的基本概念,了解如何科学地进行设计研究,非常重要。

1.2.2 第2部分:调查研究方法

调查研究是人们对实际情况进行考察,以探求客观事物的真相、性质和发展规律的一种活动,是人们认识社会、改造社会的一种科学方法。在调查研究方法这一章中,将介绍调查研究中的两个主要概念:抽样和量表,以及调查研究的四种主要手段:问卷调查法、实地考察法、访问调查法、观察法。问卷调查法主要用于了解人们的行为特征、态度或意见、产品需求等。实地考察法又称田野调查,要求研究人员走出实验室环境,到研究对象所生活的环境或者研究对象(建筑环境、物体)存在的地方进行。访问调查法又称为访谈法,常常与问卷调查法互相结合,由问卷调查法收集数据进行分析后,筛选确定典型对象进行进一步的访问调查。访问调查可以根据层次抽样进行选取,也可以是随机的街头采访,但要注意被访问者在调查对象中的代表性,即随机选取的被访问者能在多大比例上代表被调查人群。观察法主要用在研究人员对研究对象的特征或属性不够熟悉,难以通过问卷、访谈获取设计信息的时候,研究人员可以通过非参与式观察或参与式观察的方式,来记录提取观察对象的属性或特征。通过这四种调查研究的方法,研究人员将获得第一手资料,来为进一步的分析做准备。

1.2.3 第3部分:实验研究方法

实验研究是一种直接研究(Primary Research),有确定的目标和规范的实施手段,并能够通过研究获得一手的数据资料。在实验研究中,研究人员要选择适当的群体,通过不同手段控制相关因素,并检验群体间的反应差别[1]。研究人员通过科学实验的原理和方法,预先提出一种相关关系假设,然后通过实验操作来检验并建立变量之间的相关关系。在实验研究方法这一章中,主要介绍科学实验涉及的基本概念、操作范式,以及实验的分类。在进一步了解设计研究中用于评价设计方案或具体涉及对象、属性特征时所用

的方法前，对于实验的基本概念的了解，有助于设计专业的学生和研究学习者掌握基本的实验要领，明确实验中保持严谨实验态度的重要性，避免实验偏见或者有较大误差的实验结果。

1.2.4　第4部分：定性研究方法

定性研究（Qualitative Research）又称为质性研究，指的是在非实验环境下，使用定性研究的手法对社会现象进行深入研究。定性研究方法指的是根据社会现象或事物的特征和变化，从事物的内在规定性来研究事物的一种方法或角度。定性研究考察研究对象的属性、特征以及对象之间的关系。

定性研究的调查和资料获取方法包括开放式访谈、观察法、个案研究、文献分析、实地考察等，分析手段以归纳、推理、论证和检验为主。对定性研究获得的结论进行报告时，需要对研究过程进行描述[2]。由于研究人员主导研究实施，所以需要特别注意个人经验、偏见对研究逻辑链构建的影响[3]。比如图1-2所示，在理想状态下，研究人员沿着设计研究的步骤一步步往下走，最终可以得到无明显偏见影响的结论；当研究步骤获得的结果被偏见影响时，研究整体的结论也将发生变化。

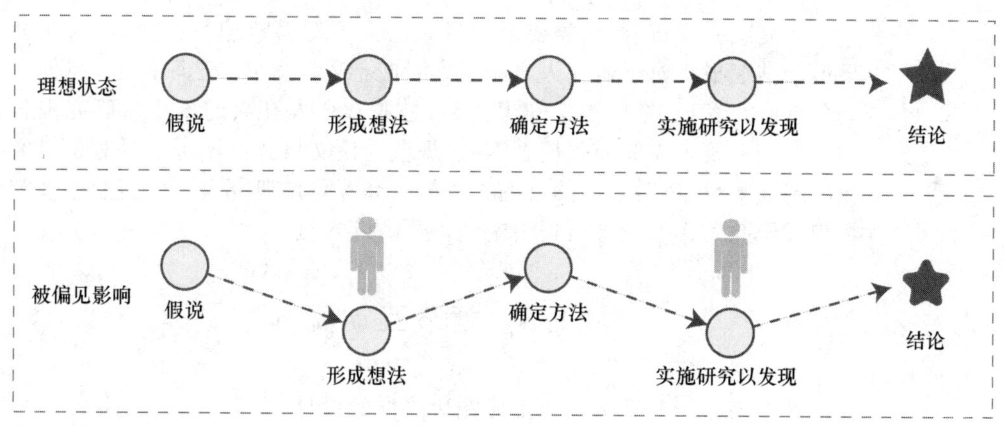

图1-2　理想状态下和被主观偏见影响的逻辑链

定性研究可以分为实地研究和案头研究两类。其中，个案研究法既可以用于研究实际发生的现象，也可以用于档案、访谈录、回忆录等文本记录的现象[4]。在实际操作时，观察法、访谈法等资料获取手段均可用于支撑个案研究法的实施。长期地、系统地、整体地对设计活动、现象进行研究，可以用于解释设计产物、设计文化，明确其潜藏的意义与价值[5]。

定性研究有两个层次，一种是没有数量分析的纯定性研究，结论往往是概括的、思辨的，另一种是建立在定量分析基础上的定性研究。在实际研究中，定性研究与定量研究常常结合使用。在进行定量研究之前，可以借助定性研究确定所要研究的现象的性质。而在进行定量研究的过程中，研究者也可以借助定性研究确定现象发生质变的数量界限和引起质变的原因。

在定性研究中，将根据适用的类型分类进行方法讲解。进行主观讨论时所运用的方法包含个案研究法、历史研究法、内容分析法、亲和图法和扎根理论。进行客观实验时所运用的方法包含动素分析法、协议分析法、顺序行动表记法。

1.2.5 第5部分：定量研究方法

定量研究(Quantitative Research)又称为量化研究，定量研究方法是一种基于统计和抽样的数据资料进行分析以得到具备数据特征的结论的研究方法[6]。定量研究一般采用统计调查法或实验法进行，其要求研究人员收集足够精确的、有代表性的样本数据资料，在设定实验前作出符合一般事实或认知的假设[7]。通过定量研究，可以获得以下类型的数据：

(1) 人的认知规律或认知倾向；

(2) 人的行为决策模型；

(3) 人的生理或情感偏好；

(4) 事实或问题在各方面的发展现状。

在定量研究中，将介绍数量估计法(ME法)、正规化顺位法、成对比较法(PC法)、语义差别法(SD法)、工作抽样法以及眼动分析法。

1.2.6 第6部分：研究论文撰写

在完成一项实验后，需要进行研究论文的材料整理与撰写，以对研究成果做总结汇报。对于研究人员来说，将研究成果公布在互联网上，与他人共同分享研究发现、拓展构建知识体系，是非常令人高兴的事情。研究报告在学术期刊上发表需要通过期刊审核，规范的论文格式必不可少。对于研究报告的阅读来说，还需要让阅读的人了解研究背景。研究人员应当能够规范地将相关研究工作背景进行援引论证，避免抄袭、剽窃。

1.3 章节互动阅读

在本书的一些章节内包括像左边这样的设计。

方法地图

这一由横纵交错的黑白方块构成的图形被称为二维码，使用者可以通过使用智能手机扫描二维码，来获取更多的信息。扫描时需要首先打开一个可以识别二维码的移动应用，比如微信、QQ等。开启应用的二维码扫描功能后，将二维码框移动到这一图形上，手机会自动链接到本书所附加的内容。本书中绝大多数二维码需要使用“北邮智信”App来了解详情。如果你没有智能手机，可以发邮件给我们，或者寻求身边有智能手机的人的帮助。

1.4 方法地图

对于第8章到第19章中介绍的设计研究方法，本书绘制了方法地图(如图1-3所示)。该地图展现了各个方法的主要实施步骤，并根据研究人的感觉认知、对信息做整理分析、对行为行动进行研究分为三大类。

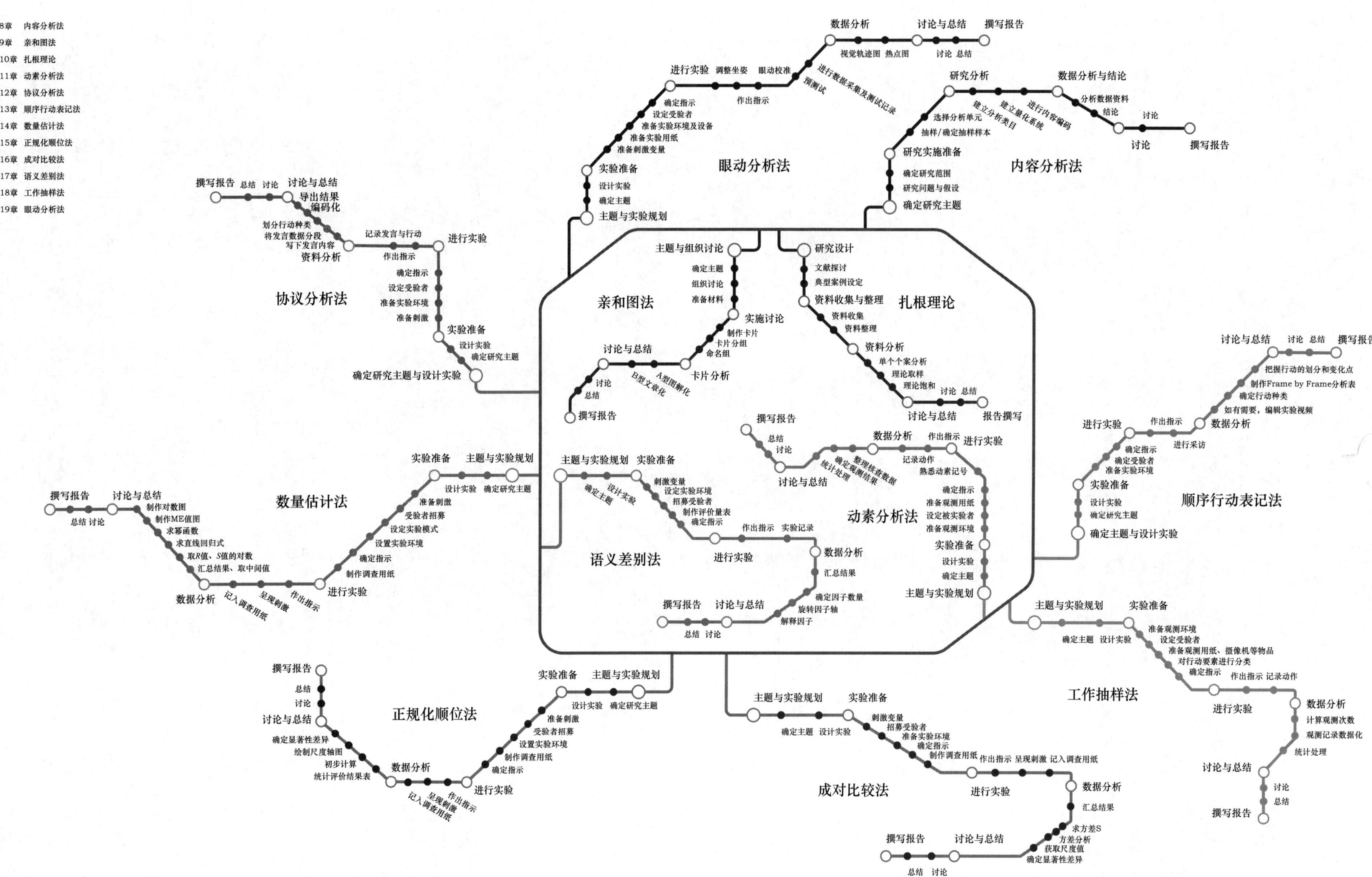

第8章 内容分析法
第9章 亲和图法
第10章 扎根理论
第11章 动素分析法
第12章 协议分析法
第13章 顺序行动表记法
第14章 数量估计法
第15章 正规化顺位法
第16章 成对比较法
第17章 语义差别法
第18章 工作抽样法
第19章 眼动分析法
眼动分析法
主题与实验规划
确定主题
设计实验
实验准备
准备刺激变量
准备实验用纸
准备实验环境及设备
设定受验者
确定指示
进行实验
调整坐姿
眼动校准
作出指示
预测试
进行数据采集及测试记录
数据分析
视觉轨迹图
热点图
讨论与总结
讨论
总结
撰写报告
内容分析法
确定研究主题
研究问题与假设
确定研究范围
研究实施准备
抽样/确定抽样样本
选择分析单元
建立分析类目
建立量化系统
进行内容编码
研究分析
数据分析与结论
分析数据资料
结论
讨论
撰写报告
协议分析法
确定研究主题与设计实验
确定研究主题
设计实验
实验准备
准备刺激
准备实验环境
设定受验者
确定指示
进行实验
作出指示
记录发言与行动
资料分析
写下发言内容
将发言数据分段
划分行动种类
编码化
导出结果
讨论与总结
讨论
总结
撰写报告
亲和图法
主题与组织讨论
确定主题
组织讨论
准备材料
实施讨论
制作卡片
卡片分组
命名组
卡片分析
A型图解化
B型文章化
讨论与总结
讨论
总结
撰写报告
扎根理论
研究设计
文献探讨
典型案例设定
资料收集与整理
资料收集
资料整理
资料分析
单个个案分析
理论取样
理论饱和
讨论与总结
讨论
总结
报告撰写
顺序行动表记法
确定主题与设计实验
确定研究主题
设计实验
实验准备
准备实验环境
准备受验者
确定指示
进行实验
作出指示
进行采访
数据分析
如有需要，编辑实验视频
确定行动种类
制作Frame by Frame分析表
把握行动的划分和变化点
讨论与总结
讨论
总结
撰写报告
数量估计法
主题与实验规划
确定研究主题
设计实验
实验准备
设置实验环境
设定实验模式
受验者招募
准备刺激
确定指示
制作调查用纸
进行实验
作出指示
呈现刺激
记入调查用纸
数据分析
汇总结果、取中间值
取R值、S值的对数
求直线回归式
求幂函数
制作ME值图
制作对数图
讨论与总结
讨论
总结
撰写报告
语义差别法
主题与实验规划
确定主题
设计实验
实验准备
刺激变量
设定实验环境
招募受验者
制作评价量表
确定指示
进行实验
作出指示
实验记录
数据分析
汇总结果
确定因子数量
旋转因子轴
解释因子
讨论与总结
讨论
总结
撰写报告
动素分析法
主题与实验规划
确定主题
设计实验
实验准备
准备观测环境
设定被实验者
准备观测用纸
确定指示
进行实验
作出指示
记录动作
熟悉动素记号
数据分析
整理核查数据
确定观测结果
统计处理
讨论与总结
讨论
总结
撰写报告
工作抽样法
主题与实验规划
确定主题
设计实验
实验准备
准备观测环境
设定受验者
准备观测用纸、摄像机等物品
对行动要素进行分类
确定指示
进行实验
作出指示
记录动作
数据分析
计算观测次数
观测记录数据化
统计处理
讨论与总结
讨论
总结
撰写报告
正规化顺位法
主题与实验规划
确定研究主题
设计实验
实验准备
准备刺激
受验者招募
设置实验环境
制作调查用纸
确定指示
进行实验
作出指示
呈现刺激
记入调查用纸
数据分析
统计评价结果表
初步计算
绘制尺度轴图
确定显著性差异
讨论与总结
讨论
总结
撰写报告
成对比较法
主题与实验规划
确定主题
设计实验
实验准备
刺激变量
招募受验者
准备实验环境
确定指示
制作调查用纸
进行实验
作出指示
呈现刺激
记入调查用纸
数据分析
汇总结果
求方差S
方差分析
获取尺度值
确定显著性差异
讨论与总结
讨论
总结
撰写报告

图1-3 本书方法地图

第2章　基于事实理据的设计研究

2.1　实证研究的概念与发展

基于事实理据进行研究以获取科学知识的方法被称为实证研究(Empirical Research),实证研究要求研究人员在研究过程中始终注意以实际信息作为推断分析的参考、作为引导支撑研究进行的关键内容。实证研究尤其注重采用科学的研究方法和严谨的研究态度,并且具有鲜明的直接经验特征。一般的,实证研究方法包括数理实证研究和案例实证研究,相对应的调研所获得的数据类型是定量数据和定性数据。衡量一个研究是否是实证研究的方法是看文章中是否呈现有效的数据。

实证研究方法主要经历了方法论确定、技术方法研究、应用与发展三个阶段。在方法论确定阶段(1830—1900年),主要以哲学观点来探讨实证研究的学术地位。在技术方法研究阶段(1900—1964年),将概率、统计技术应用于实证研究分析,并得到了广泛的认可。在应用与发展阶段(1964年至今),实证研究在经济领域、医学领域、建筑设计领域得以实践运用。

一般的,实证研究方法有基于事实、可量化、可验证或可重复验证四个特征。具体来说,实证研究方法泛指所有经验性研究方法,包括观察法、案例法、访谈法、问卷调查法等。实证研究中的资料分析主要以数学统计和计量经济技术作为技术手段,并主要是通过归纳的思维方式,通过个别现象归纳推理得到一般性的、普遍性的结论。

2.2　设计学呼吁实证研究

人类通过有意识地展开行为活动来改变生活环境和精神世界,这一过程中的规划、技术性创造、创意活动,即可归为设计。设计活动中产生的种种现象、问题的解决、涉及的各种因素的属性与性质,即形成设计相关的学问。文艺复兴时期的艺术家瓦萨里在佛罗伦萨创立设计学院 Accademia del Disegno,标志着设计学科的形成[8]。设计学科主要包含设计理论、设计史、设计批评三大方面[9]。我国所建立的设计学学科主要源于德国古典美学理论体系。自1980年胡经之教授正式提出文艺美学的概念后,西方美学思潮涌入,中国学术体系中设计学的定位渐渐偏向美学、理论，而疏于实践、应用。而科学地进行研究，强调学科知识的可靠性、研究数据及结果的可重复，“用事实证据说话”是科学研究最基本的原则。

与此同时，随着设计行业的蓬勃发展，其间积累了大量的经验和数据，却没有相对应的理论知识来进行深入的研究[10]。由于设计学常常被归于艺术领域，所应用的方法范式遵循传统的美学艺术理论系统，因此无法对行业现象作出相对应的反馈。行业中，产业和技术对于研究性人才的需求日益增长，越来越多的国内外公司希望入职的设计师能够具备一定的研究背景。产品如何有效服务于市场、消费者的行为与心理特征，都为产品服务提供者所关注。一个可靠、有效、有说服力的设计方案，是提高产品综合竞争力的必要条件。

在教育界，行业的发展势必影响教育的培养重心，科学有效地进行设计研究是设计教育培养的必然趋势。在学术界，设计学的发展使得其从其他知识中脱离出来成为单独的一门学科，而采用可靠的研究方法获取的设计结论，则有助于设计科学为学术界所认同。设计学的专业知识传承、学习与实践模式与医学相似，在社会市场发展进程中，这两门学科都曾面临受到客户质疑的局面。从经验走向理性，是设计学发展的必然趋势。

获得有效的、基于事实的数据来为设计提供方向指导，支持设计决策的确定，将成为设计者最需要获得的能力之一。设计教育工作者也应将设计视为一门科学，将设计这一行为活动本身看作是科学活动，以严谨、探索、求知的精神从事设计教育。当下设计学亟待解决的重要问题是如何扩展学科的理论体系框架，科学化设计实施的过程。解决这一问题需要融汇工程学、统计学、心理学等多学科的方法，需要所有研究人员的共同努力。

2.3 设计学的多学科背景

2.3.1 统计学

统计学是一门基于数据分析，通过搜索、收集、整理、总结归纳和分析等手段，发现现象本质、预测未来，从而得到正确信息的综合性科学。其应用领域广泛，涉及自然科学、社会科学多个学科领域，是一种从数据的角度来发现现象中蕴含的规律的工具。在信息时代下，统计学与信息、计算机等领域密切结合，由此应运而生的大数据影响着数据科学的发展，也为设计研究提供了新的用户研究、市场洞察角度。

统计学起源于对国家经济、人口情况的描述，一开始属于经济史范畴。随着计算机的广泛应用，统计学逐渐数学化，统计学模型得以构建并得到广泛的应用。推断理论研究的发展盛行使抽样调查方法与技术在政府统计以及企业质量控制中得到广泛应用。现代统计学出现了许多新的分支和应用，

包括决策论、多元统计、博弈论、非参数统计、分类学等，数理统计学不断发展扩大。

设计研究涉及对群体样本进行研究与分析，不可避免地要用到统计学理论与统计学模型。通过一些设计研究方法获得的资料，也需要使用统计学的方法原理进行进一步的分析与验证。统计学保证抽样分析结果的可靠性，为数据分布提供多种分布模型。设计研究想要获得可靠、丰富的调研结论，对统计学方法的理解与运用必不可少。

2.3.2　心理学

心理学是一门融合自然科学和社会科学的交叉学科，其研究内容涉及人类及其他动物的内在心理历程、精神功能和外在行为，研究同时兼顾理论性与实践性。心理学在历史中发展缓慢，其在近代工业生产变革的推动下形成诸多新的分支，实现从心理现象思辨过渡到心理实验范式构建，逐渐从哲学中分离并发展成一门独立的科学[11]。人是社会活动的主体、设计研究主要的研究对象，了解人对于设计研究的开展非常有必要。熟悉人的身体、行为和心理特征，掌握相关实验方法，有助于在涉及人相关的研究中获得无差误的研究结论。

设计心理学这一概念来源于美国认知心理学家 Donald Arthur Norman 的《设计心理学》一书。心理学中对于人情感与认知的研究，对理解设计、设计执行有很大的帮助。从用户行为分析、需求挖掘，到用户体验研究、人因工程测试，再到可用性测试，设计研究的每一环节都与心理学息息相关。

心理学应用在用户体验中，可以指导设计思想从“以机器为本”转变为“以人为本”，在设计实践中，注重思考人的动机与心理，注意用户使用产品过程中的操作困难，重视用户的真实需求，能够更好地改进有形或无形的产品，提升设计的价值。

2.3.3　工程学

工程学又称为工学，是通过研究与实践应用数学、自然科学、社会学等基础学科的知识，来改良各行业中现有建筑、机械、仪器、系统、材料和加工步骤的设计和应用方式的一门学科。第二次世界大战期间，人机工程学得以进一步发展。为了实现人员与机器的有效配合，研究人员对人机系统展开了多种实践意义较强的研究。人机工程学的思想与原则被多个行业加以实践应用，人与工具的关系协调也可以称为是一种设计活动。研究人、机、环境三大要素之间的关系，是设计研究非常重要的一个实践主题。从设计的角度看，将机器与环境的各种属性，不断对人的特征、心理进行要求与妥协，可以实现良好的人机关系并最终获取得到优质的设计研究成果。人机工程学在现代设计中的应用对于整个工业领域发展的影响及产品的优质程度起着关键性的作用[12]。

2.4 设计领域的分类

设计包含多个领域，比如建筑设计、室内设计、产品设计、交互设计、视觉传达设计等，涉及对三维空间、三维信息、二维平面信息的设计感知与表达，以及对与人发生交互行为的各种人造物的属性进行研究。通过有目的地收集信息、探索与实践，获取设计需求或相关信息，解决需求，创造需求。

2.4.1 智能设计

智能设计包含两方面，一方面是研究如何提升计算机设备的智能水平，通过优化计算机设备的运算处理能力来提高设计师的设计实施的效率[13]；另一方面是研究决策自动化技术为人们生活提供更优质的服务与体验，通过对多种技术的设计应用探索，来实现人生活的智能化。

辅助设计技术的研究，有助于设计方案的探索、激发设计的创造力，有助于拓宽设计研究实验的进行形式，比如平面设计软件、三维建模及渲染软件、触摸屏、Surface Dial、VR 手柄等。将 VR 技术与眼动测试结合，可以实现三维信息眼球运动特征的获取。图 2-1 所示为通过这种技术，来探索驾驶人员对交通道路上标示的眼动注意特征所能实现的效果。

设备在集成智能技术后，可以帮助设计师拓宽设计解决方案的思路。比如，在应用研究方面，为残障人士设计的舌头触片导航可以通过获取周围环境特征，进行刺激反馈，使盲人能够感知到周围环境的关键特征。在理论研究方面，对盲人的空间声音定向能力进行研究有助于开发更加智能、便携的头戴式导航产品[14]。

图 2-1 获取三维空间中的视点特征

2.4.2 交互设计

交互设计中的"交互"，由 IDEO 的联合创始人之一 Bill Moggridge 在

1984年提出，指的是人与日常工作、生活中其他产品进行的交流互动，涉及交互渠道、交互方式、信息传递等要素。随着20世纪末新技术的发展与普及，市场对了解用户体验的需求日益增长，交互设计这一学科性概念应运而生[15]。交互设计指的是通过改善交互效能、丰富交互方式来提升人的体验的设计策略[15]。交互的对象可以是具体的工业产品，也可以是软件，还可以是服务。

随着交互设计的发展，需求层次理论、以用户为中心的原则、情感体验、心智地图等概念不断被提出，交互设计理论逐渐走向具体、明确。交互方式也不断随着技术的发展进行变革，手势、语音、体感等多种交互形式被实验和应用。比如，将手势应用于车载系统，降低视觉的信息负荷[16]；将体感交互应用于游戏中，增强沉浸感的体验；将语音交互应用于智能音箱，不用手动控制而直接通过语言即可获知信息。

交互设计的发展与技术的变革密切相关。图2-2中的这款苹果Home Pod音箱，高度不到18 cm，外观小巧，在设计时综合考虑了外观美学和声学性能的结合。在硬件基础上，通过语音交互实现对其他智能家居的控制，增强用户的被服务感。以用户为中心、考虑产品如何实现极致的用户体验，使得这款产品为用户带来了更高一层的愉悦感。手动和手势控制(手的移动)、语音控制(音带的振动)这些交互方式，属于物理运动层面。随着脑机接口技术的发展，机器的控制方式由依赖于物理运动，拓展到依赖于电信号的传播。

图2-2 可以语音交互的Home Pod音箱

2.4.3 服务设计

服务源于对用户使用产品过程的分析与思考[17]，通过“对话”实现用户更顺畅、舒适地使用产品。其作用除了改善用户体验，还可以优化服务流程、提升品牌形象。服务设计涉及服务享用者和服务提供者等多个角色，并通过系统、专业、可靠的服务，给用户留下安全、友好等良好印象。服务设计中的“对话”主要发生在服务享用者和服务提供者之间。“对话”的媒介也是服务享用者接触到服务的点，被称为触点(Touch Point)。“对话”可以是直接的，也可以是间接的；触点可以是有形的，也可以是无形的。通过对有形和无形触点进行系统与用户的连接，从这一角度进行设计并创造价值体验，是一种全新的思考方式。

服务设计包含以下几层含义：

(1) 设计为用户考虑，以满足用户的需求为目的；

(2) 设计包含产品使用流程设计和服务流程设计两方面；

(3) 服务设计方案是服务产品设计的总规划，服务产品的特点决定了服务设计方案的起点；

(4) 用户体验测评中，满意度是最直接、最重要的评价标准之一。

在服务设计中，有许多工具可以辅助服务设计流程的推进，比如故事板、用户旅程图、系统图、商业画布等。设计工具可以让创新思想更好地传达，但不是设计的一切。服务设计的价值在于“服务用户”，通过设计来让用户获得良好的体验，愿意参与到服务系统中。比如，“CO-OK”产品服务系统是一个助老社区共享厨房产品服务系统，图 2-3 展示了这一系统的设计概念、设计过程及使用工具、用户旅程图。这一服务系统为老年人从买菜到吃饭整个流程环节进行了体验设计，并有效融入了社交要素。作为一个提供无形服务和有形产品的社区空间，它很好地融入老年人的社区生活中。

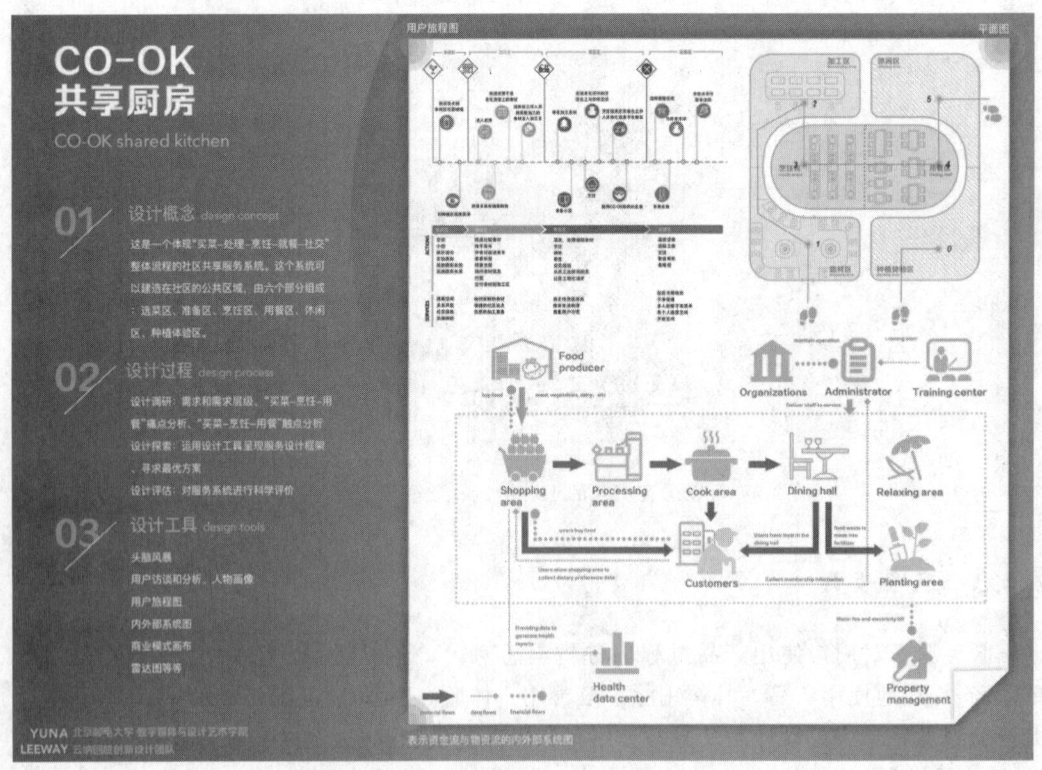

图 2-3　CO-OK 共享厨房产品服务系统

2.5　本书的编撰目的

即便是从事设计相关行业三五年的职业设计师，也常困惑于如何规范、有计划、有效地实施设计调研与分析。设计方案对于需求的解决程度、是否有更好的方法来获得解决方案，这些问题也不足够清晰。经验丰富的设计师有着大量实践案例的积累，在施行设计时能够凭借良好的设计职业素养来进行探索和判断。设计组织通过团队的设计实践、交流与讨论，制定整套或系列设计法则。但这对于刚入门设计学科的研究生来说并不足够。此时一本通用、有指导价值的设计科学研究书籍就非常有必要。

在这样的背景下，本书将系统地介绍设计科学研究中常用的研究实施方法。这些方法共同的特点是所获取的决策信息建立在事实基础上而非纯粹的对象分析与理论论证。这些方法或者使用各种工具对定性数据进行解读，或者借用数理统计学的概念方法对实验数据进行处理分析。本书为设计研究领域的教师和学生提供了教育教学上的参考，有助于推动学术研究的开展。无论是设计专业研究生，还是刚开始从事设计工作的职业人员，本书都会对设计研究的入门、学习与实践起到很大的帮助作用。

第 3 章　研究的基本概念

3.1　科学与科学方法

科学是一种通过系统地观察、实验、推理分析来获得系统性知识的社会活动，其中系统性地获取事实性知识的方法被称为实证研究方法。运用系统性的实证研究方法是进行科学研究最为坚实、重要的手段，通过直觉、经验、神学或玄学知识进行研究推理得到的结论无法得到学术界的认可。比如，在一项研究人们绿色出行行为现状的课题中，采用问卷调查法、观察法等调查研究方法来收集资料，是符合科学研究要求的做法；而采用星座学、命理学、直觉、经验记忆等做出研究分析或判断，来获得与事实或许一致也或许迥异的结论，则是不符合科学研究要求的做法。

科学可以分为自然科学、社会科学、人文学科三类，"人"是三类学科共同的"研究对象"，但在研究内容上又各有区别。自然科学是研究非人为事物或现象的性质、规律的科学。社会科学在近代自然科学的系统之上产生，以社会、群体或个人为研究对象，研究人身边的事物以及发生在人们之间的现象。由于人的行为标准和行为模式建立在复杂的人性基础上，其构成的群体实属一个复杂的系统，研究人员只能做到相对客观的观察和研究，而无法进行严格可控的重复性实验，由此和自然科学截然不同。除此之外，社会科学中的一系列核心概念，也很难像自然科学一样相对明确、可以用数学或图形来表达。人文科学则关注人的内心世界与精神生活，对人类生存意义和价值进行体验与思考。通过探索人类精神文化现象来得到系统化、理论化的知识，形成音乐学、美术学、语言学、戏剧学等学科。

如果将社会及社会衍生出的文化比作一个生态缸，那么

- 自然科学验证表明了生态缸的生存法则；
- 社会科学记录预测了生态缸的有续发展；
- 人文科学洞悉着藏匿血肉中的灵魂。

我们可以清晰地了解到，设计学相关研究是社会科学的一种。设计学可以研究社会中发生的种种现象与问题，可以研究人的行为、行为动机及行为的结果，还可以研究新技术变革对人的生活的影响。

3.2 设计研究

设计研究通过主题决定、研究准备、资料获取、资料分析与总结考察，获取能解释问题现象、推动设计方案确定的结论。设计研究更关注实践中存在的各种问题的提炼与理论分析，因此需要做大量的理论背景调研。除此之外，设计研究的研究主题主要通过文献调研、明确研究对象的属性定义与对研究对象深入的分析来进行确定。设计研究的过程中，将进行一系列记录，以作为最终研究报告文献的事实数据与逻辑推理分析的支撑。对于设计而言，理论知识调研显然没有那么重要，当设计应用完成原型与迭代时，一个详尽的数据分析报告也并非完全必要——面对客户或上级时，只需要将关键的用户测试数据进行展示即可。

相较于科学研究，设计研究所获取的结论需要进行评估和应用，其具备对实践的直接反馈意义。当一项设计研究完成后，其大多可以直接进行应用与评测，来推动下一步的研究。

3.3 研究的分类

研究的分类有很多种，按研究性质可以分为理论性研究和应用性研究两类，按研究目的可以分为观察性研究、描述性研究、探索性研究、解释性研究、预测性研究，还可以分为横向研究和纵向研究。

3.3.1 理论性研究与应用性研究

理论性研究的目的是寻找规律、发展知识，对一个现象进行描述、记录并且分析其原因。应用性研究指为获得新知识而进行的创造性研究，它主要是针对某一特定的实际目的或目标。研究结果一般只影响科学技术的有限范围，并具有专门的性质，针对具体的领域、问题或情况，其成果形式以科学论文、专著、原理性模型或发明专利为主。

3.3.2 观察性研究、描述性研究、探索性研究、解释性研究与预测性研究

观察性研究指的是对正在发生的现象进行观察和记录。这种现象与研究对象相关，并且无人为干预或对观察对象的控制。观察的手段可以是人的感觉器官，也可以借助录像设备和录音设备来进行辅助观察记录。通过这种方法，可以研究研究对象在自然情况下的表现，发现现象背后的原因。根据观察人员与被观察者的关系，观察性研究可以分为两类：参与式观察和非参与式观察。在参与式观察中，观察人员一般使用感觉器官和笔记对观察进行记录。在非参与式观察中，观察人员需要尽可能降低自身存在对被观察者活

动的影响。在进行观察前，观察人员需对被观察者作出一定的指示，告知被观察者如往常一般行动。

描述性研究指的是对研究对象、现象、问题进行准确的描述。进行描述性研究需要对现象进行相对充分的调研，以确定现象的特征与变化情况。通过调研收集各种资料，对其进行周密的探讨，获得对研究对象直观的、本质的描述[18]。

探索性研究开展的前提是一个明确的研究主题，其涉及对代表性样本的测试与实验。在探索性研究中，研究人员提出假设、设计实验进行的方式以进行验证。比如，北京邮电大学主广场上柿子树上的柿子在秋季时纷纷掉落，掉落的时间究竟符合什么样的分布，研究人员感到好奇。是否存在人们行走时被砸到的可能性？是否需要采取一定措施来避免极低概率的这类现象发生？研究人员由此确定研究主题，并作出推断：由于柿子掉落的时间符合一定的分布规律，可能掉落的时间范围内，几乎不会有行人路过，因此无须专门采取防护措施。

解释性研究通过对于代表性样本的特征差异的分析，获得对现象的理解性知识。一般的，解释性研究多基于探索性研究。对于绝大多数的现象，其背后有着多重原因。通过运用统计学工具模型，可以获取各种现象产生的原因及原因间的关系量化模型。

预测性研究依赖于解释性研究的结论。通过对现象发生的预测，可以有针对性地制定措施，确定制定措施的必要性。比如，对于产品广告理性诉求和感性诉求要素如何影响产品购买欲，需要通过实验来构建相关关系模型，对如何安排广告中的理性诉求和感性诉求可以唤起最大限度的产品购买欲进行预测。

这五种研究可以出现在研究的多个阶段中，如表 3-1 所示。

表 3-1　不同研究阶段采用观察、描述、探索、解释、预测的情况

设计研究的阶段	具体内容	可能涉及的主要研究方法
设计调研	对设计研究的对象进行广泛、深入的调研，以确定具体的设计研究问题	描述
研究规划	选择研究方法，构建研究框架，制定研究流程，必要时提出研究的假设	探索
资料获取	准备获取资料相关的设备和条件，使用定性或定量的手段进行资料的获取与记录	观察、探索
资料分析	整理汇总资料，使用相关工具和方法进行分析，比如描述分析、相关分析、差异分析、回归分析等	描述、解释
总结考察	对分析结果进行总结，并作出进一步讨论	预测

3.3.3　横向研究与纵向研究

横向研究(Cross Sectional Research)，又称横断研究、横截面研究，指的

是对相对较短的一段时期内研究对象的特征、发展与影响进行调查。通过横向研究，研究者可以积累事物一段时期内深入性的属性与变化知识。与之相对应，纵向研究则指的是对相对较长的一段时间内研究对象的发展与影响进行调查研究。图3-1展示了横向研究与纵向研究之间的关系。设计领域常见的设计研究课题主要为横向研究，不断积累横向项目的研究经验，有助于在纵向课题中游刃有余实施研究。

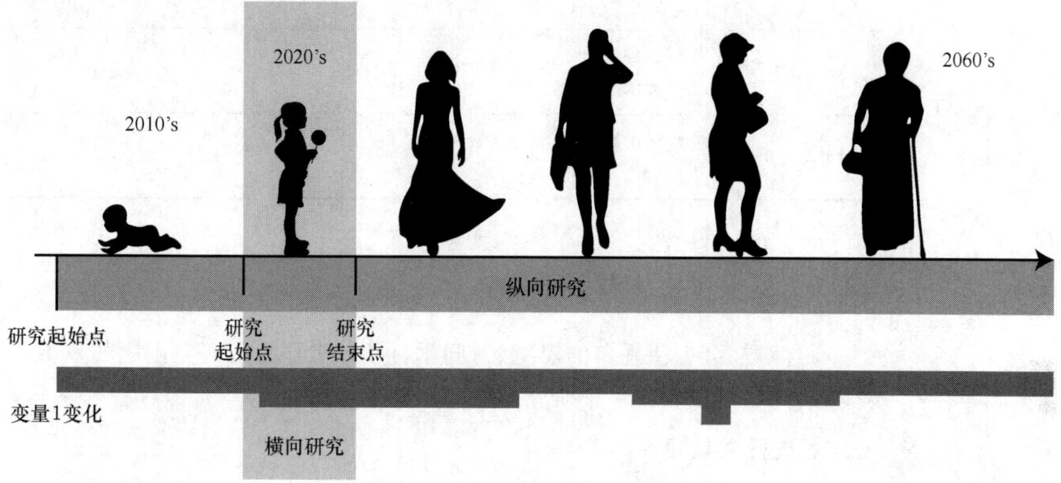

图3-1 横向研究与纵向研究的关系

设计研究中很少涉及纵向研究，其耗时耗力，多用于社会学研究。在图3-1中，采用长时间抽样观察研究、记录对比分析的手段，研究多个女性样本从出生到晚年是否受微波炉这类电磁加热设备影响。这样的研究属于纵向研究。横向研究仅仅截取一个较短的时期进行观察，省时省力，能相对更容易控制无关变量。当研究现象会随着时期不断变化时，研究结果有可能会无法获得较高的可重复验证性。

3.4 设计研究的实施步骤

设计研究的实施步骤一般包含明确研究主题、实施研究准备、资料获取、资料分析、结果与讨论五个部分，具体步骤如表3-2所示。

表3-2 设计研究的实施步骤

大步骤	小步骤	具体
明确研究主题	• 进行文献回顾 • 确定研究主题 • 进行研究设计	• 理论背景、相关研究方法 • 研究内容、研究由来 • 研究问题、研究目的、研究假设、实施计划

续 表

大步骤	小步骤	具体
实施研究准备	• 准备实验或测试材料 • 确定研究参与者 • 确定研究设备及进行环境 • 确定调查用纸	
资料获取	实施研究获取一手或二手资料	
资料分析	• 资料整理 • 数据分析	
结果与讨论	• 结果 • 讨论	

3.4.1 明确研究主题

通过对社会生活现象的思考、对同学科领域工作者所研究主题的发散等方式,研究者可以获得一个研究主题的创新性想法。

1. 进行文献回顾

当确定了一个大的研究概念后,需要通过文献回顾进行主题的缩小与深入。过于宽泛的主题将导致研究人员在设计研究过程中无法深入进行,或者无法在较短的时间内获得有力的研究结果。此时,文献回顾可以提供经验借鉴和理论知识背景。作为社会研究过程前期非常重要的工作,文献回顾使得研究者能够获得对某一知识领域研究现状的系统了解[19]。通过文献回顾,研究者明确了本领域中已有的研究成果,对所做工作有较为清晰的想法和规划,并明确所做工作对理论发展的贡献;了解了可供参考的研究思路和研究方法;学习了解其他研究者对此类问题的研究角度与策略;积累资料为解释论证研究结果提供佐证。

2. 确定研究主题

通过初步的文献调研,确定研究主题。通过初步的文献调研可以明确并细化研究的主题,此时研究人员应当对研究主题的社会背景、生活来源有一定的了解,对于研究的关键对象、主要的设计问题进行了研究工作的了解,对涉及的关键概念进行了界定。

3. 进行研究设计

根据所确定的主题,选择最适合的研究方法。不同的设计研究方法,其开展的步骤不同。要在实验开始之前明确实验所需材料、实验目的、实验流程、数据分析方法等。同时,对于研究对象、研究对象的特征、实验选取的对象、刺激的选取均需做出规划列表。选取使用合适的研究方法,根据研究方法确定设计实施的准备并规划资料收集的流程。

3.4.2　实施研究准备

1. 准备实验或测试材料

在研究实施前，应当对研究所需要的材料进行充分的考虑与准备，以应对各种调查或实验意外。在调查研究中，可以根据情况准备调查所需测试材料。比如，在一项调查青年女性对于商店广告海报的位置选择性注意特征的研究中，需要准备好海报这一测试材料。在实验研究中，要准备自变量对应的材料。比如，在一项研究智能手机视频广告中情感诉求和理性诉求对于受验者喜好度和购买欲的唤醒程度中，需要准备含不同量的情感诉求和理性诉求的智能手机视频广告。

2. 确定研究参与者

研究参与者包含研究人员与被研究人员，在某些情况下，还有委托或辅助研究人员。在实验过程中，研究人员又称为实验人员、主试，被研究人员又称为受验者、被试；当实验的进行需要多人负责实验材料制作、发放时，就涉及实验操作人员。通常来说，受验者是主要的待确定参与者。

根据研究主题和研究方法的不同，招募受验者时需要进行一定条件的筛选。筛选的条件可以是身体健康程度、视力、使用经验等。比如，在眼动实验中，一些型号的眼动仪在使用时，需要受验者眼睛为非近视、非散光、非青光眼。

3. 确定研究设备及进行环境

一般来说，实地考察需要选择被调查对象特征较明显的地点，并提前到达现场进行了解，明确设备放置以及观察路线等实验实施的必备要素。实验室研究则需要确保所需仪器完好，环境温度与湿度保持在舒适状态，在与颜色辨认、视觉感知等相关的实验中明确灯光与自然光对室内物体及屏幕画面的影响。当实验研究需要使用专业软件时，实验人员和数据分析人员应当对软件进行熟悉与练习，明确如何使用软件进行材料准备、数据获取。

4. 确定调查用纸

一般的，调查用纸可以用来辅助研究人员记录调查与实验过程。其主要根据需要从研究对象中获取到的信息进行制作。在后期，研究人员将这些信息进行整理加工，获得可靠的实验结果。除了需要记录这些与关键结果相关的信息以外，还需要记录时间、编次、调查对象的基本信息(比如，性别、年龄、职业、实验相关特征)等内容。

3.4.3　资料获取

按照设计规划的实验步骤，开展调查研究，获得一手或二手资料。一般来说，一手资料来源于问卷调查法、访谈法、观察法、实验法等。二手资料一般来源于文献数据库、档案资料库、学术著作等。

3.4.4 资料分析

1. 资料整理

资料整理是要求研究人员根据调查研究的目的，运用科学的方法，对调查所获得的资料进行审查、检验、分类、汇总等初步加工，使之系统化和条理化，并以集中、简明的方式反映调查对象总体情况的过程。资料整理是资料分析的基础，是提高资料质量和价值的必要步骤，是保存资料的客观要求。资料整理的原则是真实性、准确性、完整性。真实性指的是不可以随意更改、捏造调查资料。准确性指的是数据间的对应关系准确，要避免出现复制粘贴错行、录入数据错行的情况。完整性指的是对于某一项目的调查，所有参与调查的样本应当都有对应的数据，如果由于失误造成了数据缺失、无法挽回，则应当对该条数据不予采用。

2. 数据分析

数据分析是指用适当的统计分析模型对收集得到的大量数据进行进一步分析，探索获取得到有用信息以对研究主题进行解释、预测或者对研究现象提出应对方案设计的着力点。数据分析一般主要采用 Microsoft Excel、SPSS(Statistics Product and Service Solutions)软件进行。

3.4.5 结果与讨论

1. 结果

研究结果是对数据分析得到的种种结果进行整理后，描述、阐释研究数据以作为对研究阶段性工作的汇报。文字要简练，措辞要严谨，不掺杂主观评价。在论文中撰写结果部分，还需要注意数据汇报的格式是否符合学科期刊汇报的要求。比如，应用因子分析进行结果汇报时，需要首先说明是否满足因子分析的要求。一般情况，可以按照下面的格式来进行汇报。

结果显示：KMO 值为 0.869(KMO>0.6)，显著性水平为 0.000($P<0.05$)，适合作因子分析。

在对回归分析、KANO 模型分析结果进行汇报时，并不需要将 SPSS 软件输出的所有项都进行汇报。

2. 讨论

研究人员所做的工作与相关工作的结论有哪些相互印证或者相矛盾之处、研究过程存在哪些不足、研究工作下一步的开展，都需要在研究收尾时进行反思与明确。一般来说，这一部分主要包含四方面内容：

(1) 简要论述总结研究得到的结论与先前研究对比的结果；

(2) 根据研究结论及事实性的发现提出切实可行的建议；

(3) 当研究有人力、时间、经费限制等困难时，可以提出后续研究的建议；

（4）对研究过程进行反思、总结。

设计研究的过程可以和论文撰写的过程进行结合（如表3-3所示），在设计研究进行的过程中，及时记录形成文档资料，以作为学术论文撰写的主要材料。

表3-3　设计研究的各个阶段与论文撰写的对应关系

大步骤	小步骤	论文结构（部分）
明确研究主题	• 进行文献回顾 • 确定研究主题 • 进行研究设计	文献回顾（Literature Review） — 方法（Methods）
实施研究准备	• 准备实验或测试材料 • 确定研究参与者 • 确定研究设备及进行环境 • 确定调查用纸	方法（Methods） 方法（Methods） 方法（Methods） —
资料获取	实施研究获取一手或二手资料	—
资料分析	• 资料整理 • 数据分析	—
结果与讨论	• 结果 • 讨论	结果（Results） 讨论（Discussion） 总结（Conclusion）

3.5　思考与练习

1. 简述理论性研究与应用性研究的区别。
2. 在决定研究主题时，为什么需要进行文献回顾？
3. 根据所述实验实施步骤，自拟主题，进行一项完整的设计研究规划。
4. 对实验室正在实施的项目课题进行分类，比如，属于解释性研究、预测性研究还是描述性研究？

第2部分 调查研究方法

第4章 调查研究方法

4.1 抽样设计

4.1.1 抽样设计的基本概念

由于被调查人群庞大，因此需要选取一部分人群进行调查，从总体人群中抽取部分人群的过程称为抽样。其中，被调查人群称为总体(Population)，被选取的人群称为样本(Sample)。如图4-1所示，左图为总体及总体所具备的频数、估计值关系，右图为样本及样本所具备的频数、观测值关系。在实际调研中，受限于调查条件、人力物力，我们只能通过对样本进行调查来获取总体的某些特征。

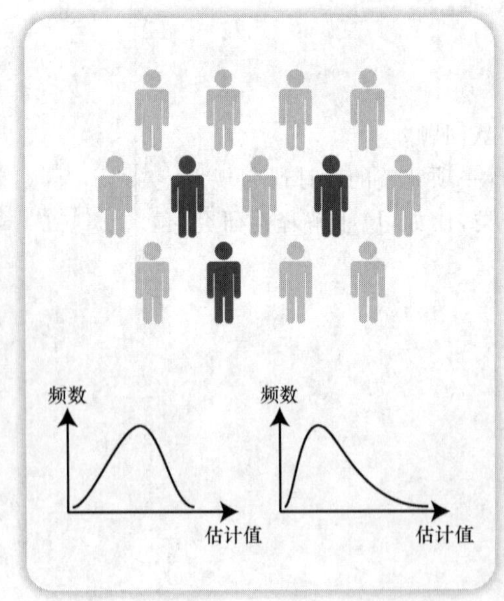

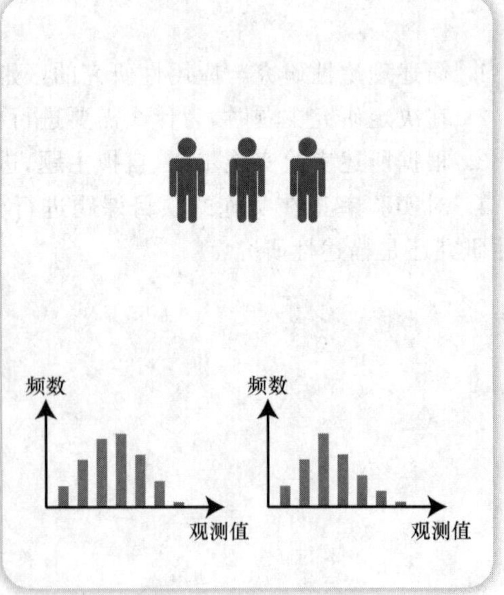

图4-1 抽样：用样本的水平估计总体的水平

从集合的角度来看，总体是所有研究对象作为基本单位构成的集合，而样本是从总体中按照一定方式抽取出一定数量元素的集合，总体和样本之间具有包含与被包含关系。总体在变量水平上的度量值称为总体值，又叫作参数值(Parameter)。从样本中获取的样本值，又称为统计值(Statistic)，是对参数值的估计。抽样后的进一步调查分析，可以使研究人员通过对样本人群的描述来推断总体，通过对样本进行分析获取的信息来推断总体中对应的信息。

4.1.2　抽样的基本原则

一般来说，抽样需要满足同质性、代表性、目的性三个原则。同质性指的是总体的根本特征，同质性抽样要求研究人员遵循选择成分比较相似的个体进行抽样，避开群体中和整体属性相差较大的群体。这种样本的同质性比较高，比如，当研究年轻女性对电子产品广告的喜好度时，要避开很少或根本不买电子产品的女性。在这一案例中，有一定电子产品购买或使用经验是这一群体的同质性特征。代表性抽样指的是样本应该具备多样性和代表性，比如，研究不同智力水平儿童图文信息加工的速度差异，需要进行智力水平测验，不同智力水平的人数大致相同，保证样本的多样性；研究某一地区男性和女性对城市公园景观的审美感受差异时，注意到这一地区的男性群体所占比例较小，则抽样时可以少抽取一些男性，保证样本的代表性。在进行某些研究时需要抽取的样本较少，主要做定性研究分析，抽取样本时会具备一定的目的性。此时，需要研究人员注意所抽取个案是否典型、是否属于一个关键案例，在群里分布中是否属于最大变异。比如，要研究北京城道教文化建筑特点时，可以选取最典型的1～3个建筑进行分析。

4.1.3　抽样的基本类型

抽样可以从选取样本是否随机的角度分为两大类：随机抽样和非随机抽样。一般来说，对随机抽样得到的样本进行测验，所得到的概率可以代表总体，因此随机抽样也被称为概率抽样。相应的，非随机抽样也被称为非概率抽样。

1. 简单随机抽样

简单随机抽样是概率抽样的最基本形式。它是按等概率原则直接从含有 N 个元素的总体中抽取 n 个元素组成样本的一种方法。这种抽样涉及编号抽签、随机数表的方式。比如，研究交互设计师日常工作特征时，从其8个小时的工作视频中抽取40个时间点，可以采用随机数表的方式来确定所要抽取的时刻在整体时间中的位置。

2. 系统抽样

系统抽样又称为等距抽样，把总体元素排序后，计算出某种间隔，再按照这一固定的间隔抽取元素来组成样本。抽样的间距符合式(4-1)中的关系，其中，N 为总体规模，n 为样本规模。

$$K=\frac{N}{n} \tag{4-1}$$

K 不是整数时采用循环抽样的方式，其原理如图 4-2 所示。其中，元素的排列应该是随机的，不存在与研究变量相关的规律性分布。在这种方式中，样本的编号、抽取的号码顺序均为随机排列的，每一个个案都有相同的抽中概率。

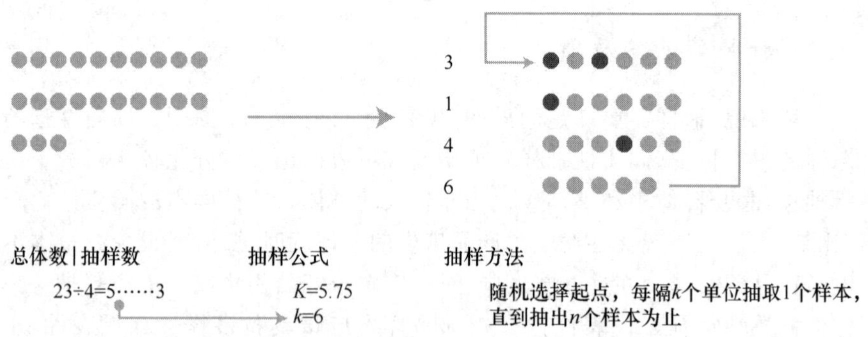

图 4-2　系统抽样中的循环抽样原理

3. 分层抽样

分层抽样又称为类型抽样，指的是将总体中的所有元素按照某种特征或者标志划分成若干类型或层次，再在各个类型或者层次中采用简单随机抽样的方法抽取一个子样本，最后将这些子样本合起来构成总样本。其中，层次内部具有明显的同质性，层次之间在某一或多个属性水平上具有明显的差异性。

这种方法的优点在于可以提高样本的代表性，便于了解总体内不同层次的情况，或者对不同层次进行单独研究或比较。比如，从某公司的 XX 部门中的 20 名男性办公者和 10 名女性办公者中抽取 6 人进行职务访谈，则需要从男性中随机抽 4 个人，从女性中随机抽 2 个人，抽取的 6 名受访者构成职务访谈的样本。

4. 整群抽样

整群抽样又称集体抽样，指的是从总体中成批地抽取样本。这种方法实施起来较为简单，同等样本数量的条件下整群抽样会更便于施行。但由于成批抽取样本，因此会影响样本在总体中分布的均匀性，样本的代表性不高。比如，从 200 个班级中抽取 10 个班级做课程质量评价调研，其中 10 个班级的全部学生构成调查样本。

一般来说，当不同小群体之间相差不大，而群体内部相差较大时，采用这种方法可以很快地收集足够的样本信息，而且样本会比较集中。

5. 偶遇抽样

偶遇抽样是非随机抽样的一种，又称为简单抽样，指的是研究人员将某

一时间、某一环境中与研究者相遇的个体作为样本。比如一项绿色消费的调查中，调查者选择人流量较大的商场入口，向过往消费者随机发放问卷进行调查。这种方法简便易行，但抽样代表性容易受到各种偶然因素的影响，因此所获得的调查结果并不十分可靠，在研究条件受限时可以采用此方法。

6. 配额抽样

配额抽样又称为定额抽样，指的是将总体分为若干个类型或者层次，然后根据自己的判断在其中抽取样本。一般用于典型案例研究方法中，比如对抖音®重度使用者进行行为特征分析，可以在调查问卷中依据使用频度、性别等抽取部分样本人群进行深入访谈调研。

7. 滚雪球抽样

滚雪球抽样又称为机缘抽样，指的是根据已有对象的介绍推荐，不断辨识和找到其他研究对象的抽样方法。滚雪球抽样的过程具备循环特征（如图 4-3 所示），研究者先根据设定的样本数量随机地选择一些目标个体作为基础样本，然后由这些个体延伸到其他符合条件的个体。个体像滚雪球一样越来越多，并能最终达成预期的样本数量。该方法给予社会群体的相似性聚合，非常有助于提高调查效率。比如一项调查广场舞大妈对音乐的节奏认知特征的研究，可以率先访问几位在广场跳舞的大妈，并邀请她们介绍更多符合条件、愿意接受访谈的老年朋友参加调研。

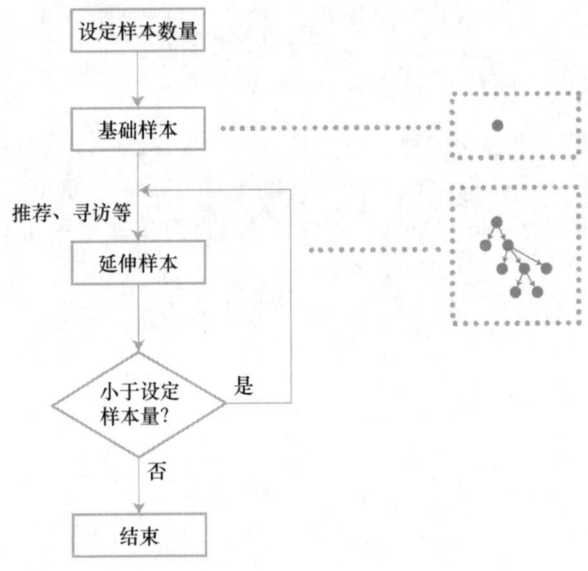

图 4-3　滚雪球抽样示意图

4.2 量表设计

4.2.1 量表设计的基本概念

度量(Measurement)指的是将数赋予研究对象在一方面的质性特征值，使其具备数字化的特征。量表(Scale)作为定性概念数量化的工具，主要由变量及其“值项”两个要素构成。如图 4-4 所示，量表中不同的问题被称为“条目”，每一条目的选项可以被赋予值的属性。在一些量表中会出现分量表，形成嵌套式的量表。“值项”指的是不同程度的等级值所构成的选项，一般包含三点、五点、七点、九点。有的量表需要计分，量表中的每条语句分值从 0～8 不等；有的量表不需要计分，主要采用描述性统计的方式来获取选项的分布特征。

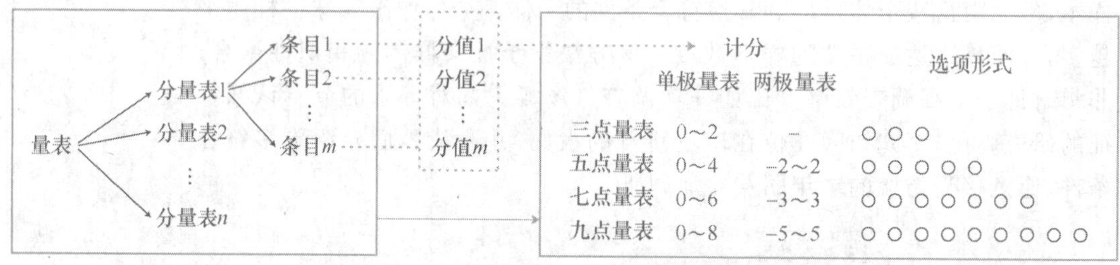

图 4-4　量表的形象化描述

一般来说，量表包含四种度量类型：称名、顺序、等距、等比，分别对应称名量表(Nominal Scale)、顺序量表(Ordinal Scale)、等距量表(Interval Scale)、等比量表(Ratio Scale)。这些测量尺度可以通过图 4-5 获得形象的理解。

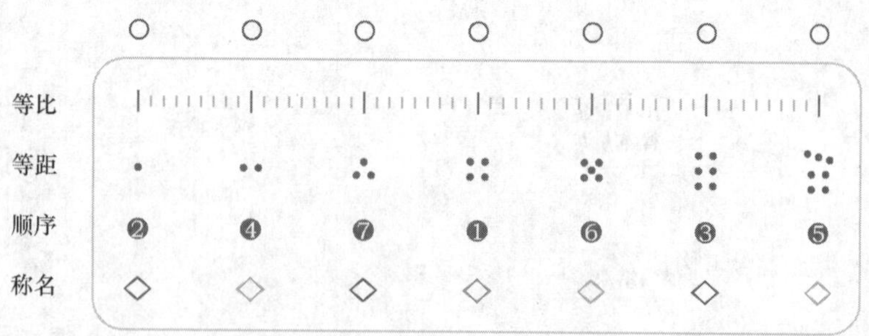

图 4-5　测量尺度

最容易编制并且信度较高的一维量表是里克特量表，同属于一维尺度的量表还包括瑟斯顿量表和格特曼量表。在这些量表中，需要注意等距尺度和等比尺度的不同影响。等距尺度对应的条目只能进行加减而无法进行乘除，这是因为所得到的结果没有相对应的含义。

4.2.2　瑟斯顿量表

1. 基本概念

瑟斯顿量表(Thurstone Scaling)主要用于了解被访者对现象、观点、决策等是否同意、赞赏。作为一种早期的态度量表,瑟斯顿量表的形式是现在问卷中许多问题形式的来源。量表的开发较为耗时,且实施相对复杂。

2. 必要条件

当需要开发一个瑟斯顿量表时,需要的人员有对所要开发目标概念熟悉的专家、受过量表构造培训的专业学者或对研究现象熟悉的调查对象,并推荐使用 Excel 作为统计分析软件。其中,专业学者至少有 5 人,调查对象样本至少有 10 人。

3. 编制步骤

(1) 明确目标

这种量表基于所构建的概念产生相关量表条目,因此,一开始需要明确想要衡量的概念。一般的,这一过程由对概念有一定了解的专家进行确定。

(2) 制定陈述清单

接下来,需要将所有的条目用同样的形式进行表述,形成一系列语句。这些语句有同样的语法结构,比如,我同意某一论点,确保浏览生成的语句的每一个人能了解到所关注的重点和要表达的内容。

(3) 对每一项陈述打分并对应评级

然后,选择最能支撑概念的语句条目,在选择时需要注意量表的结构以及条目对概念解释的贡献。一般的,用 1 表示该描述非常不适合代表该概念,11 表示该描述很适合代表该概念。这一过程中,曾接受过量表构造培训的专业学者或者对研究现象熟悉的调查对象均可以作为评判者。

(4) 确定项目的中位数分数和四分位数间距(IQR)

整理获取得到的数据,计算出每个语句的中位值和四分位差值(IQR,即 75%分位值和 25%分位值的差)。如图 4-6 和图 4-7 所示,可以使用 Excel 的 Median 函数和 Quartile 函数进行计算。

(5) 排序

使用 Excel 提供的自定义排序功能,按照四分位差值降序、中位数值升序进行排序。

(6) 选择语句构成量表条目

根据排序结果选择合适的语句,作为最终量表的条目。用每个条目的中位值代表条目得分,其中,所有语句应当具备较小的四分位差值。

除了统计分析呈现的最优选择,还可以对语句的意义进行更细致的分析。对待选语句的每个层面进行检查,将表意模糊的语句删去,选出最清晰、最有意义的表述。

(7) 组织调查获得评分

使用已经获得的量表,设计调查实验。将其提供给受验者,获取同意或不同意每一陈述语句的数据。

SUM　=Median

MEDIAN　返回一组数的中值

	A	B	C	D	E	F
1	受验者编号	评价项目A	评价项目B			
2	1	6	1		中位值	=Median
3	2	11	3		四分位差值	
4	3	5	10			
5	4	1	10			
6	5	3	9			
7	6	11	10			
8	7	2	10			
9	8	7	11			
10	9	9	4			
11	10	4	10			
12	11	6	2			
13	12	7	11			

F2　=MEDIAN(B2:B23)

编辑栏

	A	B	C	D	E	F
1	受验者编号	评价项目A	评价项目B			
2	1	6	1		中位值	
3	2	11	3		四分位差值	
4	3	5	10			
5	4	1	10			
6	5	3	9			
7	6	11	10			

图 4-6　使用 Median 函数计算步骤图

=Quartile(B2:B23,)

QUARTILE(array, quart)

0 - 最小值
1 - 第一个四分位点(第 25 个百分点值)
2 - 中值(第 50 个百分点值)
3 - 第三个四分位点(第 75 个百分点值)
4 - 最大值

QUARTILE 返回最小值

	A	B	C
1	受验者编号	评价项目A	评价项目B
2	1	6	1
3	2	11	3
4	3	5	10
5	4	1	10
6	5	3	9
7	6	11	10
8	7	2	10

SUM　=QUARTILE(B2:B23,1)

	A	B	C	D	E	F	G	H
1	受验者编号	评价项目A	评价项目B					
2	1	6	1		中位值	6		
3	2	11	3		四分位差值	=QUARTILE(B2:B23,1)		
4	3	5	10					
5	4	1	10					
6	5	3	9					
7	6	11	10					
8	7	2	10					

图 4-7　使用 Quartile 函数计算步骤图

(8) 获得得分量表

通过计算,获得每一位受验者的总得分以及所有受验者的得分分布。

4.2.3　格特曼量表

1. 基本概念

格特曼量表(Guttman Scaling)由社会距离量表发展而来,是一种累积缩放的一维尺度量表,由将问卷调查的一种问题拆分为单向、强弱不同的同

一项问题构成。被访者如果同意高等级的陈述，则一定同意低等级的陈述。由于其矩阵记录表为阶梯形式，因此又被称为阶梯量表。图4-8中，研究人员提出与受访者关系远近不同的问题，问题与受访者越接近，受访者越有可能不同意。

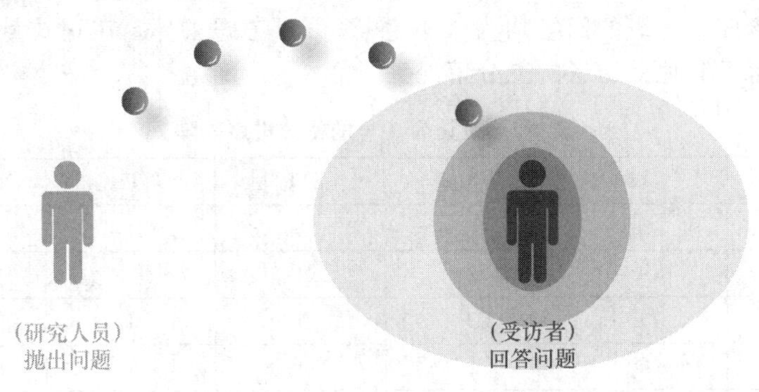

图4-8 格特曼量表的形象化描述

格特曼量表的特点是累积性、单向性，假设人对某一频度较高行为表示强烈的支持，那么他一定赞同偶尔、有时、经常采取这一行为，其下一步态度由初步的态度累积起来并具备单向、增加的特点。如表4-1所示，在这一意愿量表中，描述所反映的愿意度逐渐增强。如果受验者可以接受描述3，那么一定接受描述1。一般来说，态度与观点的语句选项可以设置为五点量表。

表4-1 格特曼量表范例

序号	描述语句/条目	愿意度
1	你是否愿意乘坐绿色交通出行工具？	一般
2	你是否愿意在需要乘坐出租车时选择拼车？	有点愿意
3	你是否愿意在日常生活中乘坐公共交通工具出行？	比较愿意
4	你是否愿意尽可能减少乘坐私家车出行的次数？	非常愿意
5	你是否愿意向亲人朋友主动推荐绿色出行方式？	很是愿意
6	你是否愿意经常骑自行车或拼车、乘公共交通工具出行？	极为愿意

2. 编制步骤

(1) 明确目标

在确定研究对象后，提出问题，并规定每个描述语句的得分。比如，同意1分，不同意0分；或者非常愿意5分，比较愿意4分，一般3分，不愿意2分，很不愿意1分。

(2) 制定陈述清单

制作一系列的条目描述清单，如表4-1所示。

(3) 结构化分析

如果在问题的答案中，80%以上(含80%)回答为同一选项，则可以考虑去掉。计算反常的条目,当其占总条目比例大于10%时,说明量表无效,需重新审核量表的语句描述。将符合要求的条目按照被试得分由低到高排列,当得分分布均匀时被视为非常理想的量表。在表4-2中,受访者对3号描述语句组等级2所作出的评价为可疑评价,标注F;同时,由于含有4个1,即条目组包含四个等级的回答均为很不愿意,可以考虑去掉。在正式量表中,还需同时考虑其他受访者的得分情况。

表4-2　受访者1号的得分排序矩阵

条目组	等级1	等级2	等级3	等级4	等级5
组1	3	3	2	1	1
组2	4	2	1	1	1
组3	1	2(F)	1	1	1
组4	4	2	1	1	1
组5	5	3	3	3	1

3. 格特曼量表的优缺点

格特曼量表具备高度等级化、结构化的特点。由于格特曼量表采用阶梯式划分,其数据具备等序意义,因此更符合人类态度无法被完全量化的特征。条目较多的格特曼量表信度会较高。值得注意的是,在编制格特曼量表时,如果研究人员不注重一组条目中描述语句的单向性,很容易遭遇失败。

4.2.4　里克特量表

1. 基本概念

里克特量表(Likert Scaling)在目前的调查研究中使用最为广泛,主要用于度量受验者对某一现象或事物的认知、印象与态度。一般的,每一个里克特量表条目包含五级、七级、九级三种选项。选项的范围从负向到正向,比如从非常反对到非常满意。在编制里克特量表的选项词汇组时,可以参考表4-3中的范例。

表4-3　里克特量表判断选项词范例

量表类型	选项词	分值
五点里克特量表	非常反对 比较反对 一般 比较同意 非常同意	1～5
七点里克特量表	非常反对 比较反对 有点不同意 一般 有点同意 比较同意 非常同意	1～7
九点里克特量表	极其反对 非常反对 比较反对 有点反对 一般 有点同意 比较同意 非常同意 极其同意	1～9
九点里克特量表	极其反对—比较反对——一般—比较同意—极其同意(2、4、6、8取相邻描述的中间)	1～9

2. 编制步骤

(1) 明确目标

制作里克特量表前,需要对研究对象的概念进行界定。

(2) 制定陈述清单

接下来，收集大量相关的陈述语句，一般为 50～100 个，包含正向与负向的描述。

(3) 制作形容词对

根据陈述清单，确定形容词对。这一过程可以采用头脑风暴法、文献调研法进行辅助。最终确定 10～30 个形容词对。

(4) 评价形容词对

选择 5 名左右受验者对全部项目进行预测试，获得每一条目的得分。

(5) 筛选形容词对

对形容词对的结构性进行分析。

(6) 制作七点里克特量表

确定最终的形容词对，制作七点里克特量表。

4.3　问卷调查法

4.3.1　问卷调查法的基本概念

问卷调查(Questionnaire Research)法，也称为问卷法，最早为 Francis Galton 所创立，是一种采用统一的书面形式向某一类或几类人群进行提问，以获取被询问对象情况或态度、意见的方法。如图 4-9 所示，通过问卷，研究人员可以获得样本人群的情况、特征、态度、观点等信息，进而估计总体人群的态度、特征等。这里的“卷”，指的是以一定秩序排列的文件或者是以档案形式存储的文件。如果采用纸质版问卷，回收得到的问卷需要一一编号并存放好；如果采用电子版问卷，问卷回收时会被问卷发放平台按照时间自动编码排列。采用电子版回收问卷的方式时，数据不需要手动录入计算机，这样给问卷法的实施带来了极大的便利。根据填答或使用的方式，问卷可以分为自填式问卷和访问式问卷。自填式问卷被广泛使用，被调查者对问卷有“填写”的权限；而访问式问卷则由调查者根据被调查对象的回答进行填写，被调查者对问卷只有“访问”的权限。

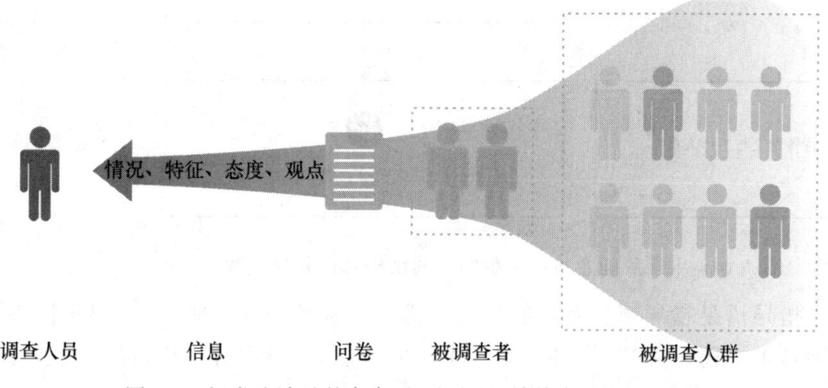

图 4-9　问卷法涉及的角色：调查人员、填答者、被调查人群

4.3.2 问卷的结构

问卷的基本结构包含五部分：问卷名称、邀请语/封面信、指导语、问题、答谢语。问卷名称多采用“被调查对象的称呼＋调查内容＋调查”的结构，比如北京市民出行方式调查、北京文化印象调查。邀请语或封面信主要介绍问卷的内容和目的，消除填答者填答问卷时可能产生的戒备心理。图 4-10 给出了纸质版问卷和电子版问卷在这五部分中的差异。当采用邮寄问卷、线下发放问卷、线上发送邮件这些形式进行问卷发放时，邀请语或封面信可以帮助填答对象迅速了解问卷的背景和大致内容，建立对问卷发放者的信任。

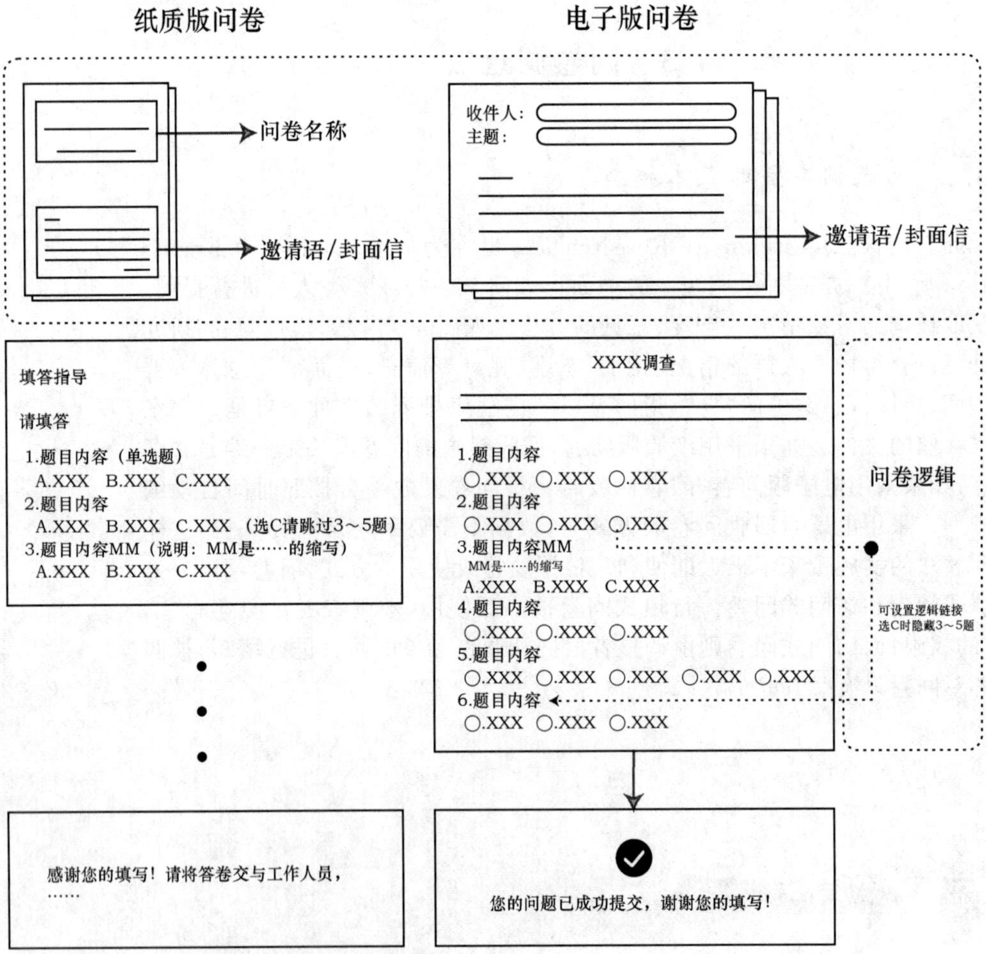

纸质版问卷

电子版问卷

问卷名称

收件人：
主题：

邀请语/封面信

邀请语/封面信

填答指导
请填答
1.题目内容（单选题）
A.XXX B.XXX C.XXX
2.题目内容
A.XXX B.XXX C.XXX （选C请跳过3～5题）
3.题目内容MM（说明：MM是……的缩写）
A.XXX B.XXX C.XXX

XXXX调查
1.题目内容
○.XXX ○.XXX ○.XXX
2.题目内容
○.XXX ○.XXX ○.XXX
3.题目内容MM
MM是……的缩写
A.XXX B.XXX C.XXX
4.题目内容
○.XXX ○.XXX ○.XXX
5.题目内容
○.XXX ○.XXX ○.XXX ○.XXX ○.XXX
6.题目内容
○.XXX ○.XXX ○.XXX

问卷逻辑
可设置逻辑链接
选C时隐藏3～5题

感谢您的填写！请将答卷交与工作人员，
……

您的问题已成功提交，谢谢您的填写！

图 4-10 纸质版问卷与电子版问卷的结构对比差异示意

指导语是指导填答者填答问卷所需的各种解释和说明，可以限定回答的范围是单选还是多选、指导填答者填答的方法，引导回答过程，规定或解释某

些概念或问题的含义。答谢语则主要起到告知填答者填答结束或者填答成功的作用。

如果我们有条件进行人群抽样设计，并且能够获取被调查对象的工作邮箱，那么我们可以采用发放电子邮件的方式邀请受访者参与调查。如果我们选择使用问卷星、腾讯问卷等线上问卷发放平台制作问卷、网站/社交平台发放问卷的方式，往往指导语会包含邀请语的内容。

1. 邀请语/封面信的设计

图 4-11 所示为“北京市民的出行行为调研”的封面信，在这一份封面信中，调查人员说明了调查者的身份、调查的主要内容，以及对调查资料保密的承诺。

尊敬的市民朋友，您好！我们是北京邮电大学数字媒体与设计艺术学院设计系的调研小组，我们目前正在进行一项关于北京市民出行行为的现状调查。调查结果仅供项目研究的数据分析使用，调查结果完全保密，请您放心填写。抱歉的是，完成问卷没有报酬，本调查需要您的自愿参与。在此非常感谢您的配合和支持，祝您健康幸福、开心快乐！

(调查者的身份)
(调查的主要内容)
(调查资料保密的承诺)

图 4-11　“北京市民的出行行为调研”的封面信(1)

我们对图 4-11 中的封面信进行修改，加入说明调查对象的选取方法、对调查资料保密的措施，使其更具专业性，修改后的封面信如图 4-12 所示。根据调查人员的写作风格、邀请语/封面信的位置(纸质版封面、电子版链接开头、邮件发送的正文)，其内容结构可能稍有变化。

尊敬的市民朋友：

您好！

为了解北京市民出行方式选择情况和对不同出行方式的基本态度，以便为提升市民绿色出行的意愿向市政府及有关部门提供建议，我们进行了这次随机抽样调查。我们非常高兴地邀请您，作为北京市民的代表参与此次调查。您的看法对我们非常重要，感谢您的参与！(调查的主要内容)(调查的主要目的)(调查对象的选取)

本次调查采取不记名方式，调查结果仅供科研使用，您的任何资料和观点将予以保密。请您消除顾虑，放心填写。(调查资料保密的承诺与措施)

祝您健康幸福，谢谢！

北京邮电大学数字媒体与设计艺术学院 (调查者的身份)

2018年10月

尊敬的市民朋友，您好！我们是北京邮电大学数字媒体与设计艺术学院XX课题调研组，为了解北京市民的出行方式选择情况和对不同出行方式的基本态度，以便 (调查者的身份)

……

图 4-12　“北京市民的出行行为调研”的封面信(2)

2. 指导语的设计

指导语可能出现的位置包括三种：

① 当指导语只有一两句时，可以位于邀请语/封面信中；

② 有的指导语较多，以“填表说明”“填答指导”的形式集中放在封面信后面；

③ 有的指导语是针对某一道题目或几道题目进行说明的，会分散在问题中。

大部分情况下，我们无须专门设计指导语。但遇到以下情况时，应当注意在问卷上进行说明指导。

(1) 电子版问卷

题目中包含以下内容时，需要注意对题目进行说明备注：

① 专业名词，被调查者并非专业人员，比如问题“您对 VR 技术的应用是否了解?”和“您的日出行频次为?”中的“VR”和“日出行频次”对于被调查者来说有可能会比较陌生，不利于填答，后者一般会直接调整问题，而非增加指导语，这样可以降低填答问卷时需要阅读的信息量；

② 被调查者在日常生活中对其概念理解不清晰的名词，比如“小型汽车”；

③ 需要调取长期记忆的非感性认知信息，比如“95 号汽油油价调整为 7.4 元/升，您是否会降低乘坐私家车出行的次数?”在未给出当前油价水平作为基准时，部分被调查者需要进行回忆搜索；

④ 容易引发歧义的问题或选项，比如问题“在日常生活中，您的日出行次数一般是?”，选项中提供了 0 次、1 次、2 次、3 次、4 次、5 次、6 次和大于 6 次这 8 个选项，如果被调查者出行 1 次，是往返 1 次还是从 A 到 B 没有返回，如果不对“日出行次数”这一概念进行说明，让填答者按照统一、确定的标准回答，填答者很容易产生困惑或答错。

⑤ 这些罗列并不能涵盖全部，问卷的设计者在问卷初版完成后，应当以自我填答和邀请目标人群填答的方式进行预填答。

(2) 纸质版问卷

纸质版问卷需要注明单选题或多选题，或者使用“○”“□”作为选项的编号。对于选项较多的单选题，还可以采用图 4-13 所示的形式。在设置一些问题关联逻辑的题目时，需要注明“若选择此选项请跳至第 X 题/跳过第 X-X 题”。对于量表型问卷，如图 4-14 所示，可作填答范例的说明。

基本信息

问卷填答指导：对于有选项的题目，请您在选项上面打勾即可。

范例：__________ (本科生、硕士、博士)

1. 您的年龄：__________ 岁

2. 您的性别：○男　　　　○女

3. 您的职业：__________ (在读学生、职员、教师、政府机关干部/公务员、管理人员、其他)

图 4-13　问卷的指导语范例(1)

填答指导:

你喜欢这则手机广告吗?

（如果您认为您十分讨厌这款手机广告，请打勾如下所示）

十分讨厌　☑　○　○　○　○　○　○　非常喜欢

（如果您认为您比较讨厌这款手机广告，请打勾如下所示）

十分讨厌　○　☑　○　○　○　○　○　非常喜欢

（如果您认为您有点讨厌这款手机广告，请打勾如下所示）

十分讨厌　○　○　☑　○　○　○　○　非常喜欢

（如果您说不准，“讨厌”或“喜欢”都不符合我对这则广告的感觉，请打勾如下所示）

十分讨厌　○　○　○　☑　○　○　○　非常喜欢

……

图 4-14　问卷的指导语范例(2)

3. 问题的设计

问题从内容上可以分为基本人口学问题、现象描述问题、态度看法问题等。其中,人口学问题是问卷不可缺少的部分,与问卷调查目的可能存在关联,包括性别、年龄、职业、月收入等。从是否提供有限选项的角度来看,问题可以分为两种:开放式问题和封闭式问题,其优缺点及使用方法如表 4-4 所示。

表 4-4　开放式问题和封闭式问题的优缺点

	开放式问题	封闭式问题
优点	• 有利于调动填答者的主动性和创造性 • 可以提供给调查人员更多的信息	• 一目了然,问题回答率高 • 标准化的答案,易于统计分析
缺点	• 填答费时费力,问题回答率低 • 获取的信息主观性较强,难以进一步作标准化处理与数据分析	• 回答产生的偏误难以发现 • 限制了填答者的意见表达
应用	• 潜在答案较多的问题 • 没有弄清楚、不完全确定某一问题可能有哪些回答 • 预测试中,使用开放式问题来确定一些问题的选项	• 问题有确定的选项

电子调查问卷的形式

随着技术的发展,问题的形式也多种多样,不再是简单打个对勾、填写文字。调查人员应当对更多问题的形式有所了解,在运用时才能灵活自如。

请扫描左侧二维码,思考以下几个问题:

(1) 量表与滑动条题型的区别;

(2) 矩阵滑动条与比重题在形式上一样,但其背后适用的逻辑是不一样的;

(3) 问卷中指导语会出现在哪些地方?

4.3.3 问卷法的实施步骤

设计者在完成一份问卷的题目设计后,进行预测试,将问卷发放给目标群体进行填写回收,然后进行问卷整理,这是问卷法的基本流程。如果采用纸质版问卷的形式,还会涉及问卷的排版与印刷。

1. 设计制作问卷

问卷设计应当遵循以下原则。

(1) 明确的逻辑结构

问卷应当具备整体感,这种整体感主要由问题与问题之间的逻辑性决定。当调查人员想要了解被调查人群的特征、情况时,问卷的逻辑结构倾向于宽而浅,应当选取各个角度中最主要的问题;当调查人员为某一现象做出假设并想要验证时,问卷的逻辑结构倾向于层层递进,涉及不同的变量、假设。在问卷设计完成后,调查人员可以邀请他人填写;如果有条件的话,可以请他人在填写时或填写后说出自己填答时的感受,是否存在感到迷惑的地方。

(2) 为填答者考虑

如图 4-15 所示,当题量太多、题型或题目内容需要填答者付出的思考时间增多时,填答难度增加,这也意味着弃答率的增加。因此,合理设置题目是非常有必要的。当问题需要回忆或输入较长内容时,应当考虑是否换个被调查人员可以接受的形式提问,或者是否存在其他的办法来帮助填答者填写。

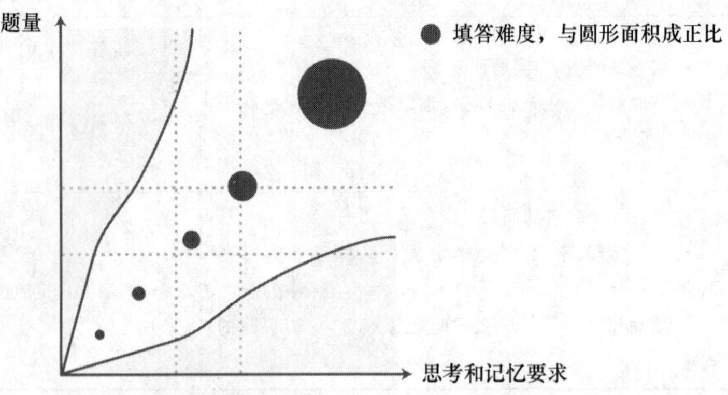

图 4-15 题量、思考和记忆要求与填答难度之间的关系示意

(3) 措辞恰当

问卷的措辞应当在编制问卷时被充分考虑,要做到简洁明确、符合事实、逻辑正确。问题陈述应当尽量简洁,避免模糊信息。对比“在日常生活中,您的日出行次数为?”和“您平均一天的出行次数为?”,显然后者在传达信息上更为简洁。当设定一些人口学问题时,如果填答者大部分是刚就业一两年的人,那么收入区间的选项不应当变化太大,否则某一选项会被绝大多数填答者选中,调研问题不再具备较强的区分性。

除此之外,问题的设定应当符合逻辑,注意避免将不确定信息强加在填答者身上。比如,对比“您认为使用理财类App是否让您觉得生活变得更加有条理?”和“您认为这款电子产品吸引您购买主要是由于哪些方面?”,使用理财App、有购买吸引力是问题成立的前提,应当在前面的题目中进行了解,以确定填答者是否符合条件,然后再询问对应的问题。

2. 设定填答人群

可以从年龄、地域、范围这些角度来考虑是否要设定填答人群的范围,以及通过何种方式可以获得代表性样本。

3. 问卷的发放

问卷调查可以是线上问卷填答的形式,也可以通过线下发放纸质版问卷的形式开展。

4. 问卷的回收

问卷回收的周期可以是一周,也可以是一个月,需要根据调查人群范围及项目进度规划情况来确定。如果在周期过去一半时,发现回收的问卷数量较少,可以再次向被抽取样本发放填答问卷。

5. 数据的整理

将数据进行整理录入,若需要进行差异性分析、相关分析等,则需要录入SPSS软件。一般来说,单选题可以直接录入,多选题需要拆分为答案为0、1两个选项(0和1分别代表是否选择)进行录入。

(1) 单选题的录入

步骤1:新建一个数据集,将Excel数据文件导入SPSS中。

步骤2:如图4-16所示,切换到变量视图,单击性别的值,单击“无”旁边的“…”符号。

步骤3:如图4-17所示,将性别的选项“男”和“女”分别对应赋值1和2。在值标签对话框中,首先在“值”后面输入“1”,在“标签”后面输入“男”,单击“添加”按钮,即添加成功一项单选题选项。

无标题3.sav [数据集2] - IBM SPSS Statistics 数据编辑器

	名称	类型	宽度	小数位数	标签	值	缺失	列	对
1	@1、您的性别	字符串	3	0		无	无	3	左
2	@2、您的就...	字符串	13	0		{1, 2年及以下}...	无	13	左
3	@3、您现就...	字符串	42	0		{1, 教育业}...	无	42	左
4	@4、您的税...	字符串	14	0		{1, 4000~8000}...	无	14	左
5	@5您认为您...	字符串	129	0		无	无	34	左
6	@6您对当下...	字符串	12	0		无	无	12	左
7	D1_1	数字	8	0	宽松舒适	{0, 无}...	无	8	右
8	D1_2	数字	8	0	能满足个人工作所需空间需求	{0, 无}...	无	8	右
9	D1_3	数字	8	0	团队氛围浓厚	{0, 无}...	无	8	右
10	D1_4	数字	8	0	周边路段坐地铁上下班、打车非常方便	{0, 无}...	无	8	右
11									
12									
13									
14									
15									

数据视图 变量视图

IBM SPSS Statistics 处理程序就绪 Unicode:ON

图 4-16 单选题录入 SPSS 的步骤:切换到变量视图

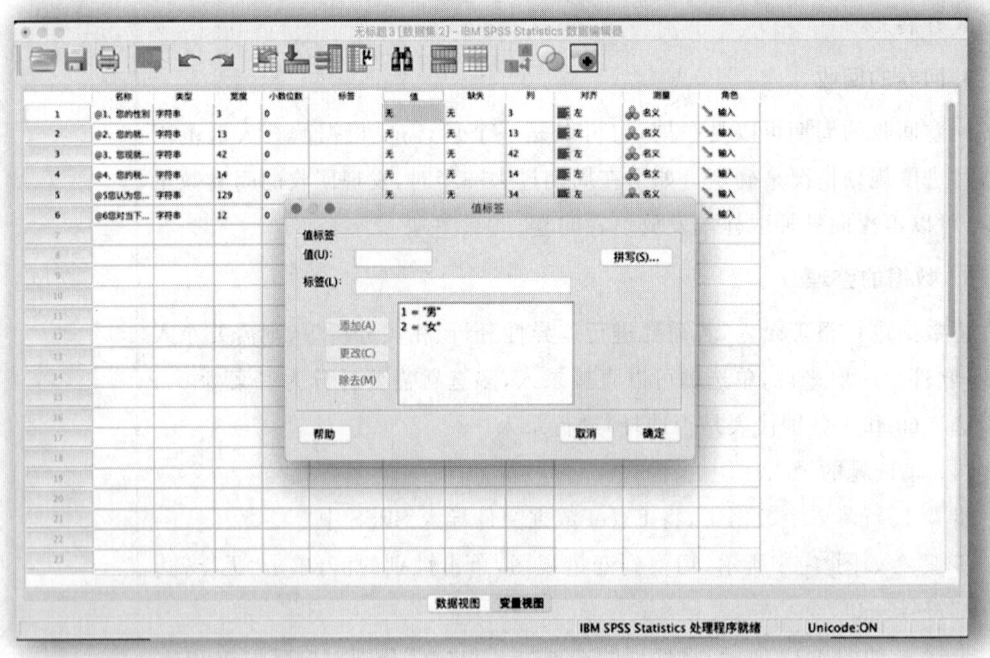

图 4-17 单选题录入 SPSS 的步骤:添加"值标签"

(2) 多选题的录入

多选题的数据录入的时候,如果题目有 M 个选项,则需要拆分成 M 个变量来录入。比如,对环境进行评价的多选题包括 4 个选项,则需分成 4 个变量,变量的值赋予 0 和 1。录入示范中选项变量的名称分别设为 D1_1 到 D1_4。定义完毕各选项变量后,还需要在同一个多选题的选项变量之间建立关系,这样 SPSS 在分析时才会认为这些变量之间具备“多选题”关系。这一操作通过多重响应来设定。具体步骤如下。

步骤 1:在 Excel 数据文件中,新建选项变量,选择选项设置值为“选”,没有选择选项设置值为“未选”。

步骤 2:新建一个数据集,将 Excel 数据文件导入 SPSS 中。

步骤 3:如图 4-18 所示,切换到变量视图,单击 D1_1 的值,单击“无”旁边的“…”符号。

无标题 3.sav [数据集 2] - IBM SPSS Statistics 数据编辑器

	名称	类型	宽度	小数位数	标签	值	缺失	列	对齐	测量	角色
1	@1、您的性别	字符串	3	0		{1, 男}...	无	3	左	名义	输入
2	@2、您的就...	字符串	13	0		{1, 2年及以下}...	无	13	左	有序	输入
3	@3、您现就...	字符串	42	0		{1, 教育业}...	无	42	左	名义	输入
4	@4、您的税...	字符串	14	0		{1, 4000~8000}...	无	14	左	有序	输入
5	@5您认为您...	字符串	129	0		无	无	34	左	名义	输入
6	@6您对当下...	字符串	12	0		无	无	12	左	有序	输入
7	D1_1	数字	8	0	宽松舒适	{0, 无}...	无	8	右	未知	输入
8	D1_2	数字	8	0	能满足个人工作所需空间需求	{0, 无}...	无	8	右	未知	输入
9	D1_3	数字	8	0	团队氛围浓厚	{0, 无}...	无	8	右	未知	输入
10	D1_4	数字	8	0	周边路段坐地铁上下班、打车非常方便	{0, 无}...	无	8	右	未知	输入

数据视图　变量视图

IBM SPSS Statistics 处理程序就绪　Unicode:ON

图 4-18　多选题录入 SPSS 的步骤:录入选项完毕

步骤 4:将 D1_1 的选项“选”和“未选”分别对应赋值 1 和 0。在值标签对话框中,首先在“值”后面输入“1”,在“标签”后面输入“选”,单击“添加”按钮,则添加成功一项多选题选项。

步骤 5:重复步骤 3 和步骤 4,添加完所有的多选题选项。

步骤 6:如图 4-19 所示,依次单击“分析”→“表”→“多重响应集”命令,打开对话框。

步骤 7:在图 4-20 所示定义多重响应集对话框中,将多选题的所有选项变量都选入“集合中的变量”中。

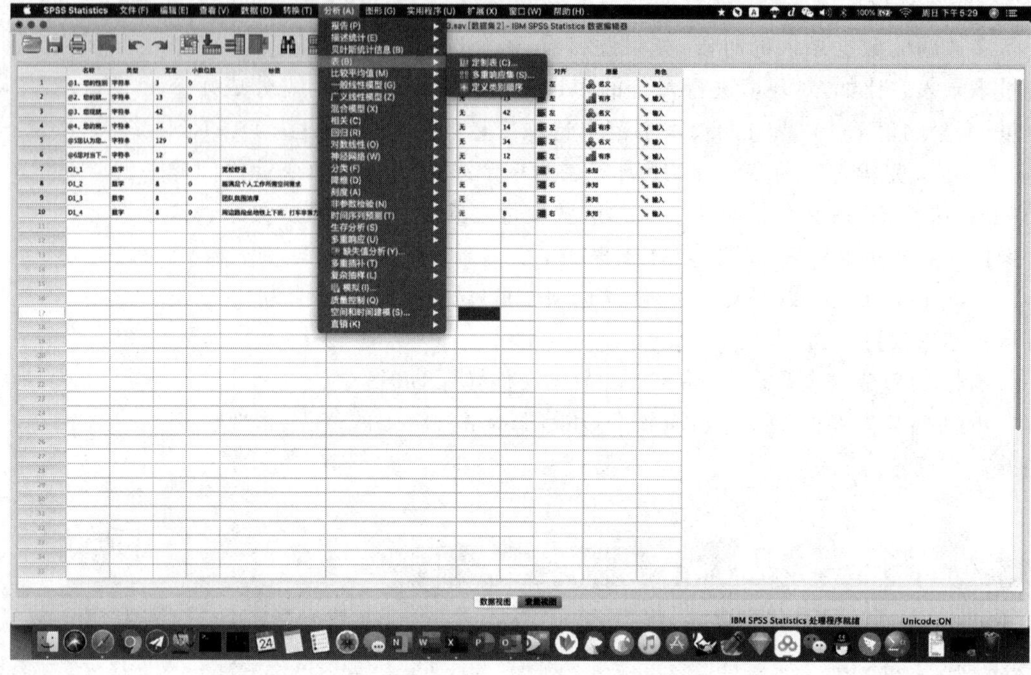

图 4-19　多选题录入 SPSS 的步骤：找到多重响应集

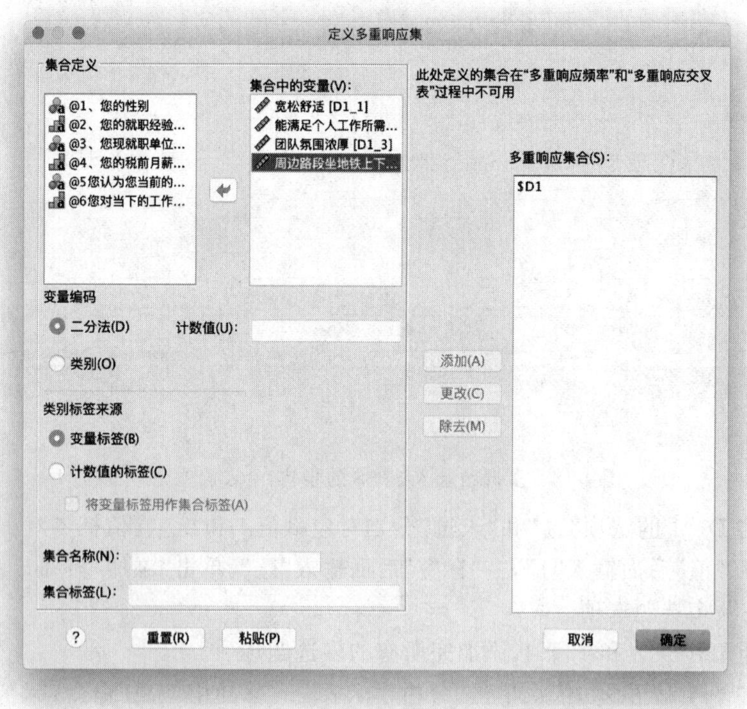

图 4-20　多选题录入 SPSS 的步骤：定义多重响应集

步骤 8:“变量编码”选择二分法,计数值为 1,1 代表选了此选项,集合名称设置为 D1,集合标签设置为多选题题目。

步骤 8:单击“添加”按钮,多选题关系构建成功。

步骤 9:将所有的多选题关系进行构建,然后单击“确定”按钮。

6. 数据的分析

根据调查目的,对数据进行描述性分析、差异性分析、关联性分析、回归分析以及效度和信度分析。具体方法与步骤推荐武松教授所著的《SPSS 实战与统计思维》一书。

4.3.4　问卷法的优缺点

问卷法材料制作容易,实施周期短,便于实施,节省时间、经费、人力;由问卷调查获得的结果也便于进一步的统计分析。相较于访谈法,问卷调查无法获得深入、细致的调查数据。如果问卷中涉及多选题,往往有可能出现选项无法涵盖受访者回答、所提供的多个选项没有填答者勾选的情况。一般的,可以在制作问卷时对目标人群进行访谈,以获取更多可靠信息。

4.4　实地考察法

4.4.1　基本概念

实地考察(Field Research)法,又称为田野调查、野外调查、田野研究、田野工作等,指的是为了明确事物的存在状态和发展态势,去实地进行直观、详细、局部的调查,并将所观察到的现象进行描述、记录、整理与分析的过程。实地考察法主要包含访问观察人们的行为、各种社会现象、区域文化等,可采用采访、拍摄等手段进行信息的获取与记录。这种方法主要是为了明白一件事情的真相,了解其发展变化,所调查获取的信息具备一手、直观、局部、深入的特征。

4.4.2　实施步骤

实地研究往往没有固定的步骤,由于实地研究的主要特点是有弹性,故要求研究者能够抓住机会,快速地跟着社会情境的流动而调整研究的步骤。在整个研究的过程中,大致可以按照如下步骤进行:

(1) 确定研究主题并选择实地;

(2) 建立友善关系进入现场;

(3) 在现场观察并做好田间笔记;

(4) 撤离研究现场,与现场负责人交换意见,反映研究结果。

4.4.3 研究案例:厦门海湾公园方案设计与实地考察评述

1. 研究背景

厦门政府规划在市经济文化中心厦门本岛建立海湾公园,将海与公园湖进行连接。海与湖内外交融,景观效果会非常漂亮。厦门大学建筑系的欧阳黎黎[20]通过对设计方案前期资料进行整理,结合对公园的实地考察结果,进行了设计预计效果和实际建成效果的对比。

2. 研究目的

通过实地考察法使研究人员了解海湾公园建成之后的实际效果。对比预期效果和实际效果,探索设计师的规划设想与实际应用的矛盾。

3. 研究方法

研究采用了实地考察法,对海湾公园中几处重要景点进行了评价与分析,对各个景点进行了描述性记录,并拍照。结合卫星图下的海湾公园和筼筜湖到大海的景观带进行分析对比。

4. 研究结论

研究对海湾公园内的星光大道、"草坡"、"滨海建筑"、"水园"、滑板场等景点建成效果进行了观察描述,并结合设计师的规划设想进行了评价建议。综合景点的评价结果,这项研究认为海湾公园的实际建成效果与设计师规划设想的预期效果存在差异。对此结果,研究者认为可能是设计师对于使用者的主观体验和客观细节的考虑不周造成的。

5. 研究方法评价

实地考察法最大的优势在于可以让调查者与调查对象以最近的距离接触,从而获取到真实、全面的信息,揭示事实真相,获得变化趋势等。本研究中作者在实地考察过程中,通过走访和拍照记录,得到了厦门海湾公园建成状况的第一手资料,获取到了通过文献查找、资料收集等方法无法获取的一手资料,为对公园设计方案落实的考察与评述提供了有力的支撑。

4.4.4 适用于实地考察法的课题

当需要对数量较少、独特的个案或社会事件进行描述性研究和因素考察,尤其是无关因素太多、自然情境下才能更好解释的群体事件、社会现象与人类行为时,可以考虑采用实地考察法。具体地,表 4-5 列出了适用于实地考察法的研究主题分类,并进行了详细描述。

表 4-5 社会情境的定性观察主题[21]

序号	分类	描述
1	实践	主要指各种各样的人类行为
2	交互	人们之间的互动、人与环境或产品间的交互

续表

序号	分类	描述
3	角色	了解人在社会活动中所扮演的角色、所表现出的行为、执行决策时的思维模式等
4	关系	了解角色丛,考察不同角色之间的关系
5	群体	工作群体、活动群体的文化、活动特征等
6	组织	正式组织的日常工作任务、结构、文化等
7	地区	研究一个地区、一个国家会很困难,可以依据研究的具体内容缩小研究对象,比如文化聚集区、村落
8	文化	生活方式相似的人,比如 Cosplay、古风圈、手机重度使用者

4.5　访问调查法

4.5.1　访问调查法的基本概念

访问调查(Interview Research)法,又称为访谈法,指的是通过面对面或者集体交流的方式了解受访者的行为特征、态度、建议等主观信息的过程。根据实施方式的不同,访谈法可以分为面对面访谈法、邮寄访谈法、电话访谈法、视频访谈法等;根据是否有访谈大纲可以分为结构性访谈、半结构性访谈和非结构性访谈。一般来说,访谈的时间、地点,访谈对象的回答方式都不做要求。

4.5.2　访问调查法的类型

1. 结构性访谈

结构性访谈法,又称为"封闭式访谈",指的是在访谈过程中研究人员主导整个访谈的走向,明确访谈的步骤,根据既定的访谈顺序进行询问。其中,所提问的问题、提问问题的顺序都需要保持一致、按照访谈大纲进行。通过结构性访谈,可以有效量化访谈的数据,便于对访谈的结果做统计分析[22]。和问卷调查法相比,结构性访谈更具灵活性,其回收率也普遍较高。在访谈过程中,研究人员也能够根据受访者的表情和行为来确定访谈结果的可靠性。

2. 半结构性访谈

半结构性访谈,又称为"半开放型访谈",指的是在访谈中研究者对访谈的结构具有一定的控制作用,同时也允许受访者积极参与。研究者事先准备好访谈提纲,对受访者提出问题并进行记录。在访谈过程中,研究人员可以根据具体情况对访谈的程序和访问内容进行灵活的调整。

3. 非结构性访谈

非结构性访谈，又称为“开放型访谈”，指的是对访谈对象的选取、所提问的问题等只有一个基本的概念，而无明确的要求。访谈过程中，访谈者根据实际情况灵活调整访谈的内容和进程，鼓励受访者自然地表达自己的观点与看法。和半结构性访谈一样，对于提问的方式和顺序、回答的记录、访谈时的外部环境等，可根据访谈过程中的实际情况做各种安排。非结构性访谈有利于发挥访谈双方的主动性和创造性，但其结果难以科学量化，不同访谈者之间的访谈结果也多有差异。

4.5.3 访问调查法的实施步骤

1. 确定访谈主题

在访谈开始之前，首先要明确访谈的主题、目的，以便全面、准确地构建访谈题目的逻辑框架。

2. 材料准备

撰写修改访谈提纲，并准备好访谈所需的工具，比如摄像机、录音笔、记录表等。对于访谈提纲，其中所列条目应当清晰而且有逻辑性，同时需根据访谈的类型进行细化。结构性访谈的选项为有限个，根据选项的选择情况还可以进行下一步问题的确定；非结构性访谈多为开放式问答，主要用于提示研究人员访谈的主线，访谈问题之间没有明显的承接关系。比如，你认为乘坐私家车出行算消极应对绿色出行的倡导吗？

3. 访谈环境

访谈的过程中要让被访者感到舒适，一般的，访谈的地点可以选择较为安静的环境，无杂音、噪声干扰。访谈员形象保持温和、亲切、可信，并注意与受访者的互动。当受访者属于残障人、老年人、小学生时，尽量不要将采访环境定位为教室或办公室内，而是选择受访者熟悉的茶馆、互动空间等。在一些研究中，访谈地点需要在受访者家中进行，则需提前和受访者进行沟通确认，获取受访者的信任。

4. 确定受访者

受访者应对被访谈问题比较了解，能对访谈问题发表一定的看法和意见。首先，需要研究人员对受访者必要的属性特征作出具体的描述，确定招募的方法渠道。其次，确定招募受访者的人数以及访谈的形式，是一对一访谈还是焦点小组式的访谈。前者更有利于研究人员深入地了解单个受访者的表现，后者节省时间和精力，同时能够激发小组内其他人员表达观点的欲望。

5. 进行访谈

在邀请受访者到达访谈环境中时，可以先让受访者熟悉一下访谈环境。访谈过程中，可以通过电子设备或者笔和记录表对访谈内容进行记录。

记录要基于事实，不要用自己的话转述受访者的回答。在访谈开始前，要标注受访者的姓名、编号，访问地点、时间等基本信息。访问过程中随时提问，随时记录，可以避免重要信息的遗漏。在访谈过程中，如果有什么特殊事件或者发现受访者的特别表情，要进行标注。

6. 整理分析

整理分析应站在受访者的角度去思考，从其所说的描述或建议中寻求背后的诉求。同时，还需要注意以下几点：

(1) 受访者的诉求是否是大部分人的诉求？

(2) 受访者的建议是否对课题有益？

(3) 受访者的描述或者建议的可行性如何？

4.5.4 访问调查法的技巧

访问调查法的施展需要经过培训，掌握一些技巧。访谈开始可以先通过一些日常的、不涉及对方隐私的话题来拉近与受访者之间的距离，比如对方的工作、学习等情况。在访谈的过程中要注意倾听、适当回应和适时追问，不轻易打断受访者讲话。如果遇到受访者沉默或逃避时，要能够容忍、善于观察并耐心引导。表4-6所示为访问调查中的一些追问技巧。

表4-6 访问调查中的追问技巧

追问目的	追问形式
详尽	你还会因为什么原因而需要乘坐私家车呢？
解释	你为什么会选择买车位而不是租车位呢？
假设	如果你身边有人要购车，你推荐他购买新能源汽车的概率有多大呢？
直接	我感觉你对这个问题的回答有所隐瞒，不知道方便重新描述一次吗？

4.6 观察法

4.6.1 观察法的基本概念

观察法(Observation Method)，又称为实地观察法，指的是研究者在某一时间内有目的、有计划地运用自己的感觉器官或借助科学仪器考察、描述客观对象，从而获得相关事实材料的一种资料收集方法。观察法具备目的性、计划性、真实性、直接性的特点，其实施有一定的理论计划指导，并需要借助一定的观察工具。观察法是收集行为数据资料的主要手段，所收集的资料可以由视觉拓展到听觉、嗅觉资料，比如视频、环境音、音乐等人们的各种行为和环境的关键要素。与日常生活中的观察相比，科学意义上的观察有预定的计划，有选择对象并且有观察重点，并且还需要做严格、详细、可量化的记录。而日常生活中的观察则是自发的、分散的，具备偶然性和随意性。

4.6.2 观察法的要求

观察法实施的过程中，需要注意以下原则。

(1) 观察对象所从事活动的自然性。研究人员应当注意尽量不要随意增加因素、减少因素或者重新安排环境因素。

(2) 观察实施的客观性。观察者应当注意对所观察到的现象进行如实记录，保证观察结果的客观性，避免自身主观情绪和观念的影响。

(3) 观察实施的全面性与细致性。从整体上进行观察，注重观察的逻辑性记录。在避免遗漏的同时，抓住细节与偶然现象。

(4) 观察的适度。在观察过程中，要注重保护被观察对象的个人隐私。

4.6.3 观察法的类型

观察法分类较多，根据观察对象是否受控制，即观察数据在自然条件下还是人为干预、控制条件下，可以分为自然观察法和实验观察法。根据是否借助于仪器观察，可以分为直接观察法和间接观察法。根据研究人员是否参与到被观察者的活动中，可以分为参与式观察和非参与式观察。根据观察法实施采取的手段，可以分为描述观察法、取样观察法、评价观察法。此处对最后一种分类进行介绍。

1. 描述观察法

描述观察法是通过对观察对象的行为进行直接描述性记录来获取信息的方法。描述观察法要求详细观察、记录被观察对象连续的、完整的心理活动或行为表现，并收集相关资料。一般来说，有日记描述法、轶事记录法、连续记录法三种类型。日记描述法的对象多是婴幼儿，在较长的时间中重复地观察同一组被试，记录被试的行为变化和发展。一般包括幼儿的动作、感知、记忆、情绪、言语、知识、绘画等方面的重要意义事件。轶事记录法会着重记录某些行为，是有重点的观察记录方法。连续记录法指的是在一定时间内连续不断地记录，以观察了解事物或现象的发展态势。

2. 取样观察法

取样观察法是把观察对象按照某一标准进行分类，转化为可量化或有限的材料，以便进行观察的方法。取样方式主要有时间取样、事件取样和个案取样三种。

(1) 时间取样观察法

抽取一段时间进行观察，比如，以 5 分钟为单位，抽取 40 分钟的三段来进行观察记录，考察特定时间内所发生的事件和行为的有无以及多少。观察记录表范例如表 4-7 所示。

表 4-7　西南大学研究生赵俐设计的中学生课堂行为观察表[23]

观察地区：________　观察者：________　观察时间：________

观察时间（分钟）	违纪种类及人数								
	没准备学习用品	东张西望	讲话	打闹	骚扰他人	玩东西	看课外书	骚动	提前收拾书本文具
0～5									
6～35									
36～45									

（2）事件取样观察法

将观察对象涉及的事件进行罗列，以事件为单位进行观察。事件取样便于分析因果，对于行为的描述较为完善，能够分析事件的过程和规律。

美国研究员 Helen C. Dawe 对 200 例学前儿童争执事件进行了抽样观察研究。在这项运用事件取样技术的经典研究中，Dawe 对幼儿园自由活动时间中的儿童进行了观察，对儿童群体中自发发生的争执事件做了记录描述。观察时长共计 58 小时，记录争执事件 200 例，平均每小时有 34 次。Dawe 主要观察记录的内容包含：

① 争执者的姓名、年龄、性别；

② 争执持续的时间；

③ 争执发生的背景、起因；

④ 争执的主要内容（玩具、领导权等）；

⑤ 争执者扮演的角色（侵犯者、报复者、反抗者、被动接受者等）。

（3）个案取样观察法

个案取样观察法是以个案为单位，在规定的时间内，记录关于这个个体的所有行为和事件，然后再选择另一被试进行观察，最终获得多个个体组成的样本的方法。这种方法便于分析对象完整的行为和进程，适用于短时间可以观察到行为周期、需要进行行为动机分析的情况。

对于取样观察法的三种类型进行总结和举例，如表 4-8 所示。

表 4-8　三种取样方法的比较[23]

方法	说明	例子
时间取样	抽取后，观察不同对象并记录时间，记录有影响的事件和行为	观察者观察身体攻击性行为发生的过程，达到 20 秒进行记录；根据取样的数字，分别选择第 3、7、9 个 20 秒进行观察，直到攻击行为完全结束
事件取样	仅记录环境中对操作定义有影响的事件，其他活动则不记录	对教室中正在发生的一切行为，观察者只记录与身体攻击相关的行为、行为发生的主体和过程，其他不做记录
个案取样	研究者选择个体并记录关于这个个体的全部中心行为和事件	观察者选择一个儿童并记录这个儿童和他的同龄人之间有身体攻击的事件。每 15 分钟，更换观察下一名儿童，以反映这个班所有儿童的经历

3. 评价观察法

评价观察法又称等级量表法，是一种结合了观察和对观察评价的方法。在评价观察法中，加入了观察者指定的观察行为量化评价标准。事先制定好评价量表，然后根据观察情况进行评价判断。一般的，评价量表的制定有以下四种类型：

(1) 数字等级法：用数字代表行为的程度，观察者选定合适的数字，一般分五个等级(多的可达 10 个等级)，例如，1～5 分别代表行为频次从不集中到集中的五级程度。

(2) 图表评价法：用图形化量表做出评价，使用图表形式进行评价。

(3) 语义类别法：用不同的形容词来定义观察的结果，比如好、坏、认真、敷衍，然后将两个性质相反的词组对分为七个等级，观察后选择符合观察的等级。

(4) 强迫选择法：从成对的描述中，找出与事实最为接近的描述词汇。通常情况下，一对陈述要么都是积极的、肯定的，要么都是消极的、否定的。

4.6.4 观察法的实施步骤

1. 确定观察目的

在进行观察前，研究者需要有明确的观察目的，便于在观察中收集对研究有用的信息，过滤掉无效的信息。观察目的与观察对象之间要有一定的逻辑关联，比如观察幼儿户外活动，需要了解幼儿户外活动时间、活动类型、幼儿参与度[24]。观察旅客在宾馆大堂内的活动，可以辅助宾馆大堂的设计等[25]。同时根据观察目的确定观察时间、次数、采用的仪器等计划性信息，给出明确的观察方案。

2. 确定观察内容

对观察内容进行分类和操作性定义。比如对儿童活动性进行的操作性定义[26]，设置如表 4-9 所示。

表 4-9　儿童活动性的操作性定义[26]

定义对象	操作性定义
活动速度：儿童在 15 分钟的观察时间内所经过的距离	指标一：儿童在 15 分钟内跨越方格的总数
	指标二：儿童在 15 分钟内手臂上计步器的步数
活动强度：儿童在 15 分钟的观察时间内能量消耗的多少	一级：记 1 分，低活动强度，儿童坐、蹲、爬、站着不动或摆弄一些玩具
	二级：记 2 分，中等活动强度，儿童在观察室内四处走、蹲着走、跪着走或是玩套圈，以及打高尔夫球、推清扫车、玩汽车
	三级：记 3 分，高活动强度，儿童在室内跑跳，或玩篮球、跳跳球

3. 选择观察方法

当需要辨别与记录某种现象、行为的发生频率时，采用时间取样法。这种方法要求研究人员确定固定的观察时长，并隔一段时间进行观察取样。当研究某种特定事件的发生时，采用事件取样法。这种方法要求研究人员在一个固定的时间段中，持续观察直到时间结束。当需要对个别对象进行详细的、长期的资料记录时，采用描述观察法。这种方法要求研究人员在较长时间内持续地进行观察和记录。确定观察方法后，根据观察方法的要求准备观察用表的制作。

4. 观察准备

在进行观察前所需的准备主要分为两部分，一是观察用表的准备，二是获得被观察主体对象的观察准许。除此之外，还需要明确这几项内容：观察的内容、对象、地点、时刻、时间长度、次数，以及观察方式、观察效度、观察中的伦理道德问题。

(1) 观察用表的制作

观察记录表可以保证观察信息能够准确全面地记录，提高观察效果。如表 4-10 所示，需要将观察的主体、观察的对象进行详细分类。观察记录表的设计应注意以下几点。

① 明确观察指标，便于记录结果的分析。

② 一般而言，观察指标的数量控制在 10 个以下，观察指标之间无重复或交叉。

③ 将信息表尽量放在一张 A4 纸上，以避免翻页，能够看到整体。

表 4-10　Wiley J & Sons 设计的观察学前同龄儿童相互影响的记录表单[23]

相互影响		观察项目指标												
发起者	接受者	身体的							言语的					
		拳打	打	踢	推	拍	抚摸	擦过	陈述	发问	要求	温和	叫喊	正常的

(2) 观察工具

观察法的实施可以使用一些录音及录像设备。

(3) 获取准许

研究人员需要保证观察行为和过程合法，在观察进行前取得相关利益者的准许。

5. 进行观察

在观察过程中，需要尽量避免与观察对象过分接触，必须将客观事实与主观评论分开，将观察者记录的客观现象与个人感想分开。同时，与观察对象保持友好的关系至关重要。根据观察对象类型的不同，观察手段也有所不同。

观察法对观察时的记录语言也有一定的要求，L. Schatzman 和 Anselm L. Strauss 将现场笔录分为实地笔记、个人笔记、方法笔记、理论笔记四个部分。实地笔记部分专门用来记录观察者看到或听到的事实性的内容，个人笔记则用来记录观察者在实地观察时的感受和想法，方法笔记记录观察者使用的具体方法和方法的作用，理论笔记则记录观察者对观察资料进行的初步理论分析。陈向明对此记录方式进行了食堂观察的假设应用。在这个假设中，观察者选取中午 12：00～12：30 的时间段，在一所大学的食堂里进行了观察。他将自己看到、听到和想到的事情进行了记录和填写，如表 4-11 所示[27]。

表 4-11　实地观察记录表范例[27]

实地笔记/现象	个人笔记/个人想法	方法笔记/观察方法
12：00——食堂里大约有 300 人，10 个窗口前队伍平均约有 4 米长	拥挤	这个数字是目测估计的，不一定准确
12：05——在卖饼的窗口排了一个足有两米长的队，而且排队的大部分(约 3/4)是男生	今天的饼特别好吃还是男生特别喜欢吃饼	站在离卖饼窗口 5 米的地方打量买饼窗口和男女比例之间存在某种数学关系
12：10——食堂有 5 对成双的男女坐在一起吃饭，两个人坐得很近，都是男生坐在女生左手边	也许他们是恋人	根据他们坐在一起很亲密的样子判断他们是恋人，这个猜想还需要进一步证实
12：20——一位女生将一勺菜送到旁边男生的嘴边，望着对方的眼睛说："想不想吃这个菜？"	情侣之间的正常行为，但对于路人来说有点"虐狗"	与他们坐在同一张桌子上就餐，可以听见他们谈话

6. 资料分析

观察结果的信度表现在观察结果的一致性、稳定性。一般的，对于观察结果，我们可以通过一致性百分率或相关性进行信度估计的计算。信度的范围应当根据观察对象、数据量等因素进行综合的判定。一般的，当一致性百分率或相关性系数达到 0.8 及以上时，可以基本认为观察可靠[23]。

(1) 一致性百分率

一致性百分率可以通过计算对比多次观察得到的一致次数占总观察次数的比率进行，如式(4-2)所示。比如，观察者 A 和 B 分别经过观察获取得到了 10 条记录，将这两组数据进行对比，一致的结果有 8 个，不一致的有 2 个，则一致性百分率为 80%。观察者 C 在紧邻两天的同一时间段的观察共有 20 条记录，其中有 3 项数据存在差异，则一致性百分率为 70%。

$$\text{一致性百分率}=\frac{\text{一致次数}}{\text{一致次数}+\text{不一致次数}} \tag{4-2}$$

(2) 相关性

对于同一现象，不同观察者、不同时间获取得到的观察记录进行相关性

分析,可以确定观察结果是否可靠。获取三组及以上的定序数据的相关性,需采用肯德尔和谐系数进行计算。当需获取两组数据的相关性,在样本较大、数据为连续变量且线性相关时,采用皮尔逊相关系数;在样本较小、数据不符合连续变量且线性相关的条件时,采用斯皮尔曼相关系数。

在 SPSS 中,肯德尔和谐系数得出的步骤如下所示。

① 新建空白数据集,导入数据。

② 如图 4-21 所示,依次选择"分析"→"非参数检验"→"旧对话框"→"K 个相关样本"选项。

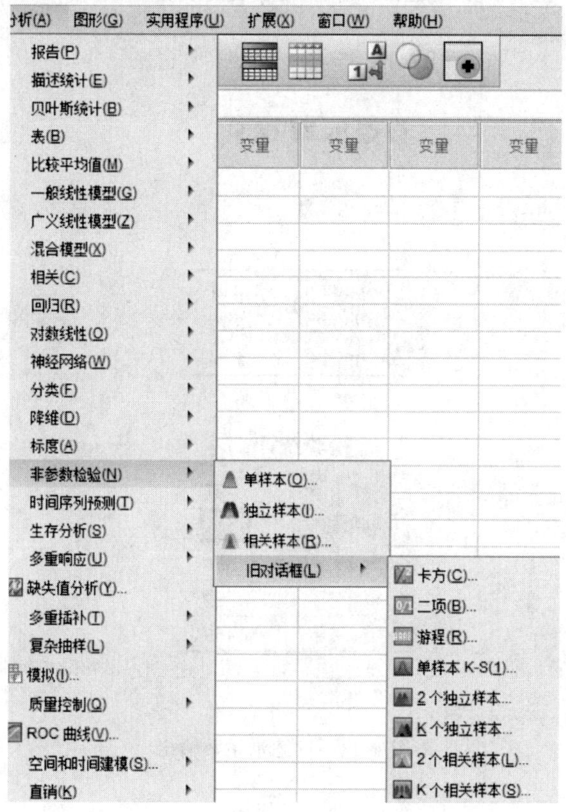

图 4-21　分析→非参数检验→旧对话框→K 个相关样本

③ 如图 4-22 所示,导入参数,并勾选"肯德尔"复选框。

④ 输出结果,其中图 4-23 中加方框的部分为肯德尔系数。当几组数据趋于一致时,肯德尔和谐系数趋近于 1。

在 SPSS 中,计算两个变量之间皮尔逊相关系数的步骤如下所示。

① 新建空白数据集,导入数据。

② 如图 4-24 所示,依次选择"分析"→"相关"→"双变量"选项。

③ 如图 4-25 所示,在双变量相关性中,将两组数据加入变量,并勾选皮尔逊这一选项。

图 4-22　勾选“肯德尔”复选框

肯德尔 W 检验

秩

	秩平均值
VAR00001	2.07
VAR00002	2.29
VAR00003	1.64

检验统计

个案数	7
肯德尔 W[a]	.111
卡方	1.556
自由度	2
渐近显著性	.459

a. 肯德尔协同系数

图 4-23　肯德尔系数输出

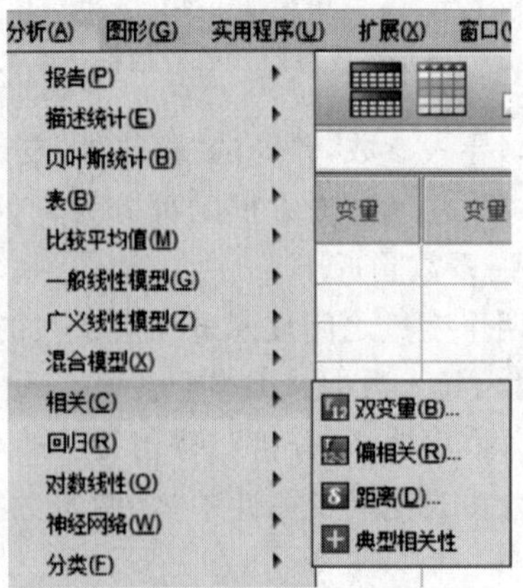

图 4-24　分析→相关→双变量

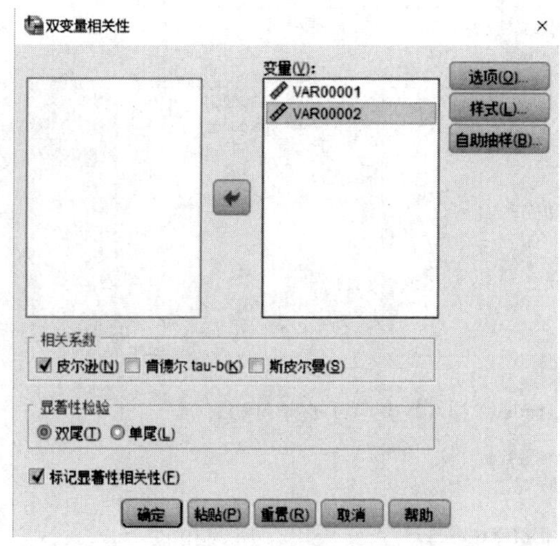

图 4-25　将两组数据加入变量

④ 输出结果，其中图 4-26 中加方框的部分为皮尔逊相关系数。一般的，Sig. 值在小于 0.05 时视为相关性显著，在小于 0.01 时视为相关性极显著。

相关性

		VAR00001	VAR00002
VAR00001	皮尔逊相关性	1	.840*
	Sig.（双尾）		.018
	个案数	7	7
VAR00002	皮尔逊相关性	.840*	1
	Sig.（双尾）	.018	
	个案数	7	7

*. 在 0.05 级别（双尾），相关性显著。

图 4-26　获得皮尔逊相关性系数

在 SPSS 中，斯皮尔曼相关系数得出的步骤如下所示。

① 新建空白数据集，导入数据。

② 依次选择“分析”→“相关”→“双变量”选项。

③ 如图 4-27 所示，在双变量相关性中，将两组数据加入变量，并勾选斯皮尔曼这一选项。

④ 输出结果，如图 4-28 所示，获得斯皮尔曼系数。一般的，Sig. 值在小于 0.05 时视为相关性显著，在小于 0.01 时视为相关性极显著。

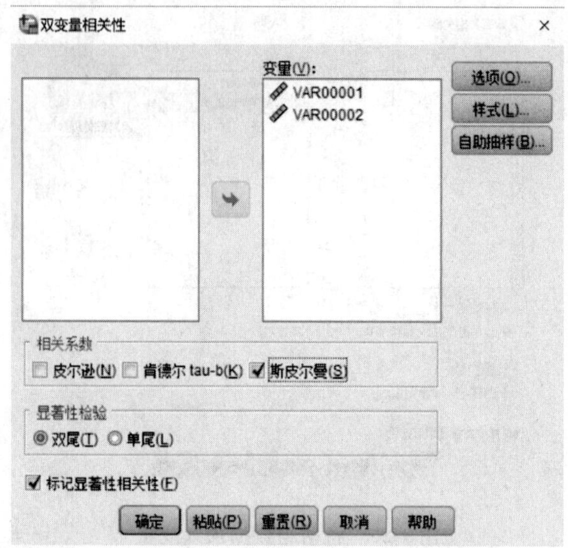

图 4-27 勾选斯皮尔曼相关系数

➡ **非参数相关性**

相关性

			VAR00001	VAR00002
斯皮尔曼 Rho	VAR00001	相关系数	1.000	.857*
		Sig.（双尾）	.	.014
		N	7	7
	VAR00002	相关系数	.857*	1.000
		Sig.（双尾）	.014	.
		N	7	7

*. 在 0.05 级别（双尾），相关性显著。

图 4-28 获得斯皮尔曼相关性系数

7. 撰写观察报告

对资料进行客观、全面的分析和讨论后，提出观点或发现，并结合观察得到的信息和数据进行说明。最后，基于观察计划和观察结论撰写观察报告。一般来说，观察报告中包含观察对象基本信息、观察背景、观察现象、观察资料的统计结果与分析、结论等内容。其中，结论可以是某种规律，也可以是发现的问题。

4.6.5 观察法的优缺点

观察法具备便捷、一手、及时的优点，随时随地可以采用，获取得到的资料可以更直接、真实地反映出研究对象的信息，对于当前研究对象的状态特

征、变化趋势进行及时的描述。受观察条件所限，过于宏观或微观的现象一般很难被观察到[28]。一般来说，观察法也很难直接获得深入的资料，需要研究人员进一步思考分析。并且，观察者的推论具有一定的主观性。观察者所见的事物通常较为表面，因此为了深入探讨问题，观察者需要进行一定的推论、对观察结果加以诠释，这种诠释可能具备主观色彩。应用观察法，无法获取过去的资料，无法观察隐藏在行为之下的态度、动机、意图等问题。不得不说，观察是一种费时、费力的昂贵过程。有时候，所要观察的事件发生是可遇不可求的。

4.6.6　观察法适用的主题

观察法有助于研究人员获取真实信息，了解研究对象。适用于观察法的主题有：

(1) 很少被人知晓的现象，比如摩托车惯偷倾向于下手的停车场特征；

(2) 研究者需要了解事情的连续性、关联性以及背景脉络；

(3) 关于主题的文档资料并不全面，或者是不同的描述存在矛盾，需要通过观察来获取事实性资料；

(4) 在对个案进行调查，即进行个案研究(见第6章)时，在时空条件允许的情况下，需要对个案进行观察；

(5) 研究人员不能与研究对象进行交流，比如研究医生进行手术时使用手术工具存在的问题，我们不能对医生专心致志的工作进行打扰，因此选择观察和记录发现的问题；

(6) 研究人员希望发现新的观点，以构建自己的理论；

(7) 对其他方法进行辅助，比如访谈法、问卷法、实验法等。

4.6.7　步骤实践：教师课堂角色类型研究

1. 确定观察目的

在课堂中，教师扮演着一些怎样的角色？教师课堂角色有哪些类型呢？一项研究旨在尝试以一定层面、一定数量的课堂观察结果为依据，区分出教师课堂角色的若干类型。

2. 选择观察内容

研究的观察内容为教师上课的言语行为，因此这项研究对教师进行了抽样。研究抽取了8所小学的32名教师作为课堂观察对象，每所小学4名。其中语文与数学教师比例各半，并且注意了尽量避免同一学校教师均为相同性别，尽量兼选“好、中、差”3种教师。

3. 选择观察方法

研究通过课堂观察，将“教师指向学生个体的言语行为”(以下称“教师的言语行为”)作为考察教师课堂角色的窗口。研究主要采用现场观察、参与观察、评价观察的方法，通过教师的言语行为来区分教师课堂角色类型。

4. 观察准备

首先，将教师的所有言语行为按照教师工作涉及的内容分为5大类，即提问、要求、评价、答复及其他。前4大类再分为3小类，比如提问分为方法、结论、事实，设计出"教师言语行为登记表"。进行课堂观察时，观察者将教师的所有言语行为逐一分门别类地量化"登记"。

5. 进行观察

观察人员进入观察现场，并通过介绍安排介入各教室之中。观察过程中不影响课堂秩序、不参与课堂问答。按照设计好的表格，观察人员对被观察者的相关行为进行记录。

6. 资料分析

整理并分析观察记录，得到以下结论。

(1) 大类言语行为与课堂角色总体类型

通过对观察登记表汇总以及教师大类行为统计，发现存在4种言语行为总体类型，并由此相应导出教师课堂角色的4种总体类型。

(2) 小类言语行为与课堂角色分项类型

根据教师小类言语行为统计结果，找出教师在课堂中呈现出的18种言语行为分项类型，并相应导出其课堂角色分项类型。

7. 撰写观察报告

按照观察报告的要求，整理并撰写观察报告。

4.6.8 案例：IDEO的自行车设计

1. 研究背景与目的

休闲自行车的销量持续走低，自行车核心配件制造企业Shimano希望开拓美国市场。美国市场有超过1.6亿的人并不骑自行车，Shimano公司希望通过一款新的自行车设计来让美国人爱上骑自行车，开拓美国市场，增加收益，并将这一任务委托给了IDEO公司。

2. 研究方法

IDEO公司派遣人员到接受观察邀请的50名用户的住处实施观察，了解其家中用于休闲的物品以及用户的休闲行为特征，通过访谈了解用户对于自行车和骑自行车的态度。同时，在自行车零售店中安装隐藏摄像头，观察人们购买自行车的行为；发放问卷以了解用户对于"休闲自行车"的建议[29]。

3. 研究结论

通过观察与分析，IDEO的人员得到以下结论：

(1) 美国人很喜欢骑自行车；

(2) 美国人喜欢骑自行车是因为自行车可以让他们想起美好的童年回

忆,象征着愉快自然的乐趣;

(3) 零售店的咨询体验欠佳,销售专注于自行车的技术参数、功能性,忽略了其中更深层次的意义,导致有购买意愿的人放弃了购买;

(4) 调研收集了一些关于休闲自行车所需功能的建议。

4. 案例结果

IDEO人员设计了一款新型自行车Coasting,如图4-29所示。自行车融入了生活环境,机械结构被隐蔽,具备自动化变速系统,在保证功能性的同时,避免了自行车外观过度的"专业化"给购买者带来的排斥心理,更加贴近生活,风格与儿时的自行车相似,具有休闲感。同时,设计制作了一套自行车店员培训教程和配套营销措施,形成整体的解决方案,以提升自行车购买体验,提高自行车销量。

图4-29　一款Coasting Bike

5. 案例评价

IDEO拥有一套以"行为分析"为核心的市场调研方式,他们通过观察法从人的行为中获取人们的全部需求。他们认为行为是传达使用者心理、生理状况以及个体之间、个体与环境之间关系的最佳语言。在这个案例中,他们通过进行面对面的深入交流和观察用户在购买自行车时的行为,获取到用户对于自行车的购买使用需求和不购买自行车的原因,最终产出了满足用户需求、受市场欢迎的产品。

在完成调研之后,IDEO提供了一体化的解决方案,除了Coasting Bike的设计,IDEO还给出了配套的营销设计和针对自行车销售者的培训。这提示我们,设计人员应当参与整个产品的周期,使得最终的设计效果达到最佳。

4.7　思考与练习

1. 一份完整的问卷应当包括哪些部分?

2. 当样本数量较大且样本人群中层次特征分明时,可以采用什么抽样方式?

3. 按照观察法的一般程序，选取周围使用手机较为频繁的人进行观察。要求整理观察计划、设计观察表格，并观察 3～5 人，根据观察的情况撰写观察报告。

4. 中国已经步入老龄化社会，养老院作为城市老年人安度晚年的选择，其设施设计的完善性、愉悦感会给老年人的心情带来较大影响。请选择当地的养老院，综合运用实地考察法、访问调查法和观察法，分析养老院的环境设施设计中存在的问题。

第3部分　实验研究方法

第5章　实验研究方法

5.1　实验研究方法的基本概念

实验研究方法，指的是研究者根据研究问题作出假设后设计实验，控制实验涉及的各种变量并观察变量的变化关系，从而发现规律、对假设做出判定的研究方法。实验研究法作为一种定量的方法，其主要特征是对变量的严格控制，以及不带偏见地进行实验实施和数据分析。数据在量化之后，可以应用多种模型进行变量间关系的抽取、相关信息的挖掘。

5.1.1　实验研究方法中的基本概念

1. 变量

变量(Variable)是指赋值可以变化的量，是定量研究的基本构成要素。而相对的，常量代表赋值唯一、确定的量。变量可以分为类别变量、量型变量两类。类别变量是指在类别或种类上变化的变量。量型变量是指在程度或数量上变化的变量。例如，性别变量是类别变量，取值有男性、女性；反应时，甜度是量型变量。

自变量被假定为是引起另一个变量变化的原因。因变量是假定的效应或结果。因变量受一个或多个自变量的影响。比如 Chen Chih-Ming 和 Wu Chung-Hsin[30]探究了三种常见的在线教学视频类型对持续注意力、情绪、认知负荷的影响，其中教学视频类型是自变量，持续注意力、情绪、认知负荷是因变量。这项研究中，自变量也是类别变量，包含讲座录制型、PPT 录屏型、画中画融合型三种类型。其中讲座录制型指的是授课现场录制的视频，画面中包括授课人和 PPT。PPT 录屏型指的是视频中有两个画面，一个播放授课 PPT，另外一个展示授课者。画中画融合型指的是将人抠出放入 PPT 的播放视频中。还有两种学习者：视觉学习者和听觉学习者。实验中的因变量涉及学习者的学习表现、持续注意力、情绪、认知负荷和学习满意度。其中学习表现通过试卷测试获取；持续注意力和情绪通过 MindSet 头戴式脑波检测设备和 emWave 压力检测设备获取；认知负荷通过量表获取；学习满意度这一指标通过采访获取。

当研究人员想要对实验变量之间的因果关系进行验证时,必须非常小心。忽略额外变量有可能会导致研究结果出现重大误差。额外变量是指在解释研究结果时会与自变量发生竞争的变量,有可能因变量的变化是由于额外变量引发的。

2. 因素

因素(Factor)也被称为自变量,用来区分受验者组、实验条件的不同维度。例如,在一项研究产品特性对于触摸获得高级感、亲近感的实验中,触摸后产生的不同感觉是实验指标,产品的导热性、粗糙度、硬度、弯折是影响实验指标的不同要素。

3. 水平与水平结合

因素特定的值叫作水平(Level),在包含两个或两个以上因素的研究中,一个因素的某一水平与其他因素的某一水平的结合称作一个水平结合(Level Combination)。

比如,在因素概念的阐述中我们说气温、降水、种子质量是粮食产量的因素,那热带、温带、寒带三个地方不同的气温就是三种不同的因素水平。同样,中国原产大豆种子和美国转基因大豆种子也是一组不同的因素。那么可以说,在温带使用中国原产大豆种子是一个水平结合。

4. 主效应

主效应(Main Effect)又称为主要效果,指的是由自变量的不同水平引起的因变量数据差异。在一项实验中,不同的实验条件下,某一自变量均会带来另一因变量水平上的差异,即为该自变量所带来的主效应。在人作为受经验者的实验中,主效应是指不操纵自变量时所发生的事情与操纵自变量时所发生的事情之间的差异。在一个实验中,效应指的是某组个体接受某种处理方式以后发生的事情与同一组个体若未接受这种处理方式会发生的事情之间的差异。这里重点强调的是同一组个体。然而,要同组人同时接受和不接受某种处理是不可能的,因此要完美地认定一个真效应也是不可能的。在实验情境下,实验者能尽力做到的就是通过设置两组不同的参与者,使其中一组接受某种处理,另一组不接受处理,然后测量两组表现的差异,获得一个不甚完美的结果。用不接受处理的那组参与者的表现来估计接受了处理的那组参与者在不接受处理的情况下的表现。这里的重点是,永远不可能对一个效应进行真实、完美的测量,因为这要求参与者既要接受某事的影响,又要不受到这件事的影响,而这是不可能的。

5. 交互作用

交互作用(Interaction Effect)在心理学中的解释为,当实验研究中存在两个或两个以上自变量时,其中一个自变量的效果在另一个自变量每一水平上表现不一致的现象,而且某一因素的真实效应随着另一因素的改变而改变。实验设计方法中交互作用表示当两种或几种因素水平同时作用时的效

果较单一水平因素作用的效果加强或者减弱的作用。交互作用是研究中必须考虑的因素。

当存在交互作用时，单纯研究某个因素的作用是没有意义的，必须分析另一个因素的不同水平来研究该因素的作用大小。如果所有单元格内都至多有一个元素，则交互作用无法测量，只能不予考虑，最典型的例子就是配伍设计的方差分析。

5.1.2　实验研究方法的特征

实验研究方法具备随机化、控制变量的特征。随机化指的是将研究对象随机分组，目的在于使额外变量对实验组的影响相当，使实验结论的外推更科学。控制变量指的是控制研究人员允许在实验中变化或不变的量，是对现象条件的操纵。控制变量要求研究人员对实验有一定的知识了解，通过操作变量来观察现象的变化。

在随机化中，有完全随机设计和随机区组设计两种实验研究的手段。完全随机设计指的是对所有的样本根据随机原则分配到各个实验组，每个实验组接受一种处理。随机原则指的是使用随机对照表、计算器随机、计算机随机三种方式。经过随机化处理后，样本间的变异在所有的实验处理水平上随机分布。这样可以平衡受验者间的差异，但实际上个体差异还是会影响到实验结果。随机区组设计可以消除个体差异，区组内的受验者同质性较高，区组间的受验者异质性较高，每个区组接受所有的处理。但这样可能存在记忆效应、疲劳效应，先接受处理A，然后接受处理B，有可能会影响处理B的实验数据。

5.1.3　实验的信度和效度

1. 实验的信度

实验的信度是指研究所得结论、数据的前后一致性和稳定性程度，强调的是实验结果的可靠性。研究结果的稳定性和一致性是保证研究科学性的重要先决条件。判定研究结果信度的方法有三种：重复验证法、相似对比法和独立评判法。

(1) 重复验证法要求研究人员运用重复测量、重复研究的方法，在相同条件下采用相同方法进行两次以上的研究，考察是否取得一致的实验结果。

(2) 相似对比法指的是通过比较类似研究的方法、结果与自身所做研究的一致性程度，来判断研究结果的可靠性。

(3) 独立评判法指的是两个或两个以上的研究者同时对一组受验者进行观察、记录、评判，研究者比较所获得的多个结果之间的一致性。

通常情况下，信度系数会受各种实验误差影响。信度系数越接近1，表明实验的稳定性和可靠性越强。如果实验的可重复性极低，或者一致性程度很低，这样的实验通常被认为不可靠。

2. 实验的效度

实验的效度是指实验方法能达到实验目的的程度，即实验结果的有效性。效度主要包括内部效度、外部效度、构思效度和统计结论效度。

实验的内部效度指的是实验中的自变量与因变量之间因果关系的明确程度。一个较高的内部效度要求研究者严格控制各种额外变量，周密地完成研究设计和实验实施。在一个拥有较高内部效度的实验中，因变量的变化由研究人员所操纵的自变量所引发。

实验的外部效度是指实验结果能够普遍推论到样本的总体和其他同类现象中去的程度，即实验结果的普遍代表性和适用性。以人的行为为对象所获得的实验结果，其推论法往往有相当的局限性。多重实验手段是获得外部效度、提高研究结果可应用性的重要条件。单一的研究难以在受验者、变量和背景等方面保证其代表性，必须在使研究尽可能模拟现实情景的基础上，通过多个相互关联的实验，以不同的研究条件寻求具有普遍意义的结论。

实验的构思效度是指理论构思的合理性、理论或概念进行操作化定义的恰当程度。拥有较高的构思效度，要求研究结构符合严谨、层次分明的特征，研究中的变量定义准确，测量涉及的指标的操作化定义完备。

实验的统计结论效度指的是数据分析阶段的效度，属于内部效度，并主要取决于数据的质量和统计检验假设。数据的质量包括数据的量表特征、数据的分布、数据的来源等。不同统计方法有其明确的统计检验假设，一项研究中统计检验假设模糊不清，则会显著降低统计结论效度。

5.2 实验研究法的实施步骤

5.2.1 研究问题与假设

1. 明确研究问题

克林格将研究问题定义为：“一个疑问句或疑问陈述，对‘存在于两个或多个变量之间的关系是什么’进行提问”[5]。简单来说，就是明确要研究什么问题，用一个疑问句来对存在的两个或多个变量之间的关系作出提问。比如“雾霾和北京市市民的出行行为之间是否存在关联性?”这样的问题可以通过实验检验，并符合研究课题的要求。而像“盲人有没有可能比视力正常的人在脑海中构建更丰富的颜色?”这样的问题无法被检验，不符合研究课题的要求。许多神学、哲学和想象得到的问题都很有趣，有的也非常有意义，但是无法被实际证据检验证明的问题，都是不符合科学研究要求的问题。

在界定完问题后，需要对问题进行具体化的描述。在“雾霾和北京市市民的出行行为之间是否存在关联性?”这一问题中，雾霾涉及雾霾是否出现、雾霾的程度两个变量，出行行为涉及出行次数、活动范围、出行方式。明确问题的内涵有助于实验者更好地理解要研究的问题，对问题进行变量的细化说

明，有助于实验人员确定受验者的特征、实验设备及工具、测量的方法。

2. 提出研究假设

研究假设是根据一定的科学知识和事实，对所研究问题的规律或原因做出的一种推测性论断和假定性解释，是在进行研究之前预先设想的、暂定的结论，是对课题设计的主要变量之间相互关系的设想，具有假定性和科学性。

假设检验(Hypothesis Testing)是推论统计的分支，它关心的是样本数据能在多大程度上支持虚无假设，以及什么情况下可以拒绝虚无假设。在进行总体估计时，研究者对总体参数没有明确的假设，而假设检验则不同，研究者会提出虚无假设和备择假设，然后使用数据来确定应取何种假设。无假设(Null Hypothesis)是一种有关总体参数的陈述，它通常陈述的是总体中的自变量和因变量没有什么关系。

5.2.2　实验准备与实施

1. 实验准备

在实验准备阶段，需要参考其他人的研究工作，确定实验实施和实验的细节设定。如果实验需要一定的仪器设备，或者量表材料，则需要进行准备。

一般来说，所有的实验都需要一个良好的实验环境、《实验招募书》、《实验协议书》。在涉及人作为受验者的研究时，还需要准备《知情同意书》。良好的实验环境需要满足环境温湿度适宜、光照条件良好、无噪声，实验进行桌面无杂物堆积。当需要进行颜色认知相关实验时，需要注意控制自然光条件和室内灯光环境；当需要进行注意力检测相关实验时，需要注意控制噪声、突然出现的声音的干扰。

《实验招募书》可以以文本或图形形式制作，采用文本需注重要给人可靠、安全、正式的感觉，采用图形表达的形式会比较有趣，需要注重重点信息的标明。《实验招募书》中的关键点为实验主题、实验周期、参与方式、参与要求以及实验大致内容、实验时长、实验酬劳。

实验设计人员可以凭借经验、向他人询问，来确定目标人群可能接触到的媒介，比如社区或论坛网站、街道布告栏、社区公告栏、社交朋友圈等。

2. 实验实施

实验实施需严格按照预定计划进行，并提前布置实验场地、调试设备。一般情况下，需要进行预实验，以便研究人员熟悉流程、及时对实验细节做出更改与完善。正式开始实验后，需要注重实验数据的及时导出与备份。实验实施时需要注重随时可能发生的意外，比如设备电量不足、受验者完成实验的时间没有预期的长、受验者迟到等。

5.2.3　数据分析

1. 数据整理

实验结束后，实验人员需要将数据进行初步的整理。一般来说，使用

Excel进行初步整理会比较方便快捷。录入数据后,可以使用Excel的筛选、公式判断来检查数据的质量。比如,如果使用五分量表问卷进行了评价,那么“6”或“7”这样的答案显然是无效的。鼠标指针定位到空白单元格,比如D2,在Excel的编辑栏中输入“＝IF(B2＞5,0,1)”,如果B2单元格数值异常,则会输出0。移动鼠标指针到D2的右下角,鼠标光标变为小十字,按左键向下拖动单元格,则可了解B2～B21中的数据是否有异常。

2. 数据分析

数据分析可以使用Excel进行,也可以使用SPSS软件。根据实验假设和实验目的,对变量的分布、变量之间的相关性等进行分析。

5.2.4 讨论与总结

1. 讨论

进行多方面讨论的目的包括论证研究的信度、对研究获得的结果进行进一步解释。解释是科学研究的重要目标和环节之一,它能表达研究结果的意义和变量间的关系,是研究结果的呈现和交流,可以对理论的构建和完善起作用。解释有时能发现研究假设之外的成果。

2. 总结

总结不是具体实验结果的再次罗列,也不是对今后研究的展望,而是针对这一实验所能验证的概念、原则或理论的简明总结,是从实验结果中归纳出的一般性、概括性的判断,要简练、准确、严谨、客观。

5.3 影响实验结果的因素

5.3.1 外部环境设计

实验研究方法不仅用于实验室环境,也用于现场环境,而且越来越多地借助于互联网计算机环境。这些环境中充满了各种各样的因素,对实验结果产生或大或小的影响,需要实验人员有一定的了解。

现场实验指的是在现实生活环境中展开的实验研究。实验者会主动对变量进行操纵和控制,并仔细地了解环境中可能存在的所有额外变量带来的影响。现场实验是研究许多问题的绝佳方法,但对额外变量的控制无法达到实验室实验的水平。

实验室实验中研究者可以精确地操纵多个变量,并控制几乎所有额外变量的影响。与现场实验相反,实验室实验能更好地控制或消除额外变量。但是,控制变量的代价是所创造的环境具有人为性。虽然在实验室中能获得精确的结果,但这些结果在真实世界的推广必须不断被检验。

互联网、计算机环境方便多人同时进行实验,实验人员可以同时将一个任务传达给多个受验者。这样的设定也方便实验人员进行任务协作设计,拓

究研究课题。

5.3.2 观察者效应

观察者效应指的是当环境有观察者存在时,行为发生主体的判断和行为会受到影响。尤其是观察者的声音、身体的姿势、神色、动作、手势等都会或多或少影响到被观察者。这种影响在大多数情况下非常微弱,但实验人员仍需要了解。

5.4 相关案例介绍

5.4.1 案例一:基于SD法的玻璃杯颜色印象评估探究

1. 研究背景与研究目的

消费者在购买日常生活用品时,除了考虑价格,还会考虑符合自身形象、需求的产品。商品的颜色、形态、图案等外观设计对判断有一定的影响。选择日常生活中形态简单的杯子作为实验材料,来研究玻璃杯颜色对于消费者的印象影响。

2. 研究假设

研究提出两个假设:

(1) 无色与有色得到的印象评价具备一定的差异;

(2) 暖色和冷色得到的印象评价具备一定的差异。

3. 实验设计

由于这项实验和颜色认知相关,因此实验环境无窗,并使用近太阳光的"D65标准光源"的荧光灯,以排除外部光线的影响,形成良好的光照条件[31]。

实验采用展示—评价的方式,使受验者对展示的五个不同颜色的玻璃杯感知评价。评价采用语义差别法(具体见第17章),由受验者对多组形容词对进行打分,比如,朴素—华丽。在实验前进行了预实验,将形容词对念给其他研究成员及招募的受验者听,以进行筛选和补充。形容词对来源于类似研究,被认为是适合评价玻璃杯感觉的词。并且,形容词对被随机排列在调查用纸上。

4. 实验结果

由实验结果可知,暖色系的红色和橙色等颜色的力量性因子的得分高,冷酷因子的得分低。相反的,冷色系的蓝色的力量性因子得分低,冷酷因子的得分高。中间色绿色的力量性因子和冷酷因子的得分都显示为中间值。另外,无色和蓝色评价结果之间无显著性差异。并且,无色和蓝色的正向评价因子得分较高,表明这类颜色适合作为玻璃杯的颜色。

5. 实验结论

由实验结果可知,暖色和冷色可以给人不同印象评价的结果。并且,由无色和蓝色评价结果之间无显著性差异可知,“无色和其他颜色给人不同的印象评价的结果”这一假设并不成立。并且,无色和蓝色非常适合作为玻璃杯的颜色。

5.4.2 案例二:不同视频讲座类型对专注度、情绪、认知负荷和学习效果的影响

1. 研究背景与研究目的

这项研究[30]探索三种常见的在线教学视频类型对专注度、情绪、认知负荷以及对视觉型学习者和听觉型学习者的学习效果的影响,为在线教学视频的设计制作提供建议,为学生线上学习时选择教学讲座类型提供有价值的参考。其中,三种常见的在线教学视频类型指的是课堂实录式、PPT 录屏式、画中画融合式。

2. 实验设计

这项实验主要包含三个阶段,分别是导入和学习特征分组、正式观看实验、实验后学习效果和认知测试。

第一阶段:介绍实验流程后,引导被试学习使用在线播放教学视频的功能,评估被试对于三个单元课程知识的背景知识,用 SOP 量表判断被试倾向的学习模式。

第二阶段:被试在一间观察室中观看三个教学视频,视频以随机顺序播放。观看期间,使用 MindSet 头戴式脑波检测设备和 emWave 压力检测设备来分别获取持续注意力(脑波信号)和情绪(HRV 模式,心率变异性模式)数据。观看期间实验人员不对被试的自主学习进行干扰或指导。

第三阶段:每观看完一个教学视频,进行学习效果和认知负载的测试,最后采访一些参与者来了解他们的学习满意度。

3. 实验结论

在学习效果的表现上,课堂实录式和画中画融合式一样,均好于 PPT 录屏式,但 PPT 录屏式的专注度要远好于画中画融合式类视频。在认知负荷表现上,PPT 录屏式要高于画中画融合式和课堂实录式。对于 PPT 录屏式类视频,视觉型学习者的认知负荷远超听觉型学习者的认知负荷。在专注度方面,听觉型学习者无论在哪一类视频类型上的表现均优于视觉型学习者。

4. 实验的不足与局限性

这项实验在以下几方面存在不足之处。

(1) 未考虑不同年龄段学习者这一变量对于实验的影响,小学生、中学生、本科生及更高学历者在学习习惯和方式上可能存在较大差异。

(2) 未考虑不同专业知识这一变量对于实验的影响,如文科、理科、工科

不同的专业知识在授课时的方式和侧重点可能会有差异，导致结果的不同。

(3) 未考虑屏幕大小这一变量对于实验的影响，现在的在线学习方式不仅是利用计算机学习，可能还有利用移动端学习的状况。

(4) 应采用眼动设备对于视觉注意力和视觉注意区域进行探究。

5.5　思考与练习

1. 举例论证实验的效度和信度的区别。

2. 在一项研究可口可乐与百事可乐的口感差异的实验中，需要控制哪些变量？

3. 设计一个实验，研究男性和女性对于智能手机外观与功能的关注特征。

4. 选择实验室的一个项目实验，或对感兴趣的主题进行搜索，获得实验研究。分析其中的"因素""水平""交互作用"，并进行整理分析。

第4部分　定性研究方法

第6章　个案研究法

当需要深入理解某一具体问题、探析某一或系列美学事物时，可以考虑进行个案研究。

6.1　个案研究法的基本概念

个案研究法(Case Study)作为一种研究策略，指的是针对某一项或多项个案进行深入的调查研究与分析，以获取经验性理论知识。其中，个案可以是人、社会团体、机构或者设计作品等。在个案研究法中，研究人员使用多种资料收集方法来对个案进行研究，比如访谈法、观察法等调查研究方法，以及测量法、评估法等定性或定量研究手段[32,33]。一般的，个案研究法具备有界性和数据多样性两个特征。有界性指的是选取的个案往往有时间或空间范围的限制，比如某一当地建筑、儿童玩具行业的一家公司。数据多样性指的是个案研究所获取的数据来源非常丰富，比如文史资料、访谈、文物、古建筑等。研究人员通过形式丰富的数据展开对个案的深入理解与分析。

个案研究法可以被分为单一个案研究、群组个案研究、本体个案研究三类。单一个案研究指的是当研究人员首次关注某一个问题时，选择能够反映这个问题的一个案例展开研究。相对的，群组个案研究则指的是研究人员针对关注的研究问题，收集多个个案来呈现问题的不同视角。本体个案研究则并不以问题或者现象作为出发点，而是以个案作为出发点展开研究。所选择的个案具备一定的独特性，并且具备分析价值。当选择一项个案进行研究时，一般会对个案涉及的所有数据进行主题分析；选择多项个案进行研究时，除了对每一个个案进行主题分析，还会进行交叉个案研究，以发现个案间存在的共同特征或差异。

具体来说，个案研究以人作为研究对象时，搜集的资料有社会背景、产品使用情况、访谈记录、测验结果等。从多方面资料中明确研究问题的表现、形成与发展，构思可能的解决方案。由于个案研究有助于深入理解研究对象，因此广泛应用于多个领域。在设计学中，景观设计、交互设计、游戏设计、产品设计等都有个案研究的身影(如表6-1所示)。

表 6-1　个案研究法的相关文献案例

文献题名	概述	领域
论玛莎·舒瓦茨的极简主义设计观——以都柏林的大运河广场景观设计为例[34]	对玛莎·舒瓦茨的经典代表作品都柏林大运河广场景观进行实地考察，研究分析其景观语义	景观设计
教育游戏软件界面视觉信息传达有效性的个案研究[35]	选取两个在视觉习惯设计上有差异的小学教育游戏软件界面作为个案研究对象，进行实验获得对比分析结果	交互设计
体育运动服饰文化释义——以篮球运动鞋为个案[36]	以篮球运动鞋作为研究对象，使用文献回顾、逻辑分析方法分析篮球运动文化，探索体育运动文化的发展因素	设计文化

6.2　个案研究法的实施步骤

个案研究法主要包含确定研究主题、研究准备、研究实施、数据整理与分析、讨论与总结、撰写报告六大部分。本节以 Jaehyun Park 的 *Modeling user experience: A case study on a mobile device*[37] 作为研究案例进行步骤的讲解。

6.2.1　确定研究主题

1. 研究背景

这项研究将用户体验(UX)的主要元素整合到单个索引中的量化模型，提出并评估各种模型，以明确用户体验的非线性量化方法，帮助产品或服务设计人员了解整体 UX 价值及体验问题。

2. 明确研究主题

用户使用一款新的产品，其使用过程涉及多个维度的数据。这些体验要素是否有可能被整合到一个量化模型中呢？由此确定研究主题：用户使用新产品过程中的 UX 价值量化模型。

6.2.2　研究准备

1. 收集整合资料

收集资料，以了解用户体验量化模型的研究背景。通过了解研究现状，作者明确了研究的价值和意义。UX 可以广泛反映用户与产品之间相互作用的体验，在这一领域已经开展了大量的研究工作，但从整体用户体验的角度进行研究的工作相对较少。虽然纵向研究可以更自然地反映 UX 的方法，但这项研究主要关注点为验证量化模型，因此采用了横向研究。通过文献回顾和讨论，确定了 22 个评价维度，包括整体用户体验、UX 的三个要素(即可用性、影响和用户价值)及其 18 个子要素。

在这项研究中,还确定了五个量化模型,来研究整体 UX 中的元素与其子元素之间的关系是简单线性、多项式、S 形值、连接和析取模型中的哪一种。

2. 确定受验者

这项实验招募没有任何类似产品或服务经验的人作为受验者,并在实验开始时告知受验者假定他们刚刚购买该产品。

- 人数:26 人;
- 性别:13 名女性,13 名男性;
- 年龄:18～28 岁(均值 22.4,标准差 2.6);
- 职业:本科生,研究生。

3. 实验设备

使用无 3G、25 厘米触控液晶显示屏的 iPad 作为实验设备。

4. 实验流程与任务设计

受验者还需要经过预测试,确定是否有能力参与本次评定实验。通过预测试后,进行正式实验。正式实验包含四个环节。

(1) 由实验人员对 iPad 的软件环境进行使用指导,并说明任务和评价维度。

(2) 发放任务卡片,让受验者按照任务流程要求完成 13 个预定义任务。实验中,使用拉丁方平衡技术来抵消任务的顺序效应。

(3) 完成所有任务后,让参与者有 10 分钟的自由使用 iPad 时间,以便为他们提供不同的、没有涵盖在任务中的体验。

(4) 进行的评价有 22 个主观评分纬度,评分设定为从 0～100。在第一次、第五次、第九次和最后一次预定义任务、无约束体验后,每位受验者进行了五次评价。

根据 iPad 的 13 个默认应用程序设计了 13 个任务,每个应用程序分配一项任务,每项任务由 2～4 个子任务组成。比如,邮件应用使用的任务包括三个子任务:登录账户、阅读电子邮件和发送电子邮件。在这种情况下,参与者输入电子邮件地址、密码登录,读取邮箱中最近的电子邮件,并通过无线互联网将电子邮件发送给指定的人,即认定邮件应用使用的任务完成。

6.2.3 研究实施

按照实验设计进行实验实施。

6.2.4 资料整理与分析

根据研究目的和具体的研究手法,对于个案研究的结果进行整理与分析。在这项研究中采用了多元回归方法进行模型构建,并最终产出了图 6-1 所示模型。

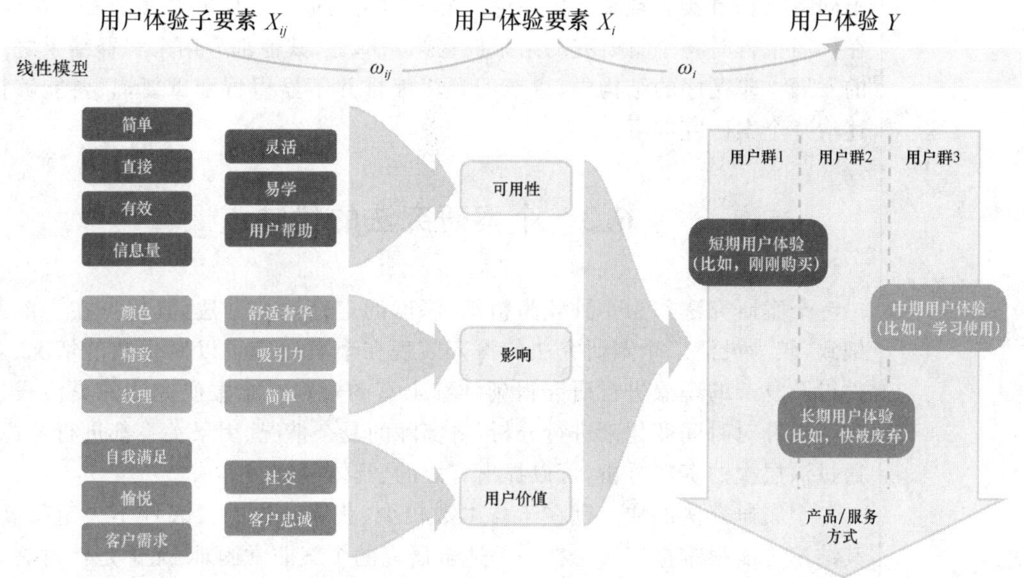

图 6-1　用户体验量化概念图

6.2.5　讨论与总结

1. 讨论

在讨论部分，结合学术界被承认的观点以及同行的其他研究展开论述，对研究结果中得到的模型进行论证分析。比如，这项研究对用户体验量化的可能性、量化指标之间存在的关联、影响模型目标构建的因素、所构建模型被验证的方式方法等进行了探讨。

2. 总结

总结部分对研究结果、应用进行详尽的说明即可。这一节介绍的这项研究通过五种建模技术来量化用户体验，并认为线性模型并非解释用户体验的唯一选择。研究最终获得了100个调整 R^2 值较高的模型。研究结果有望应用于其他产品的量化评估领域，以及产品原型的使用反馈。

6.2.6　撰写报告

研究报告的结构可以是线性的、比较的，可以按照年代整理、按照理论逻辑组织，可以采用悬疑的结构、非循序的结构。其中线性分析的结构主要为描述研究问题、描述收集与分析资料的方法、描述所发现的结论与获得的启示，一般来说撰写期刊论文都采用这种结构。比较的结构主要为研究同一个案时，采取了两种及以上的方法，在发现结论时通过对比来明确事实，同时也适用于说明不同分析方法下的结果差异。按照年代整理的结构主要分为根据事件、时代、风格、流派的早期、中期和晚期来进行报告。按照理论逻辑组织的结构主要用在理论性研究中，按照理论的逻辑来陈述事实，使用个案的不同特征和事实表现来支撑理论。悬疑的结构适用于研究个案的发展情况，在撰写报告时将个案研究的结果放在第一部分，其他部分用来解释结果之后的发展。非循序的结构中，章节的顺序编排并不显得特别重要，只要能够描述清楚个案研究即可。

6.3 个案研究法的优缺点

个案研究法作为一种较为精细、深度的定性研究方法，其优点在于深入细致，较为灵活。个案研究法的深入表现在个案研究可以对少数的情况、事件以及复杂的现象进行研究得到详细丰富的资料。个案研究法的灵活表现在可以针对时间变化来进行分析，将实际的复杂情况、因果关系都进行考虑。通过深层次的资料分析，可以提出有效的、具体的解决办法。

个案研究法的缺点则在于样本数较少，获取结论的代表性不一定很高，其结论可能很难推广。选择一个适合研究的个案非常困难，无论是针对具体的研究问题，去寻找合适的个案来解释描述，还是去研究某一个特殊的个案。对于研究人员来说，选择研究一个个案还是多个个案也是很难确定的。个案的边界，即个案的时间和发生的地域范围，也是相当难定义的。当研究人员选择群组个案研究时，由于需要研究多个个案，研究人员很难深入每一个个案。同时，由于个案研究法的资料很难量化以及研究对深入性的要求，研究人员需要耗费大量的时间和精力来完成资料的收集与分析。往往个案研究仅是提出问题间可能存在的联系，或者描述多因素并存的一些现象。

6.4 文献案例分析

6.4.1 案例一：智能手机使用体验的个案研究

1. 研究背景

视障人士面临许多生活上的挑战，辅助技术可以帮助他们更好地融入社会生活。辅助技术是设备、产品系统、硬件、软件或服务的总称，可以增加个人的可访问性。它用于残疾人支持身体功能和防止任何活动限制或参与限制。残疾人可以通过与辅助技术互动，与他人、设备和环境进行交流。因此，它使残疾人能够独立地进行日常生活活动，并体验到生活质量的提高。视障人士的关键辅助技术可分为三类：助行器、信息/通信技术(ICT)的使用和环境控制。使用ICT的辅助技术有助于人们在ICT设备上感知、发送、生产和处理各种形式的信息(ISO，2011)。相关研究领域中，已有人开发出有效的ICT设备辅助技术，将视觉信息改为听觉或触觉格式。

2. 研究目的

这篇论文[38]分析视障人士与智能手机的相机应用的独特互动体验，探

索设计辅助技术的意义，并从用户为中心的角度确定辅助技术设计者的想法与视障人士的需求之间可能存在的差距，为辅助技术的设计提供启示。研究时首先对视力障碍群体以及辅助性技术进行了介绍，之后招募受验者进行可用性测试，经过数据分析得到实验结论。

3. 研究方法

使用实验法来研究视障人群。将招募的20位视障人士分为三组：全盲、深度视力障碍和严重视力障碍。使用可用性测试的方法来进行实验评估。其中，根据可用性评估的必要性设计了7个任务，每个任务由1～3个子任务组成。

4. 研究结论

独特的互动体验可以从听觉、记忆来入手设计。视觉障碍者与普通人群相比，在听觉上具有更敏感和独特的影响。视障人士通常从听觉上获取信息，这一事实可能导致敏感和独特的影响，因为影响很大程度上受到以往经验的影响。视障人士用来访问设备的一个关键策略是通过单独练习或事先借助他人的帮助进行训练来记住屏幕上菜单的位置。满足听觉的影响、了解视觉空间信息传递的过程、提供一致且结构简单的UI布局、增加可配置的设置、提高屏幕阅读器的语音性能等，这些均有助于改善视障人士的互动体验。

6.4.2　案例二：服务设计中的流程与方法探讨——以米兰理工大学设计创新与设计方法课程为例

1. 研究介绍

这篇论文[39]以米兰理工大学产品服务体系设计专业的设计创新与设计方法课程为例，介绍当面对一个复杂设计问题或是未明确的设计主题时，如何采用思维导图、愿景、情境、故事板等相关概念和工具来产生设计概念与方案的流程和方法。论文主要目的是探寻流程步骤之间合理的逻辑关系，以及从设计研究到设计方案产生的合理性、服务设计方案的可视化步骤与方法。并试图总结服务设计中所需的重要能力，以期能给服务设计研究和实践提供一些帮助和指导。

服务设计的工具箱

2. 研究方法

这项研究采用服务设计和可视化的工具与方法，分析了课程学习中获得的服务设计方案。设计方案将2015年米兰世博会主题“滋养全球”作为项目主课题，选择“可持续与食品”作为子课题。在设计实践中进行了设计主题背景分析、设计机会定位、初步概念方案产生以及最终方案细化与可视化。

从设计研究到概念产生的工具与方法：在服务设计前期，即定义问题的阶段，需要借思维导图、愿景、案例分析，以及情景等策略性的工具分析问题，得出可能的发展方向。主要运用方法有思维导图(Mind Map)、愿景(Vision)、个案研究(Case Study)、情景(Scenario)。

设计方案可视化的工具及方法：情景产生之后需要可视化呈现并与用户沟通。在这一过程中，诸如故事板、用户体验地图等工具被充分应用，以一种叙事性的手法来表现。主要运用的方法有故事板(Storyboard)、接触点(Touch-point)与用户旅程图(Customer Journey)。

其中，这项研究使用了个案研究法中的报纸、杂志收集设计方向主题相关的设计案例，进行梳理与总结，并使用十字定位坐标进行潜在设计机会的发现。

3. 结论

服务设计的本质在于将用户价值置于核心地位。服务设计对象具备多样性和不确定性，需要设计研究人员具备多维度复杂问题定义与分析的能力。设计研究贯穿于整个设计流程，从研究、定义到设计概念产生的逻辑性与衔接性成为关键。在设计过程充分发散与调动思维，在产生最终设计方案之前构想尽可能多的解决方案，并根据利益相关者的需求以及实际实施条件选择最终方案，是服务设计实施的一般过程。

6.5 思考与练习

1. 思考如何选择典型的个案进行研究。
2. 列举个案研究法中可以用于收集资料的具体方法。
3. 从定义问题、阐释假设、理论构建、样本代表性、变量数与样本量关系、定量与定性研究、信息挖掘深度、方法使用等多个角度，辨析个案研究法与问卷调查法、访谈法、实验法之间的异同。

第7章 历史研究法

7.1 历史研究法的基本概念

历史，是对过往事情的一种公正记录。过往事情客观存在，并通过影音捕捉、文字记录、人的记忆与口述等形式表现出来。历史研究法(Historical Research)指的是运用多种分析手段，对与某一主题相关的历史材料进行检查、评估、整理与分析，获得对主题的了解以及使用证据评估解释、分析趋势。由于历史研究法施行难度较低，在艺术学、教育学、社会学中被广泛应用。历史研究法注重时间顺序，强调整体的、客观的收集与评估事件的发生、发展和演变的历史进程，有逻辑的组织分析材料。一般的，历史研究法在设计科学中进行应用时，可以收集以下类型的材料：档案文件、文物、建筑遗址、与事件直接相关的人物、地方志等。通过把握“5W”来尽可能完整、正确地重建过去，让过去所遗留的痕迹脉络化。

7.1.1 历史研究法的目的

通过实施历史研究法收集、分析历史资料，可以了解研究对象的发展和变化过程，融合不同时期的观点，得到有序、清晰的发展脉络。对于得到的发展脉络进行研究，解释其发展规律，演绎出造成现状的原因并推测未来的变化趋势。

7.1.2 历史研究法的特征

历史研究法的特性可以从不同的角度进行划分。从研究对象与研究过程的特征出发，历史研究法具备历史性、具体性、逻辑性的特征；从研究对象的属性出发，其具备时间性、空间性、互动性、变化性的特征。具体如表7-1所示。

表7-1 历史研究法的特征体现

分类角度	特征	具体含义
研究对象与研究过程的特征	历史性	研究对象是过去发生的事，在研究过程上按照历史的顺序
	具体性	研究过程将在丰富而具体的文献资料的基础上探寻规律
	逻辑性	研究过程以逻辑方法为主。历史研究法的资料往往是不完整的，在研究过程中通过逻辑思维进行弥补至关重要

续 表

分类角度	特征	具体含义
研究对象的属性	时间性	没有时间的因素，就无法构成历史。任何事件的起源、兴盛、衰退或消失，都有其时间的轨迹可寻
	空间性	没有空间因素，历史研究就无法呈现物件的面貌。事件的发生必然牵涉到一定的空间大小与地理位置
	互动性	社会上所发生的事件，没有一件事情可以独立存在。人与时间、空间之间相互影响，互动越多，则事件中各种因子的关系就会越复杂
	变化性	事件受到时间、空间的交错影响，自然产生许多变化，尤其在人类社会中，极少事件是固定不变的

7.1.3 历史研究法的作用

知古鉴今，历史是事件发展的记录与规律的沉淀，历史研究法是对过去事情发生、风格流行的研究。历史研究法可以帮助我们：

(1) 了解设计与人、社会的关系。设计的发展历史可以追溯到人们对工具的使用，为我们和设计的互动提供了庞大的信息库。明确设计如何作用于人类世界很困难，只从当下着眼将阻碍我们更好地了解设计。虽然研究设计史无法像进行实地考察一样，直接而准确地获取信息，但能够为我们提供广泛的证据基础。

(2) 了解设计如何影响构建我们的生活世界。设计服务于人的需求，设计无处不在。比如在陆地交通工具方面，从畜养家畜到轮车、轨道，为城市建造、行业兴盛提供有力的服务。其中，地铁的设计在最近几十年渐渐成为城市规划者最为重视的问题之一。了解地铁的建设设计史，有助于体会北京地铁拥堵现象与设计的关系。

(3) 对道德伦理、以人为中心思想的理解。伦理在科学研究中指的是保护人作为受试者的权益不受侵害，尊重受试者的观点和选择。研究历史中发生的事件、现象，有助于研究人员理解设计的功能与情感性作用，更规范地从事设计研究。

7.2 历史研究法的分类

7.2.1 比较史学法

1. 基本概念

比较史学法指的是对于多种历史现象或不同的国籍、民族之间进行比较，找出差异性与共同性，从而得出历史的规律，加深并印证对于历史的

认识。

比较史学法的作用有两个层次[40]。在第一层次中，首先，可以得出某种历史发展的模式，即求同。对于不同的历史事件，通过比较异同探寻其一般结构，对历史进行概括。其次，可以寻求某个时期社会或某个历史事件的差异性，即求异。比较史学帮助我们更客观全面地认识某一单一的历史现象。最后，为评价历史现象提供了尺度。在第二层次中，首先，可以探寻历史现象独特性的内在原因，发现造成某种历史现象的原因。其次，可以提出某种解释性的假说并对其进行验证。比较史学法通过广泛的比较异同，可以帮助我们更好地理解在单一研究下无法解释的问题，验证提出的史学假设。

从宏观至微观，比较史学主要应用于以下几个方面[41]。首先，设计史的比较是最宏观的方式，概括性地描述出不同地区、不同时期下设计的演变与发展。其次，可以比较设计发展中的某一阶段，比如新艺术运动、老上海、新中国成立初期的平面设计发展阶段。

历史的比较大体可以分为类比法和比较法两种[41]。类比法指把类比推理知识运用于历史研究的逻辑方法。基本的方法是：两种历史现象在一系列属性上是相同的，而且一种现象还有其他属性，由此可以得出另一种现象也有该属性。不同于类比法的是，比较法在关注事物相同性的同时还关注事物的差异性。比较法包括以下几种类型：时间比较，即同一位置，不同时期的比较；空间比较，即同一时期，不同位置的比较；性质比较，即主要是思想的比较。

2. 原则

在应用比较史学法时应当注意三个条件。首先，需要尊重对比的基本史实。对于进行比较的对象，要尽可能多地掌握其历史知识，包括产生、发展的基本历史线索，尊重历史的真实性。其次，注重可比性。即比较的双方应当是同类事物，属于同一范畴，采用统一标准，处理方式也应当相同。最后，要有正确的观点指导。

3. 研究案例：森英惠、三宅一生、川久保玲之比较研究

森英惠、三宅一生、川久保玲都是工作于 20 世纪的日本高级服装设计师，三位设计师作品之间的共同点构筑了比较研究的基础。徐俭等人的一项研究[42]采用了比较史学的原理对三位设计师的服装作品进行了比较分析，为中国服装走向世界提供借鉴和参考。

研究收集了三人作品风格的资料，示例如图 7-1 所示，包括造型、衣料、色彩、风格，以及三人的工作经历、时代背景、对国际时尚格局的影响。

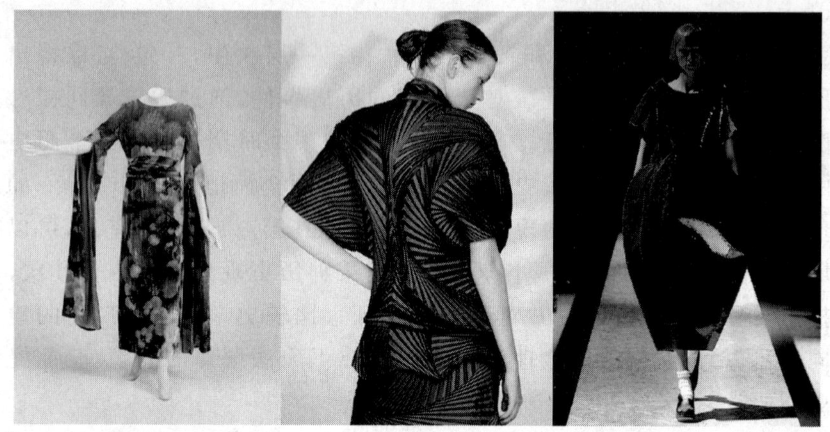

图 7-1　森英惠(1973)、三宅一生(2016)、川久保玲(2012)作品(从左至右)

在资料分析过程中,这项研究主要采用了比较法。研究人员对收集到的资料进行了全面的对比,并着重探讨了三人在推广日本服装或将日本服装与国际结合方面的表现,得到了以下结论。

(1) 三者都试图将本民族文化加入巴黎的时装中。但森英惠的设计已经西化,三宅一生和川久保玲在本质上保留了更多东方成分。

(2) 森英惠更加"女性",川久保玲和三宅一生更加前卫。

(3) 三位设计师的作品改变了在国际时尚中西方影响东方的单一格局。

7.2.2　计量史学法

1. 基本概念

计量史学法是把数理统计的方法运用到历史研究中的一套方法。相对于其他历史研究方法,计量史学法更为理性客观,侧重于对确定性的探求。计量史学法的本质就是对历史资料进行定量分析,让历史精确化。在研究过程中,往往将计算机科学、信息理论等引入历史学科,采用数理方法对历史资料进行处理,并构建数学模型。

应用计量史学法,有两方面效用:

(1) 精密严谨地运用历史研究资料,避免用词歧义、模糊解释来研究历史的局限性;

(2) 对于传统观念进行检验和修正,由于传统史学研究的局限性,我们很容易对于一些事物产生固化的观念,计量史学得到的严谨客观的结果可以使这些观念得到修正。

2. 原则

进行计量史学研究时应当注意几个基本原则[43]。首先,需要将描述性为主的历史语言转化为数学语言。尽量采用或将历史语言转化等距数据、等比数据等,以便进行数据分析。其次,坚持定性分析与定量分析结合。定性

分析属于宏观研究法，它是在对历史事物给予综合分析与解释后，确定历史事物的最终性质或属性的基本方法。定量分析属于微观分析法，对于确定局部或个别历史现象，具有很大优势。在实践过程中要注重两者的结合。最后，注重指导理论。计量史学法的结论是否符合实际，不仅取决于本身采用数理统计方法的科学程度，也在于指导理论的科学程度，应在唯物史观的指导下，与其他方法相结合，发挥其在史学研究中的作用。

3. 局限性

计量史学法在对历史材料的研究中，一般有以下局限性[43]。

(1) 受到历史资料的制约，部分历史资料无法被量化。

(2) 受到研究过程的制约，错误的资料收集和记录方式、错误的数据分析方式都会导致错误的结果，影响使用历史研究法所进行研究的结果信度。

(3) 数学语言在历史材料中的运用会降低历史的可读性，并进而影响定性分析的结果。

4. 实施步骤

计量史学的基本研究方法分为五步：资料收集、资料分类、构建资料矩阵、描述性统计、统计关系分析[44]。

第一步是进行历史资料的收集。可以通过图书馆、档案馆、博物馆、互联网历史资料数据库进行收集。

第二步是进行历史资料的分类。分类可以使收集到的数据有序化、系统化。分类方法可以根据名义分类，即根据事物的属性特征分类，比如根据性别进行分类。也可以根据顺序分类，比如历史时间、朝代的顺序。还可以根据数量分类，即按一定的数量区间和比例进行分类，比如个人收入、视觉性学习能力评分。

第三步是进行历史资料整理，构建资料矩阵，也就是二维表格。每一行是一个个案主体的信息，列则是变量，比如发生时间、质地、收藏地点等关键信息。

第四步是使用简单的统计方法进行初步分析，如明确集中趋势、统计指数等。比如，按照基准时期不同，可将数据的增长率分为环比指数和定基指数。

第五步是使用统计学中常用的分析方法进行深入分析。相关性分析主要包括主成分分析、因子分析和典型相关分析三种分析方法，其中典型相关分析对于研究多种因素对历史现象和历史过程的影响十分有用。回归分析可以用于研究变量之间的相关关系，构建预测模型等。

7.2.3　心理史学法

1. 基本概念

心理史学是历史学与心理学相结合的边缘学科，是倡导运用跨学科的研究方法探索人的历史动机的一门学科。心理史学法汲取了心理学的某些理论,研究历史进程中人类的活动,把握某些历史现象更深层次的原因,从更多的角度研究和解读历史,使得这一学科更为完善。

心理史学的应用主要分为两部分[45]。第一部分研究个体人物的心理,这一方面侧重于研究单一个体的童年经历对其的影响。第二部分研究不同时期、不同群体的社会心理,如对于法西斯主义形成的研究。

2. 原则

在实际问题中我们应当注意一些小的细节。首先,需要采取综合的研究方法。心理史学本身作为一个跨学科研究方法,我们在使用的过程中也应当注意其他可行的方法,避免过分依赖心理史学本身[46]。其次,采用尽可能丰富的资料。丰富、高质量的资料不仅可以更好地发挥心理史学的优势,也能使结果更加客观、更具有说服力。最后,在研究中体现变化。在研究中要体现出研究对象心理变化对其思想变化的影响,证明心理和思想的关联性。

3. 局限性

作为一个交叉学科,心理史学的研究存在以下几个问题。首先,缺乏科学客观的材料。心理史学是建立在精神分析学说之上的,而精神分析学说更多地被应用于心理治疗。但是在社会科学上的应用不够科学主观。其次,容易出现主观主义倾向。心理史学需要对研究对象进行心理层面的描述,虽然这些描述是建立在资料支撑之上的,但是难免受到研究者本人的主观影响。最后,容易犯心理因素决定论的错误。换言之,这一方法可能过分夸大了研究对象心理对于结果的影响,而对于社会背景和经济因素等考虑不足[45]。

4. 应用分析的方法

心理史学的研究流派众多,研究方法广泛,在这里给出一些研究方法供参考[47]。第一种方法是个案分析法。心理史学中的个案分析法是针对个体的心理研究方法。主要有两个步骤:分析历史人物在童年时期的行为表现;分析历史人物在成年后不同境遇下的行为方式。第二种方法是作品分析法。作品包括著作、笔记、书信、回忆录等。通过研究作品发现作者本身的心理活动和精神状态,获取该人物的更多信息。第三种方法是历史档案分析法。相对于个案分析,主要针对某个历史时期人群的心理活动进行分析,分析内容包括会议记录、演讲稿等。

5. 案例介绍:基于数据共享的参与式设计研究

东南大学姚曼青[48]的一篇探讨大数据背景下参与式设计研究特点的研究文献中,使用了心理史学的分析方法。近些年发展起来的以用户为中心的设计注重在调研和测试评估阶段获取用户的信息,参与式设计则强调用户直接参与设计决策,与设计师共同推动设计(如图 7-2 所示)。

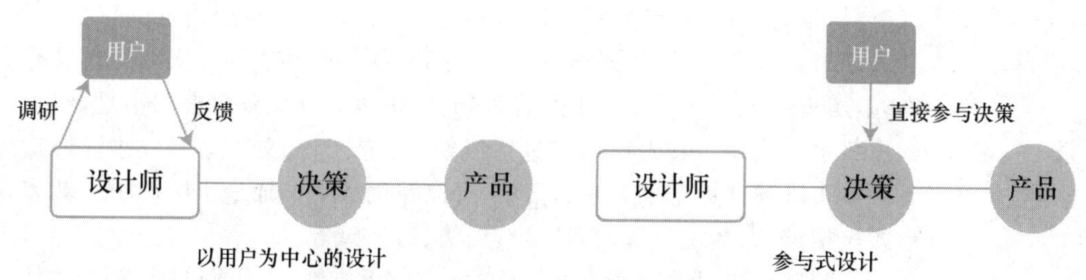

图 7-2　UCD(以用户为中心)与 PD(以产品为中心)的差异

(1) 研究背景

用户期望参与到产品和服务的开发过程中去,这一现状促成了参与式设计的形成和发展。随着大数据时代下云共享技术的发展,传统的参与式设计发生了一定的变化。基于数据共享的参与式设计鼓励用户积极地参与到设计流程中去,并最大程度上运用集体智慧去创造价值。因此在未来的发展中,基于数据共享的参与式设计有着良好的发展前景。

(2) 资料收集

这项研究收集了参与式设计发展过程的历史资料以及对参与式设计发展过程中参与者心理状态变化的分析,资料包括众包理念、Wiki 模式、其他模式下参与设计不同角色的人的心理研究。

(3) 资料分析与结论

这项研究整理了参与式设计的发展脉络和成熟的过程,分析了不同模式下参与式设计的参与者的心理状态。在资料分析结果的基础上,构建了参与式的设计在线平台。针对所构建的平台进行了需求分析、创新功能点提案、平台的具体设计以及反馈模式设计等。

7.2.4　考据法

1. 基本概念

考据法是一种实证方法,是通过搜集历史资料,并运用逻辑推理方法对其加以分析和鉴定,来判断其真伪的方法。它来自人类为了区别历史资料真伪,对其不断进行考证的过程中总结出的经验与方法。考据法是历史研究法的重要组成部分,史学本身与对史学的考证是同等重要的。

考据法主要分为两部分。第一部分是广泛地收集历史资料,全面地收集不同种类的历史资料,为后续的研究打好基础。第二部分是对于历史资料进行考证:分辨收集到的历史信息真伪,判断这些信息是否能为研究所用。在历史研究法中,考据法作为工具性的方法,在资料的收集与鉴定这一步骤上发挥作用。

2. 收集历史资料的方法与渠道

(1) 历史资料的分类

按照表现形式分类,可以分为文献史料、实物史料和口述资料三类。文献史料指的是以文字形式记录的资料，是人了解某一时期信息的重要资料。其表现形式包括史书、档案、野史笔记、书籍、报纸、杂志等。实物史料又称文物，是历史上人类活动遗留下的各种物件，可以弥补文献史料的不足，纠正文献史料中的错误。其表现形式包括遗物、遗迹、出土文物等。口述资料指的是人口头讲述并被记录下来的资料，可以帮助人更全面地了解历史。其表现形式包括神话、传说、俗谚、回忆录、采访、对话录等。

按照历史资料的价值分类，可以分为一手资料、二手资料和零手文献三类。史料的价值对于历史研究法至关重要，因此我们需要分辨史料的价值。一手资料也称原始资料，是较为直接的证据资料，指目睹或参与了某个事件的个体对其记录创造出的信息。一手资料往往更为直接、准确，真实性相对较高，我们应当尽可能地利用一手资料。二手资料相对于一手资料是间接的证据，包括后人编写的历史著作、第三方机构提供的数据库和研究报告等，作者讲述了某个自己并不在场的事件。二手资料可以作为一手资料的补充和解释，但在采用时要注意分辨真伪。零手文献是记录在非正规物理载体上的、未经任何加工处理的源信息。

(2) 获取历史资料的方法

收集历史资料的方法众多，包括查阅文献档案、实地考察、参观博物馆、观看纪录片、调查访问等。在获取历史资料的过程中，应当根据历史资料的特性选择适宜的方法，以达成目的为准。历史资料往往浩如烟海，在搜集过程中一定要注重目的性，保证搜集到的历史资料可以为研究所用。

3. 历史资料的真伪与评价

(1) 历史资料的真伪

当收集到历史资料时，我们要对资料所记载或反映的史实、思想源流、文体风格等方面进行考察，发现其中的矛盾，分辨真伪。分辨历史资料真伪的方式大体可以分为内在鉴定和外在鉴定两种。第一种是内考证法，这种方法是指从资料的内在内容和意义出发，判断历史资料真伪的方法。考量的标准有文体是否符合某一时期的习惯、称谓和避讳是否符合当时习惯、与作者同时代的人有无征引等。第二种是外考证法，即指从资料的外部联系进行考证的方法。考量的标准有资料的来源、作者、时间和形式，是否有材料能证实其可靠性，作者本人的道德品质、思想观念等。

(2) 历史资料的评价

除了针对历史资料的真伪进行判别，还需要对收集到的历史资料进行评价，评价的方式与真伪的判断相似，分为内在评价和外在评价两种。内在评价是对历史资料"有效度"的评价，即判断该资料与研究问题是否相关，是否对于研究问题有价值，在内容上是否精确、有意义。外在评价是对历史资料"可信度"的评价，即判断历史资料来自哪、何时产生、由谁记录，是否能有效地支撑研究。

7.3　历史研究法的实施步骤

7.3.1　选择研究主题

1. 确定研究主题

在确定历史研究法的主题时，要注意考虑研究主题是否具备事实基础。选择可以通过搜集资料和逻辑推理得出结论的问题，避免客观基础上无法研究的问题，比如，不可能完成的问题(最好的设计方法是什么?)、需要创造不可能条件的问题(如果没有包豪斯，今天的设计会是怎样的?)、价值判定问题(以用户为中心的方法是否对设计的发展起到了巨大作用?)等。

2. 界定研究问题

界定研究问题，即要确定分析的问题到底是什么。这是一个使问题精确化的过程，这一过程对研究范围进行了明确，可以避免歧义的产生。如果研究对象单一，那么需要明确研究对象的范围。如果研究对象有多个，则在明确研究对象的基础上还要明确研究对象之间的关系。

7.3.2　资料收集

广泛的历史资料是进行历史研究法的基础，在收集时需要根据资料的种类来确定收集的具体手段和方法。在选择资料时应该尽可能多地选择客观的资料，即无主观评论、修改的资料。对于二手资料要加以判别，以确保价值与科学性。

根据资料表现形式的不同，需要采取不同的收集方法。例如，文献资料可以采取网上查阅、图书馆查找、购买等形式，实物资料可以采用前往实地、博物馆或网上实物拍摄图片等方式获得，口述资料可以通过访谈、查找图书馆音像资料的方式收集。

7.3.3　资料鉴别

资料的鉴别可以分为两部分，第一部分是资料可信度的鉴别，第二部分是资料有效度的鉴别。

1. 可信度鉴别

可信度鉴别又称外在鉴定，可信度指的是资料的真实性。可信度鉴别的结果直接决定了资料是否可以使用，因此在历史研究法中至关重要。外在鉴定是考证资料的性质，确定资料的真实性或完整性。历史资料可信度的鉴别可以从询问以下几个问题入手：文献来源是否可靠？文献的内容是否完整真实？他人对该文献的评价如何？是否认为此文献记载翔实？

2. 有效度鉴别

有效度鉴别又称内在鉴定，即资料对于研究能否产生实际的效益，资料本身是否与研究主题相关、是否能支撑结论等。内在鉴定是考察资料的内容，确定资料内容的可靠性和意义。历史资料的有效度可以从询问以下几个问题入手：文献与研究主题相关度如何？文献是否能佐证或反证研究点？文献是否足够客观？

7.3.4 资料分析

在完成对于历史资料的筛选后，需要对历史资料进行分析。历史研究法中的资料分析分为两部分。第一部分是整理，在这一过程中，需要对于获取到的资料按照时间顺序进行整理与总结，获取研究对象的发展脉络并对其进行准确、全面的描述。第二部分是推理，在第一部分的基础之上通过逻辑分析方法，从大量的历史资料中发现规律或因果关系。在这一过程中，研究人员可以从过去的事情中得到对现在与将来有意义的普遍原则。

在历史研究法的资料分析过程中，我们要在客观、科学的前提下，根据历史资料的内容与研究主题，选取适当的研究方法，如上文提到的比较史学、心理史学、计量史学等对资料进行分析与推理。

7.3.5 总结

采用历史分析法得出的结论可以从两方面入手进行陈述。一方面，可以对由大量资料得到的研究对象发展历程与变革进行完整、深入的描述。另一方面，阐述高于历史资料本身的规律或突破性推论。这些推论是以往史料中没有的结果，并有可能对现在或未来提出思路或工作上的建议。第二方面是进行历史分析法的最大价值所在。

7.4 历史研究法在设计研究中的应用

历史研究法在设计学研究中主要可以应用于四个方面：设计史研究、设计师或某一产品发展历程的研究、设计资源构建、推测设计相关领域的发展趋势[49]。

(1) 设计史研究

历史研究法本身源自对历史的研究，作为一种用于研究历史的方法，可以被应用在设计学科下设计史的研究，如对历史上某一时期设计风格的形成原因、具体表现形式和造成影响的研究。

(2) 发展历程研究

针对某一设计师或某一特定设计发展历程的研究，可以通过历史研究法的方式整理相关的资料，构建其发展历程供研究者参考。具体的例子如针对屏风发展历程的研究，针对三位设计师森英会、川久保玲、三宅一生的比较研

究等。

(3) 设计资源构建

历史研究法可以帮助构建设计资源，如针对某些历史悠久、即将失传的设计表现形式，通过历史研究法构建出丰富翔实的设计资料，帮助保留这些设计的同时，可以让这些设计资料为后人所参考。

(4) 推测设计相关领域的发展趋势

历史研究法还可以被应用在设计领域发展的推测上，设计作为一个正在蓬勃发展的学科，其方法和领域正在走向多元化，历史研究法可以针对其中的某一特定领域或者设计理念的形成与发展进行系统的探究，在历史研究的基础上得出其发展规律，并推测这一领域的发展趋势。具体例子如对于参与式设计这一方法，研究其发展过程，得出这种设计方法未来的发展前景与趋势。

7.5　历史研究法的优缺点

1. 优点

(1) 非介入性研究：历史研究法是一种非介入性研究，即主要依靠对于资料的描述、解释和总结，可以使我们更客观地看待研究对象，得出更严谨的结果。

(2) 经济性：经费相对低廉。

(3) 资料来源丰富：历史文献本身在数量和种类上都十分丰富，获取的种类和渠道广泛。

(4) 定性与定量结合：在历史研究法的方法中既存在传统的定性研究法，也存在计量史学这种严谨的定量研究法，可以将两种方法的优势进行结合。

(5) 帮助推测未来：历史研究在帮助我们了解过去的基础上，可以帮助我们推测普遍规律与未来趋势，获得建议性结论。

2. 缺点

(1) 受到文献和资料的制约：不可能收集到完全的历史资料。

(2) 受到历史资料的信度和效度的制约：能收集到的历史资料固然有很多，但是并不都是能对研究课程产生实际效益的，历史资料或多或少的会存在可信度与效益的缺失，影响研究。

(3) 历史资料往往不成系统，难以总结整理，对于研究者本身的史学素养提出了较高的要求。应用历史研究法研究其他学科，需要非历史专业的研究者也具备一定的历史素养来对文件进行整理和总结。

(4) 研究过程可能消耗较长的时间：搜集和整理历史资料本身就是一项需要耗费极大时间和精力的过程。

(5) 不直接：研究者无法亲历过去发生的事物。

(6) 不能轻易推出普遍结论:普遍结论的得出需要建立在大量的资料与事实上,历史研究法由于受到资料的限制,不能轻易地得出突破性结论,所获得的结论也具有一定的时效性。

7.6 实施案例

7.6.1 案例一:中国古代屏风设计的文化阐释

1. 研究背景

作为中国传统家具的代表,屏风在近现代日渐走向衰落,在学术界亦缺乏研究。尚没有人对屏风的发展和形制设计及题材进行系统梳理和研究,或者从传统文化的角度对屏风设计进行深入系统的探讨和思考。从国外研究来看,日本和法国的学者主要针对造型上的模仿和变化以及屏画进行了研究,专门针对屏风的系统化研究依然很少。

2. 研究目的

这项研究[50]将系统地梳理屏风设计演变特征,明确其高峰时期的装饰工艺手法等。研究还探讨分析屏风文化物质层、艺术层、精神层的文化特性,以阐明屏风的文化意蕴,为当代设计的文化精神价值和实际应用价值提供参考依据。

3. 研究方法

通过对历史文献资料和图片的系统整理、研究,把握屏风的设计历史发展演变、造型装饰、各种用途。在这篇论文中,作者首先按照中国历史中朝代更迭的顺序,搜集图片资料和历史书籍文献资料,阐释了各个朝代、时期中国屏风的特点。在纵向的角度上,研究屏风随着历史推进产生的变化。应用文化人类学研究方法,借鉴 H. H. Stern 的文化分类方式,从表层到里层对屏风文化进行分析。

4. 研究结论

屏风可以按形制划分、按用途划分、按题材划分或按材质和工艺划分。当代屏风设计的发展趋势为时尚化、目的化、多样化。设计中艺术文化和实用文化方面增强,但其长期所蕴含的精神文化内核在现代生活中逐渐消退。

中国屏风设计是在中国长期的历史和文化发展过程中形成和成熟的。现代发展中,中国古代屏风的设计发展应当在实用文化的基础上,综合设计思想、审美规律和工艺技术,成为艺术文化的综合体。

5. 研究方法评价

这篇文献参照和引用了大量的历史资料和图片资料,对历史研究法按照

时间顺序进行了应用实践，对屏风的发展变迁、屏风的设计文化发展和精神文化发展进行了阐述，并对屏风设计在未来的发展进行了展望。

7.6.2　案例二：中韩两国教师教育比较研究

1. 研究背景

传统的教育方式随着各国迈向信息社会，受到了诸多挑战。世界各国都非常重视本国的教师教育发展，作为亚洲邻国的中韩两国，都在积极地对本国的教师教育加以改革和完善。如何培养优秀教师、选拔优秀的学生是两国教育的共同目标。对两国教育模式、体系、内容的比较研究可以促进交流与合作，并为两国的教育发展提供借鉴和经验。

2. 研究目的

这项研究[51]分析了中韩两国教师培养体制变化、影响两国教育模式和课程制度的原因，并明确了中韩两国入职和在职教育的特点和不同，解释了两国在职教育的发展趋势。这项研究还通过探讨两国教师的管理措施描述了两国教育存在的问题，并对促进教师专业化进行了意见归纳。

3. 研究方法

这项研究使用了多种方法进行分析，并通过历史研究法从历史发展的角度研究中韩两国教师教育的演变过程和发展趋势。除此之外，还运用了文献回顾法、调查访问法、比较分析法等进行资料的收集与分析。

4. 研究结论

这项研究认为两国不同的历史文化、国情对教育政策影响较大。两国均致力于促进教师专业化，制定严格的教师资格标准，对教师进行系统化、法制化的评价。在教师教育改革中，中韩两国在教师培养模式方面，对于定向制和开放制的优缺点判断不一。这项研究认为两国主要需要在教师培养课程、理论与实践结合教育、以教学实际问题进行培训、教师资格保障认证制度、反思性教育等方面加强改革。

5. 研究评价

这篇论文主要从通识教育课程设置和教学管理策略两个角度进行研究，梳理通识教育发展轨迹，阐明了通识教育课程设置的特点及原则，并对国内外实施通识教育情况进行了比较，探讨了改革措施，提出若干自己的见解。该论文将文献阅读法、调查法、比较分析法、历史研究法等结合，全面且综合地比较了中韩两国的教师教育在各个方面的异同，不仅对中国、韩国两国的教师教育体系进行了全面且深入的研究，也着重进行了两国教师教育的对比，逻辑性较强，最终为两国的教师教育发展改革提供了指导建议。

7.6.3 案例三：情感化主导的城市导视系统设计研究

1. 研究背景

中国的城市化进程逐渐加快，城市的人口数量逐年上升，城市导视系统的设计显得日益重要。国内的导视系统缺乏对“情感化设计”原则的实践。城市导视系统的设计研究需要以其历史变迁和社会环境作为研究背景。情感化设计主导的城市导视系统设计具有社会发展的必然性和社会生活的必要性，同时还具有现实的迫切性。

2. 研究目的

这项研究[52]意图得到导视系统的设计发展脉络，探讨情感化主导的城市导视系统设计的实现路径。

3. 研究方法

这项研究使用历史研究法探讨导视系统的发展历程。除此之外，还从社会学的角度研究社会基础需求，从哲学和心理学的角度研究导视系统的价值取向、文化观，从设计学角度深化探讨导视系统的设计突破。

4. 研究结论

这项研究认为，文化是历史的遗产，城市文化扎根于社会，文化的继承应当保留本土特色。通过分析，研究主要得到了以下四条结论。

(1) 情感化介入城市导视系统是以人为核心的城市化发展过程中的必然趋势。

(2) 在情感化主导下，城市导视系统遵循一定的价值观、文化观、设计观进行思考和设计创新。尊重“个性人”的价值观要求立足满足多种受众，彰显“特色性”文化观要求关注城市整体要素整合，创新“情感化”的设计观要求着力设计系统重构和技术创新。

(3) 城市导视系统中各种元素、风格、技术的相互融合有助于彰显城市多元化的生命力。

(4) 城市导视系统可以从新的交互方式、如何更好地与环境融合等方向进行思考、创新。

5. 研究方法评价

这项研究首先通过对城市化进程资料的整理和研究提出了情感化设计介入城市导视系统的背景和契机，然后通过历史研究法研究导视设计的起源、发展和演变，并借此推导出各类导视系统的发展脉络：从原始到图形化、系统化。借助一些案例指出情感化在城市导视系统设计中的体现与发展。并根据历史研究法得出的结果指出情感化导视系统设计的创新点、未来趋势等，为中国的城市导视系统设计提供建议和参考。

7.7　思考与练习

1. 简述四种历史研究方法各自适用于什么类型的设计课题研究，进行描述或举例。

2. 对案例“中国古代屏风设计的文化阐释”进行学习，从历史发展的角度思考古代器物文化如何融入现代生活中。

3. 在饮食类北京老字号品牌中挑选一个或以上，研究分析其视觉形象发展历史，明确老字号的视觉形象在发展过程中发生变化的影响因素。

第8章　内容分析法

当需要了解传播媒介上的信息传达内容、影响的时候,可以采用内容分析法。

8.1　内容分析法的基本概念

内容分析法是对传播媒介上的信息作客观、系统、量化描述的一种研究方法,是一个层层推理的过程。这里的传播媒介可以是日记、歌词、笔记、备忘录、网站、图片、广告等资料。内容分析法的实质是对传播信息和信息变化的分析,通过有效词句推断得到准确意义。

使用这种方法,需要预先设计好类目表格,用系统、客观和量化的方式,对文献内容加以归类统计。其目的不仅在于进行描述性的说明,还可以推论得到传播过程中达到的影响。在分析过程中,需要特别注意各种语言的特性,比如书面语和口语、访谈记录在词汇使用上有所不同。

在内容分析法中,质和量的分析并重。内容分析法的量化手段主要是通过计算不同主题词在收音机、广告、笔记等中所占的比例,可以按时间来衡量,也可以按频数来计算,并通过统计分析来进行结果的呈现。通过以数字方式衡量文本的特征,辅助研究人员推论质的变化。

内容分析法通过对文献内容进行客观系统的定量分析,可以把握文献中本质性的事实和趋势,揭示文献所含有的隐性情报内容,对事物发展作情报预测,是一种较高层次的情报分析方法[53]。这种方法广泛应用于新闻传播、图书情报、政治军事、心理学等社会科学领域。作为一种情报分析方法,可以运用于社会热点分析,还可以结合文献计量学方法为科学管理与预测性研究提供研究支撑[54]。

8.2　内容分析法的类别

内容分析法可以分为解读式内容分析法、实验式内容分析法和计算机辅助内容分析法。

解读式内容分析法通过阅读理解作者的意图,客观、全面地阐释文本内容的本来意义,适用于以描述为目的的个案研究法中。使用这种方法需要注

意避免主观经验判定，并需要注意选取研究对象的多样性，以提高分析结论的可靠性。

实验式内容分析法将定量与定性分析的手段结合，客观地选择样本并进行复核，依据信度和效度较高的分类体系进行资料的整理，并主要采用定量的手段进行数据资料的分析。采用实验式内容分析法的研究一般可以获得信度较高的实验结果。

计算机辅助内容分析法主要指的是在进行内容分析的过程中，使用计算机软件进行资料的统计、整理、编码标记与分析。熟悉计算机统计软件和编码分析工具的操作，有助于大大提高内容分析法的资料分析效率。

8.3　研究实施的一般步骤

8.3.1　确定研究主题

1. 定义研究问题，提出假设

近十年来，国内的广告研究成果在质量和数量上都有明显提升，越来越多的研究人员选择使用实证研究方法。相较于广告历史等基础理论性研究，研究人员更关注广告信息等应用层面的研究。不同学科领域的研究者也都对广告研究产生了浓厚的兴趣，从不同的角度对广告进行解读、分析。

2. 确定研究范围

这项研究[55]选取2008—2017年发表的核心期刊论文，由于广告学为一门新兴学科，因此将研究对象范围设定为社会科学的所有类别。文献的条件限定为篇名中含有“广告”、刊登期刊属于CSSCI。

8.3.2　研究实施准备

1. 抽样/确定抽样样本

选择分析内容时要选择最有利于分析目的、信息含量大、具有连续性、内容体例基本一致的内容，抽样可以选取系统抽样、分层抽样或整群抽样等方式。

对检索得到的3 061篇文献进行筛选，筛选条件为在学术期刊上发表刊登的论文、主要研究对象为广告。最终获得1523篇论文作为分析样本。

2. 选择分析单元

在评判之前先确定分类的标准。分类首先需要清晰明确、完全彻底而无遗漏，所分类别必须能包含所有的分析单元。在分类时，还需要考虑结果的定量分析和数据处理方法。这里我们将每篇文献的主题和类别作为记录的单元。

8.3.3 研究分析

1. 建立分析类目

按照发表期刊的种类、论文第一作者的所在机构、研究主题的不同，如表8-1 所示建立 12 个类目。

表 8-1 研究构建的类目表

依据	类目
发表期刊的种类	新闻传播类期刊、高校社科学报、管理学类期刊、综合性社科期刊、经济学类期刊
论文第一作者的所在机构	新闻传播学、市场营销院系、管理学领域、外语、经济学、艺术学、法学、出版业、中文、体育学和心理学
研究主题	广告信息、广告媒体、广告管理、消费者行为、广告法规与伦理道德、广告营销、服务广告、广告教育、广告历史及思想发展、研究方法、国际广告和其他

在建立分析类目时，所分类目要能够涵盖所有分析单元，且类目之间相对独立。一个分析单元只可能出现在一个类目中，类目之间为互斥独立关系。同时，为确保类目系统的可行度，类目表应当得到所有编码员的认同[56]。

2. 建立量化系统

这项研究中，量化系统的主要量化标准为每篇论文的平均引用参考文献数量。分析每个不同的研究主题内发表论文的数量，可以得到广告研究主题的分布情况。

3. 进行内容编码

使用二元编码来标记论文是否使用了实证研究方法，并对使用了实证研究方法的论文进行了解，确定了其具体使用的实证研究方法类型。

8.3.4 数据分析与结论

1. 分析数据资料

这项研究对广告研究主题分布情况进行了整理分析，如表 8-2 所示。近十年研究者们关注的研究主题从之前的广告法规与伦理道德变成了广告信息，广告信息的比重占 27.4%，这一变化也反映了近年来广告业的现实发展状况。

这项研究对学科背景和研究课题进行了交叉频率分析，得到了不同学科领域“主流广告研究者”感兴趣的广告研究课题的量化体系。进行差异分析，得到 $\chi^2=309.978$，$Sig=0.000$。

表 8-2　不同学科领域“主流广告研究者”感兴趣的广告研究课题

学科领域	感兴趣的广告研究课题
新闻传播学	集中在广告信息，其次是广告媒体
中文学科和艺术学科	广告信息
心理学研究	消费者行为
外语研究	广告信息
经济学研究	广告管理
法学研究	广告法律与伦理
出版业研究	广告媒体

这项研究将论文研究方法划分为实证研究和非实证研究，主要对广告论文使用实证研究方法的情况进行了分析。在 1 523 篇论文中，只有 422 篇论文运用了实证研究方法进行研究，共涉及 7 种实证研究方法。按使用频率排序依次为数学模型法、实验法、内容分析法、调查法、二手资料分析法、个案研究法和观察法。具体数据结果[55]如下：

“对数据进行细化梳理后发现，有 87.2%的实证研究论文由管理学、新闻传播学、经济学、心理学和外语领域的研究者发表。外语学科领域的研究者共发表 17 篇实证研究论文，占其广告论文总量的 15.2%；管理学背景的研究者发表的实证研究论文数量占其全部论文的 79.8%；来自新闻传播学领域的研究者共发表了 114 篇实证研究论文，占其发表总量的 15.8%；经济学类的实证研究论文占其学科全部发表论文的 67.6%；而在心理学研究者的广告论文中，实证研究论文占比高达 81.8%。所以，在对实证研究的使用率方面，心理学领域的研究者最高，管理学领域的研究者次之，经济学领域的研究者第三。”

2. 结论

研究发现，在广告研究中，不同机构背景的研究者在对不同实证研究方法的使用偏好上存在显著差异，并且心理学领域的研究者使用实证研究方法较多，管理学领域和经济学领域稍逊，外语学科使用实证研究方法的研究非常少。

8.3.5　讨论

进一步提升国内广告研究的质量可以从以下方面入手。

第一，理论性研究和应用性研究并重，构建具有中国特色的广告学科体系。

第二，注重学习国外广告研究的方法、广告分析模型，了解学术界广告研究的前沿技术和发展趋势。

第三，重视广告研究方法的规范，注重通过科学的方式进行研究以获得可靠、准确的结论。

第四，广告的交叉性使得不同学科背景的学者能够使用不同的方法进行广告现象和规律的研究与解读，广告研究的纵深发展依赖于众多领域研究者的共同努力。

8.4 内容分析法的优缺点

内容分析法是一种客观、规范的结构化研究方法。内容分析法省钱、使用简便，任何研究人员都可以分析资料的内容，而无须购买使用特殊的设备。在这种方法中，研究人员的主观认知和判断对研究时间影响较弱，对研究结果的干扰程度不大。这是由于这种方法明确、全面地要求进行类目定义以及操作，研究人员必须根据预先设定的计划实施研究。而且这种方法不以人为研究对象，被研究事物一般为客观历史记录，研究者与被研究事物之间不会发生互动。除此之外，内容分析法的目标明确，过程有着确定的方法程序，因此方法的结构化较强。使用内容分析法获得的结果便于量化、使用 Excel 等工具进行统计分析。

内容分析法也存在缺点：只能研究有记录的事件，所依据的材料未必可靠，研究人员对于内容理解的意义还存在"因人而异"的现象。不同研究者对于同一内容的解释并不一定一致，而且由于历史、存储等原因，获得完整、系统的材料需要研究者有足够的能力，不同研究者收集到的资料有可能内容并不相同。

除此之外，内容分析法不适用于有深层含义的信息，如价值、观念、意义这些概念性领域的信息；内容分析法也不适用于变化迅速的新兴领域，如新事物和突发事件。此类信息的文献资料数量受限，在选择分析单元或类目的设计上也很难一致、规范。而对于内容较多的内容分析项目，分类、类目的设计等工作会相当烦琐，统计分析也会费时费力。

8.5 文献案例分析

8.5.1 案例一：德系三大豪华轿车在《中国经营报》中的平面广告分析

1. 研究背景

汽车发展有百年历史，随着经济的发展，我国汽车业的发展也取得了巨大的进步。随着我国文化、经济等产业不断发展，加之市场消费潜力巨大，越来越多的海外汽车巨头在华投资。德国作为世界上最早的汽车中心，拥有宝马、奔驰、大众等知名品牌。德国汽车巨头大众在 1985 年以合资形式第一个进入中国市场，在大众与上汽、一汽结盟后，宝马和戴姆勒—克莱斯勒也进入中国市场，国际豪华车的品牌本土化新时代由此揭开。

2. 研究目的

这项研究[57]以《中国经营报》作为研究材料，分析德系三大汽车品牌在该报纸的广告投放情况和广告投放的发展趋势，探索豪华汽车品牌在平面媒体中的广告投放特点和规律。

3. 研究方法

这项研究选取2002年1月到2007年12月《中国经营报》上的德系三大汽车品牌广告进行分析，报纸的样本总量为313份，得到可用于研究的平面广告样本共计140份。研究设定编码项目为汽车品牌名称，样本广告的报纸年份、月份、日期、版次、版类，广告版面大小，版面位置，广告类型，广告图片的使用，广告色彩，图文构成比例，图片中模特的使用，广告口号，广告标题，广告文案，广告诉求重点等。标准的选取注重客观、量化。

4. 研究结果

研究发现，三大汽车广告偏好的报纸版面集中于新闻版和广告版，汽车版的广告投放量仅占2.1%。三大品牌中只有宝马选择刊载少量的软文广告，趣味性和互动性不高。三大汽车品牌除宝马以外，在广告版面选择和排版风格上都较为单一，视觉冲击力较弱。

8.5.2 案例二：基于内容分析法的非正式学习国内研究综述

1. 研究背景

在信息时代，信息生产的数量、速度和传播方式发生了巨大的变化，对社会的许多领域产生了深刻的影响。随着信息时代的发展，人类的学习方式变得更加多样化，并且开始重视学习方法，而不是系统、连续的教学活动。这种教学活动是以传统的教学思想为基础，以课程、任务、研讨等形式组织起来的非正式学习。非正式学习的发展和普及，不仅体现了社会重视另一种学习方法，也反映了社会知识结构的普及和终身知识学习的趋势。

2. 研究目的

这项研究[58]通过对国内学术论文的分析手段总结得到了现阶段非正式学习研究的主要成果和发展趋势。

3. 研究方法

这项研究主要采用内容研究法，根据1997—2010年国内发表的关于非正式学习的文献对研究现状进行梳理和总结。研究选取的文献来源于中国知网检索库，检索关键词为“非正式学习”，并结合被引频次、下载频次、文献来源进行了筛选。研究维度选取研究历程分析、研究文献来源分析、研究内容分析、研究趋势分析四个方面，分析单元设定为一篇文献。内容研究维度主要参考了JayCross的论述框架，包括概念、技能、案例、行为指导几个方面。

其中,研究对结果的信度分析方法描述为:

"本文采用李克东教授所提出的内容分析的信度公式:$R=n\times K/(1+(n-1)\times K)$进行计算。其中,$R$为信度,$K$为平均相互同意度,$K=2M/(N_1+N_2)$,其中$M$为两个评判员完全同意的栏目,$N_1$为第一评判员所分析的栏目数,$N_2$为第二评判员所分析的栏目数。本文主要由以研究者本人为主评判员A,另邀请两位助理评判员B、C分别进行内容的归类划分。通过计算得出$K_{AB}\approx0.8673$,$K_{AC}\approx0.9381$,$K_{BC}\approx0.5384$,信度$R\approx0.9517$……经过信度分析后,根据经验,如果信度大于0.90,则可以将主评判员评定结果作为内容分析的结果。"

4. 研究结论

结合国内对于非正式学习的研究现状,这项研究将非正式学习内容分析编码体系分为五大类:

(1) 非正式学习基础研究;

(2) 非正式学习的相关技术研究;

(3) 非正式学习的应用模式研究;

(4) 非正式学习的资源建设研究;

(5) 非正式学习实践成果研究。

对于非正式学习这项研究提出了三方面建议:

(1) 重视非正式学习环境的研究,探索非正式学习的有效干预方式,引导非正式学习的发生,比如在移动环境下的知识推送可以增加学习者学习行为发生的可能性;

(2) 厘清正式学习与非正式学习的交界段,完善非正式学习理论,利用非正式学习促进正式学习效果,比如课堂教学研究领域的情景教学法;

(3) 建立非正式学习的评价体系,关注非正式学习效果的外显行为观察研究,探讨如何有效地衡量非正式学习的发生与效果。

8.6 思考与练习

1. 思考内容分析法如何做到系统、客观、定量地分析非定量的信息材料。

2. 根据信息的类型,对可靠的内容分析法资料收集来源进行列举,比如广告、日记、备忘录等。

3. 设计一个实验,使用内容分析法来研究国内和国外香水广告的信息诉求特征。

第9章 亲和图法

当想要通过逻辑角度发现新思想、新假说或明确问题性质的时候，可以考虑采用亲和图法。

9.1 亲和图法的基本概念

亲和图法，又称 KJ 法，主要指通过将大量事实进行有机地组合和归纳来发现问题全貌，从而构建假说或新学说的方法。假说指的是针对某一现象或问题提出的可以解释其形成、发展、趋势的说明。大量的事实获取可以来自数据库、调查问卷、头脑风暴法等。而组合和归纳的过程既可以由个人进行，也可以集体讨论。

作为归纳法中非常有代表性的方法，亲和图法的主要特点是在比较分类的基础上由综合求创新，由东京工业大学教授、人类学家 Jiro Kawakita 总结。最初用于将数据信息融合以诞生新的概念想法，现在发展为通过对信息分组、加标签、解释、文档化来将信息之间的关系进行可视化，将收集分散的信息中隐藏的基本问题和解决方案指向性地呈现。

9.1.1 亲和图法的得名

亲和图法主要用于处理混乱状态的文字材料，材料之间内在的相互关系则是整理归纳的主要依据。对于根据亲和性整理之后的文字信息，针对出现的问题进行寻找解决路径的讨论。讨论问题可以使参与者对彼此相关的经验、知识、想法得以充分交流，有利于获得有效的、被归类的解决方案。

9.1.2 亲和图法的应用

亲和图法在应用时，可以先通过头脑风暴在短时间内产生尽可能多的想法，即发散思维，然后围绕头脑风暴所产生的想法进行讨论，最后将想法归类、考虑想法的组合和提炼、删除一些想法，进而形成亲和图。亲和图如同一个由广泛元素信息构成的网络，可以帮助我们探索更多的可能性。图 9-1 给出了一个简单的亲和图例子。

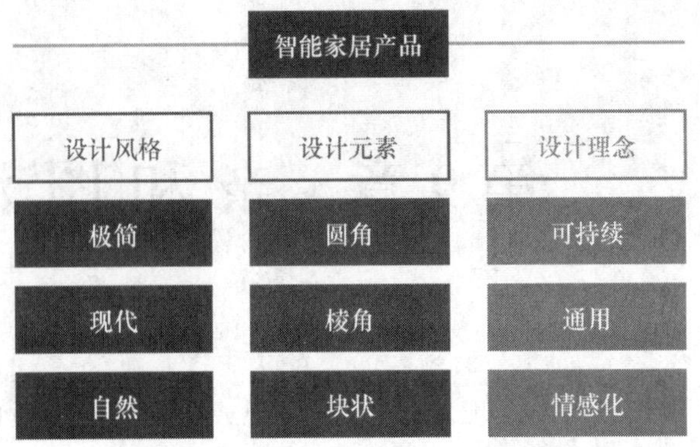

图 9-1　亲和图示例:将信息整理并加标签

作为一种归纳整理资料的工具,亲和图法的适用性很广泛。当头脑中纷繁、散落的信息需要整理以获取信息之间的联系进而获取更多的可能性的时候,都可以使用这一方法。

9.1.3　实施的必要条件

亲和图法一般使用便利贴、彩色笔进行想法或信息的书写。在方法实施时,需要一张大桌子或一面较大的墙,用以粘贴写出的想法。当需要明确信息之间的关联时,还需要准备白板、玻璃板或者一张较大的白纸,供绘制连接符号。参与者一般在三人及以上,参与者多,对于整个团队的充分讨论、信息的整理分析都有一定的挑战。因此,在参与者达八人时,可以分为两组进行讨论。

9.2　研究实施的一般步骤

一般的,亲和图法的实施步骤如图 9-2 所示。

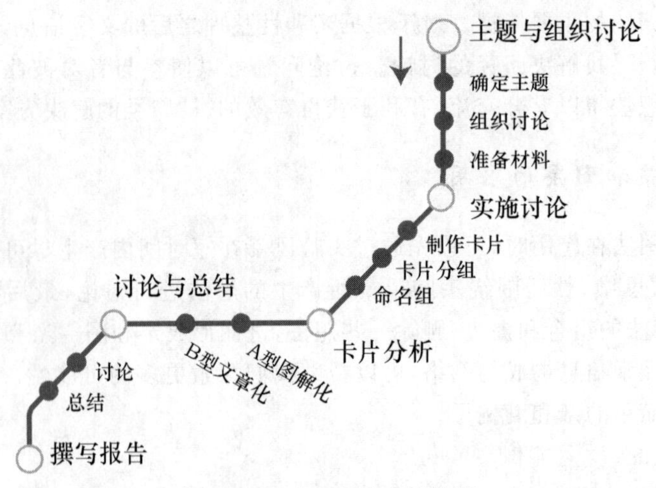

图 9-2　亲和图法的实施步骤

以艾比湖流域生态环境综合治理研究为例[59]，讲述KJ法的研究实施步骤。新疆最大的咸水湖艾比湖位于新疆北部，是新疆天山北坡经济带的重要组成部分。随着经济的快速发展，由于人口和农业用水极速增加，入湖水量锐减。由于干涸裸露的湖底多是盐等细微沉积物，加上位于阿拉山口主风道，艾比湖成西北地区最大的风沙策源地。

9.2.1　主题与组织讨论

1. 确定主题

对于艾比湖流域生态环境的综合治理，不同研究领域人员会从不同的角度提出建议。政策制定者更希望获得全面、可靠、系统的解决提议。那么，对于这些不同的看法和成果进行整合，可以得到对于整个系统的综合研究成果。因此，确定主题为：艾比湖流域生态环境综合治理研究。

确定主题的要点是：明确KJ法分析内容的来源，需要进行分析的信息具备共同的主题，但却较为分散。分析这些信息的目的在于，了解这些信息的关联或者从不同信息中获得新的想法。

2. 组织讨论

确定主题之后，招募小组成员。主持人需要把握讨论要点的进度，过程可以设定计时人员。这项研究的参与者有政策制定者、管理者和研究者多种角色，其中研究者包括生态学、水土保持与荒漠化防治、土地资源管理、地理信息工程等不同专业的30位研究人员和专家。

需要注意的是，领导者应当提前被培训。其中，活跃的讨论氛围可以使参与讨论的每一位成员能舒适地参与讨论，说出自己了解的情况和想法。这对于问题解决和创意思考、引导参与成员非常重要。

3. 准备材料

一般来说，需要准备便利贴、彩色笔、有一个有较大桌子或空白墙面的房间，这样便于小组成员进行充分的讨论。当需要进行信息之间关联的讨论时，还需要准备以下三项之一：

(1) 白板笔、白板；

(2) 白板笔、玻璃板；

(3) 马克笔（或彩色笔、白板笔）、较大的白纸。

9.2.2　实施讨论

1. 制作卡片

将收集到的资料按照可以表达独立意义的句子进行整理，再将每一句子单元整理成一张规范化的卡片，每一个意见作为一张卡片的内容。卡片上的文字要简洁且尽可能保持原貌，以免丢失重要资料，不利于分析。在将信息写到卡片上的时候，需要使用较粗的笔。如图9-3所示，可以将便利贴贴在空白的白板或墙面上。

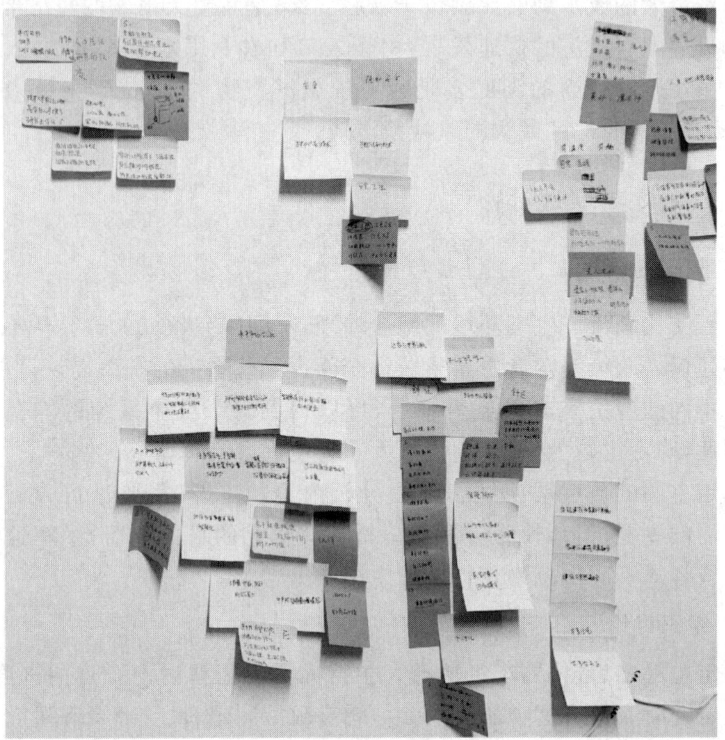

图 9-3　获取便利贴

2. 卡片分组

编号并排序，可以按照时间顺序，也可以按照其他排序喜好。这项研究中，按照政策制定者、管理者和研究者的意见，大致分成了 11 组。如图 9-4 所示，分组的时候，需要将卡片取下、再粘贴，内容接近的卡片归类放在一起。可以按语言资料含义是否贴近，将这些卡片进行归类。如果有无法被归类的卡片，可以单独放在靠边的一块区域中。

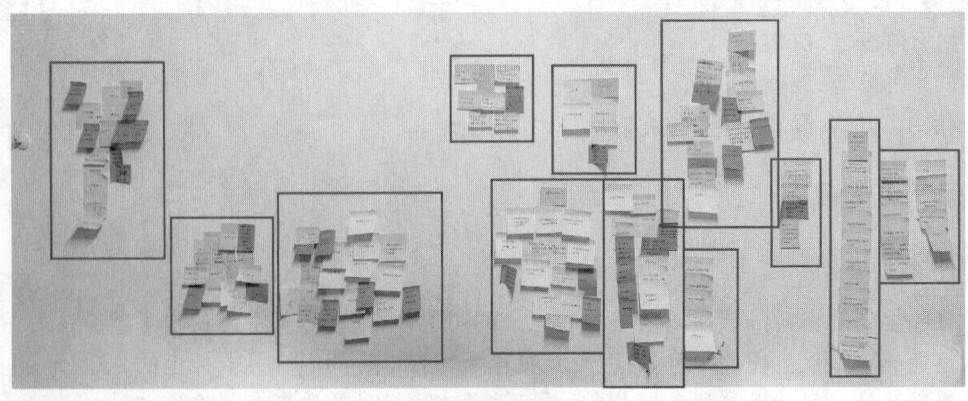

图 9-4　根据内容分类将便利贴聚集

3. 命名组

将内容相似的卡片设定为一组，从组内的卡片中抽取出一张能代表所有内容的主卡片作为标签卡片。标签卡的内容要表达生动，不能过于抽象，如果没有合适的卡片可以写一张。最后将标签卡覆盖于这组卡片上。

当具备白板或玻璃板条件时，可以直接用白板笔为每组命名一个组名；当不具备白板或玻璃板条件时，可以将组名写在一张便利贴上，并贴在每组的最显眼位置处。在这项研究中，讨论意见被分为 11 组：

- 生态环境恶化的自然原因；
- 生态环境恶化的人为驱动力；
- 表现；
- 管理体制改善；
- 工业节水；
- 生活节水；
- 流域水资源统一管理；
- 生态环境建设工程；
- 水利工程；
- 其他工程措施；
- 预期目标。

9.2.3　A 型图解化

将便利贴的内容进行电子化，并整理成如图 9-5 所示的形式。当便利贴

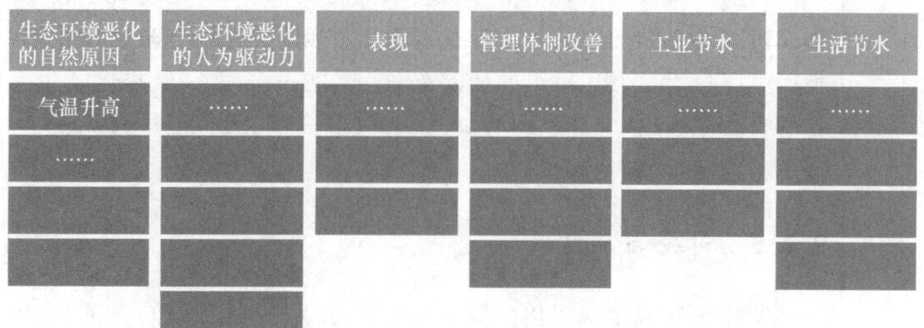

图 9-5　卡片的 A 型图解化

较多时,可以在设定样式之后由全员共同整理。由于是对文字内容的图形化呈现,因此被称为A型图解化。可以将每组的标题放在最上面,卡片内容依次排列。除此之外,也可以将标题作为中心,卡片内容呈放射状排列。卡片形状、颜色不限,整体版式做到统一、美观、易于理解即可。

当需要研究信息之间的关联时,还需要用箭头、框线来表达卡片之间的联系。这些“联系”包括原因、结果、因果、类似、反对,在由领导者向全员说明之后共同讨论。可以使用马克笔、白板、玻璃板、较大的白纸进行绘制讨论。一般来说,可以使用图9-6所示的箭头样式来进行绘制。

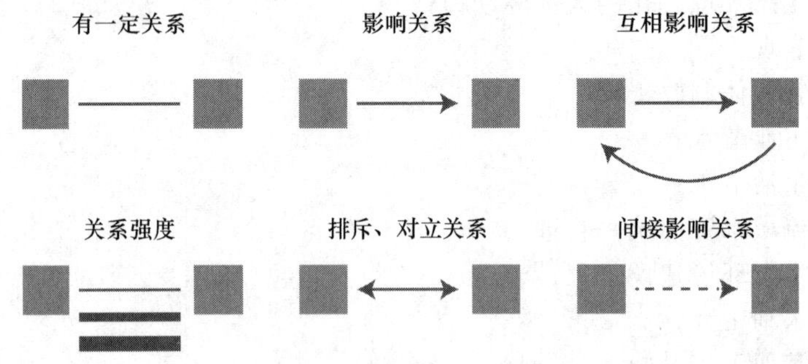

图9-6 A型图解化的关系连接符号示例

9.2.4 B型文章化

将前一阶段的图解中所分析获取的相关内容、讨论用文字进行描述,以构成讨论与总结的内容材料。这部分工作无须全员一起进行,比如:卡片聚类后可以分为11组,每组的标签名称分别是……第一组描述了生态环境恶化的自然原因,包含四项内容,分别为气温升高、大气层被破坏、生态循环出现不稳定因素、植被减少等。

9.2.5 讨论与总结

艾比湖流域生态恶化主要有两方面原因,一方面是自然演替,另一方面是农业发展中过度垦荒与灌溉。这项研究[59]通过KJ法分析,认为治理应当从节水、调水、生态建设、多元产业、数字监管等方面着手进行。

具体来说,治理措施应当通过改造灌溉的工程、技术、制度等实现农业节水;通过改造工艺设备、限制高耗水项目、提高循环用水等实现工业节水;通过普及节水器具、调节水费、提高市政管网效率、发挥妇女作用等实现生活节水;通过加强水情预报、水量调配、水质控制与保护等实现流域水资源统一管理。

另一方面是辅以必要的工程措施,如修建水库和跨流域调水等水利工程;进行湿地规划、主风道治理,植树种草,发展人工草地,保障生态环境用水,提高全民生态环保意识等生态环境建设工程,开发风能、水能、太阳能,运用3S系统建立监测管理体系等其他工程措施。

KJ法的优点在于能够集结多领域研究人员的意见，生态环境的综合治理需要系统安排妥当，多个领域的人共同参与讨论有助于广泛的吸纳意见。

9.3　亲和图法的优缺点

亲和图法主要用于分析文字信息，表9-1中列举了亲和图法的优缺点。当在设计研究中要处理一些非文字信息时，可以将此类信息进行文字化处理。比如图像资料，可以转换为文本形式后进行操作，降低参与者直接进行图像浏览时图像上无关信息的干扰。

表9-1　亲和图法的优缺点

优点	缺点
• 可以对文本资料进行相对客观的提取与分析	• 容易受研究者个人主观性的影响 • 较为耗时 • 无法获取研究信度，分类结果不稳定、可重复性不高

亲和图法有助于对信息整体上的理解。在亲和图法中，获得发现和想法非常重要。因此，不要使用臆想、成见来分组、制作标签。同时，也不建议小组成员单独进行思维发散。听取其他人的意见可能会有新的发现，尤其对于一些容易钻牛角尖的地方。

9.4　相关研究

9.4.1　案例一：医养结合服务模式下的老年人智能家居产品设计应用研究

1. 研究背景

物联网技术普及之后，智能家居产品快速发展。无线传感器技术、网络摄像、RFID技术等的商用逐渐改变着未来居家养老的方式，智能产品的功能趋向于多样、复杂。设计师需要综合老年人的生理机能特征，设计出适合老年人使用的智能家居产品。

2. 研究目的

近几年来，医养结合服务是我国重点发展实施的新型养老服务，未来的医养结合服务模式在得到政策指引、政府扶持后有巨大发展空间，传统养老模式将被新型养老服务所替代。未来面向老年人的智能家居产品会摒弃复杂，从目前市场上淘汰的产品中得到启发，产生新的产品需求。

孙启超的这项研究[60]以老年人用户为中心，对老年人进行深入、全面的研究与分析，构建出医养结合服务模式下老年人的需求模型并进行案例实践。

3. 研究方法

研究采用了多种方法收集分析材料。通过文献回顾收集关于老年人、智能家居产品的相关研究。通过实地考察法和问卷法、访谈法对上海徐汇区日月星养老院的老人进行调研。基于调研的结果,使用 KJ 法将资料进行归类,自下而上进行构建并总结归纳规律,最终获得具体的研究发现。

4. 研究结论

通过对文献调研以及对养老院的实践调研之后,研究人员利用 C. O. R. E 分析(如表 9-2 所示)和人物模型工具探索得到老年人作为目标用户的人物需求模型(如图 9-7 所示)以及老年人智能家居产品的机会点模型(如图 9-8 所示),需求模型和机会点模型可以作为未来老年人智能家居产品设计的理论依据。

表 9-2　C. O. R. E 分析[60]

用户需求解释(Explanation of Customer Need)	机会点(Opportunities)
a. 健康观念的转变 b. 培养坚持健康监测的习惯 c. 健康数据的多维度运用 d. 新型医疗方式 e. 情感关爱的呼吁	a. 健康数据的分析与可视化呈现 b. 子女参与健康监测,形成互动和激励机制 c. 远程医疗诊断
现存解决方案(Existing Solutions)	**研究方法(Research Method)**
a. 社区定期采集老人健康数据 b. 创建故事情境 c. 远程医疗服务	a. 构建人物角色 b. 建立健康档案 c. 构建需求列表,发现机会点

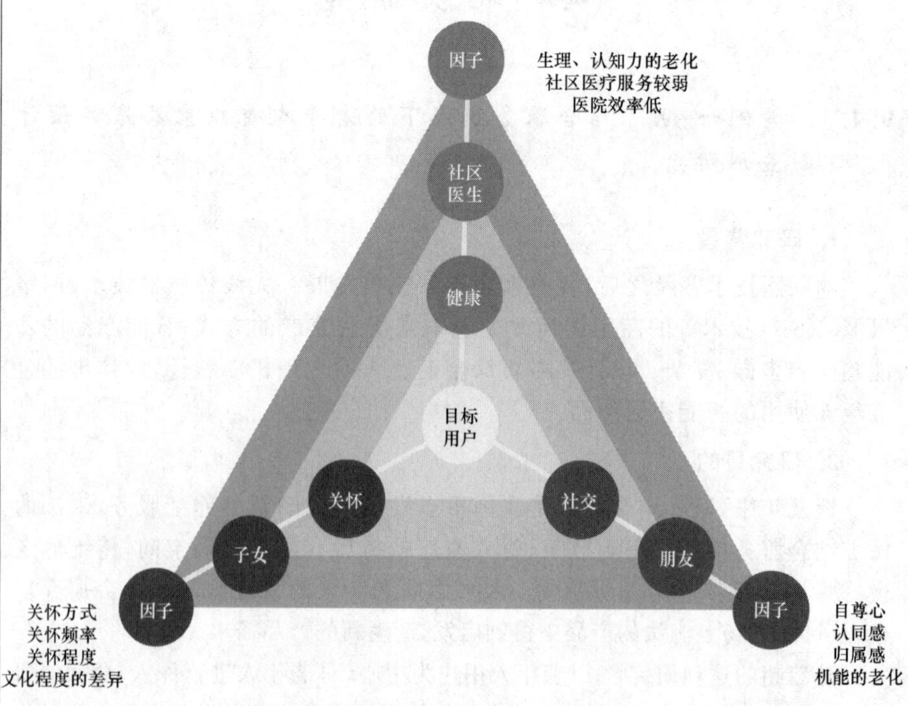

图 9-7　老年人智能家居需求模型[60]

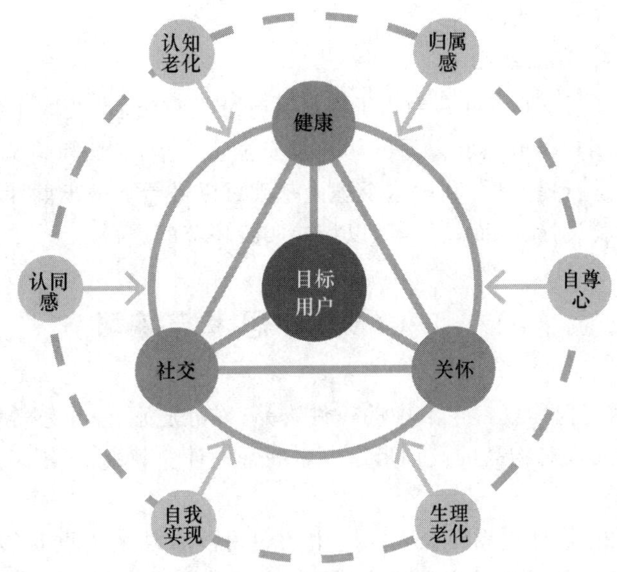

图 9-8 老年人智能家居产品的机会点模型[60]

5. 研究方法评价

该研究属于产品设计的前期研究。方法的使用和研究顺序得当,得到了有利于研究的一手资料;参考的设计工具能够良好地对一手资料进行分析、拆解和转化,最终得到具有指导性的理论模型。该研究的方法与工具的使用是设计前期中所值得借鉴的。

9.4.2 案例二:移动端音乐社区的应用创新与用户体验研究

1. 研究背景

移动音乐指的是智能手机等掌上终端播放的数字化处理音乐,拥有庞大的用户量。快速发展的移动互联网正在改变音乐的生态环境,在线听歌和音乐下载的传统听歌模式操作无法满足用户的需求。移动互联网时代,只有带给用户更好的情感体验,才能吸引并留住用户。移动音乐社区给予用户对音乐交流、情感表达、分享创作的需求满足,可以让用户拥有归属感、存在感与自我实现满足。

2. 研究目的

这项研究[61]通过文献回顾、对移动音乐社区的用户社交体验分析来设计一种更能满足用户情感需求的移动音乐社区 App 的创新社交体验,并对其进行设计评估。

3. 研究方法

这项研究通过用户访谈获取了移动音乐社区的社交功能点,并通过对目标人群的问卷调研和访谈观察获取了情感化设计的三个需求点:乐于分享交流、忠于熟人社交、渴望自我表达实现。研究使用 KJ 法对社交功能和三个需求点进行了分类重组。

4. 方法结论

通过 KJ 法对一手调研资料进行分类重组后，获取了移动用户音乐社区 App 用户体验目标。研究构建了安全感、个人成长和关系模型。在对于用户需求进行提取后，利用这个理论基础可以进行下一步设计，比如交互设计、用户体验设计、平面设计等，以指导实践环节的进行。

9.5 思考与练习

1. 选择日常生活中的一件物品，以舒适感、厚重感等描述性词语作为设计切入点对物品的设计形态要素展开设计。其中，应用亲和图法进行发散与分析。

2. 信息化界面在人们的生活中扮演着越来越重要的角色，用户在浏览信息、购买或体验产品或服务时，会遇到选项太多难以决策的情况。请搜集相关案例，使用亲和图法对候选项进行整理分析。

3. 选择某一感兴趣的问题，提出若干解决方案，制作问卷并发放给相关人群，并通过开放问答获取看法或建议。应用亲和图法对这些看法或建议进行分组标签，以获得问题重点解决方向。

第 10 章　扎根理论

10.1　扎根理论的基本概念

扎根理论(Grounded Theory)由 Glaser Barney G. 和 Strauss Anselm L. 在 1967 年提出。和量子理论、大统一理论不同,扎根理论是一种方法而非理论。这种方法的目的在于建立能够忠实反映社会现象脉络的理论。通过深度访谈、焦点小组、参与式观察等研究方法,对所获得的材料进行归纳推理并抽象出概念,来进行理论的建立[62]。扎根理论的基本思想是:人们通过由研究情境的互动发现新的理论,获得概念以及概念的界定,然后借由编码的程序来获得理论。使用这一研究方法,并不需要做出研究假设。

一般的,扎根理论的主体阶段主要是资料的收集、分析,以及文献的阅读,这一过程不断反复地进行,以明确和探索资料的新意义。研究人员需要依循观察或访谈等方法步骤来收集资料。通过开放式编码、主轴编码、选择性编码进行资料的分析,得到其中蕴含的逻辑结构关系。整个研究步骤如图 10-1 所示。

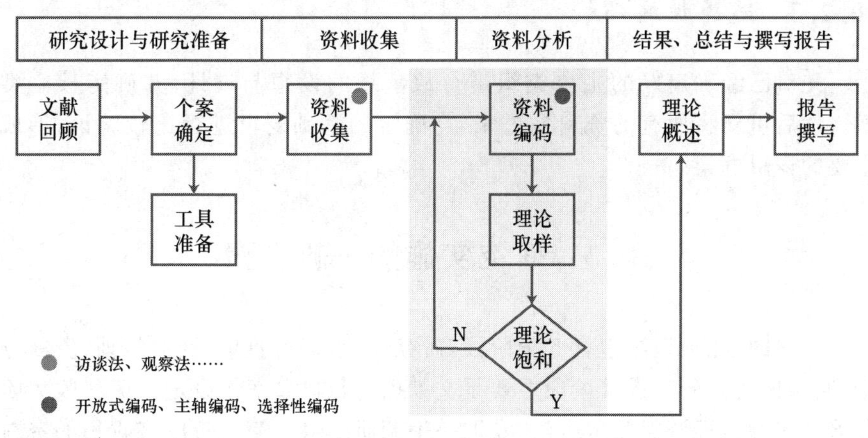

图 10-1　扎根理论的实施阶段与流程图

10.2　资料编码的三阶段模型

在扎根理论中一般会通过资料编码的方式进行资料的初步处理。这些资料可能是个人日记、访谈笔记、访谈稿等文本形式的材料，可能是一些静态的或动态的影像，也可能是访谈录音。值得注意的是，这些资料一定是经验性证据，研究人员应当广泛使用实地观察和深度访谈的方法收集资料。

10.2.1 开放式编码

对资料进行开放式编码的过程，要求对资料以句子为单位进行含义的分解，使用一个或多个名词作为标签对句子进行标记。通过标记工作，使得大段的资料被概念化。其具体施行的步骤如下。

(1) 对资料一字一句地进行含义的分解，阅读句子并进行比较。

(2) 赋予每一个句子以标签，比如观察、打量。在这里，观察、打量这些词汇被称为概念化词汇。

(3) 将概念化的词汇聚合、分类，类的数量可以多一些，每一类包含多个概念化词汇，类的名称可以是试探性行为、欣赏性动作。

这些概念化的词汇可以是直接使用资料中的词汇，也可以是研究者命名的词汇，或者是参考其他文献中的词汇。

10.2.2 主轴编码

通过主轴编码，资料将形成主要的、核心的几个类。这一过程要求研究人员交替运用归纳及演绎的推理方式，了解类组之间的关系并连接不同类组。研究者依循编码的规范，依照现象发展脉络、行动互动的策略、事件的结果将资料重新组合到一起。

10.2.3 选择性编码

先对已经确定好的主要类组进行故事线的设想与设计，并确定核心类组。然后重新将所有的资料拿过来，与确定的基础逻辑进行比较验证，形成主要的逻辑框架。

10.3 研究实施的一般步骤

一般的，扎根理论包含5个阶段：研究设计、资料收集、资料整理、资料分析、回顾比较。研究设计阶段主要是文献探讨与典型案例设定。资料收集阶段涉及多种定性资料收集方法，获取一手调研资料。第三阶段将收集的资料进行整理，按照一定规律编制，比如按照时间、事件类型排列不同内容的资料并标上编号。第四阶段可以借用资料编码的手段来对资料进行深入的分析。第五阶段将第四阶段建立的理论，与文献进行比较并分析其异同，以作为对理论修正或补充的依据。

10.3.1　研究设计

在文献回顾阶段，通过对相关理论研究的了解，研究者可以确定研究的初步构想、明确研究问题。在初期可便捷选取能够用于测试理论的样本，确定测试技术，进行尝试。

1. 文献探讨

文献探讨的目的在于了解已有理论知识，增进对相关理论内容和发展的了解。在文献探讨的过程中，应避免被文献所述观点、方法误导，或者被文献所持的逻辑牵着鼻子走。研究人员需要明确研究问题及研究步骤的构想，以避免阅读过多相关性较差的信息，提高研究的外在效度。

2. 典型案例设定

通过配额抽样或判断抽样等方法确定典型个案，这些典型个案用于发现新的理论或者完善已有的理论，明确"在感觉上有模糊的概念却无法用逻辑清楚的言语来表明"的理论。初次选取时，只需满足基本要求即可。在有了一定方向后，则应当有倾向地选取与目标理论验证相关的个案。

10.3.2　资料收集

应用多种资料收集方法，比如访谈法、实地考察法、观察法、内容分析法，收集质性资料或量化资料，并进行多方对比，以提高研究的内在效度。通过反复进行此步骤可以建立研究的案例资料库。

10.3.3　资料整理

资料整理阶段的主要目的是将无序的、杂乱的资料进行排序，排序的目的主要是为了辅助资料分析。排序的原则可以是按照事件发生的时间，也可以是按照收集资料的不同类型，比如基本信息档案、访谈录、影像。

10.3.4　资料分析

1. 单个个案资料分析

使用资料编码三阶段模型对资料进行初步分析。

2. 理论抽样

理论抽样的目的在于形成某种理论，在第一个个案的资料经编码分析后，用归纳和演绎的方式形成初步的理论，构建出模型一。然后继续分析第二个个案的资料，看与模型一的吻合度如何；如果不吻合，则以第二个个案的研究结果形成模型二。对比模型一和模型二，修正模型一，构成新的理论模型。依此类推，将上一步骤中的单个个案资料编码和理论抽样循环往复，直到理论饱和为止。

3. 理论饱和

通过几个典型个案资料分析所获得的模型,需要新的样本来进行模型的验证和修正。当理论模型能够很好地描述解释大部分样本涉及的要素时,则可以认为达到了理论饱和。

10.3.5 回顾比较

由上一步骤所获得的理论,与已有理论知识进行分析比较。如果新构建或修正的理论与现有文献产生冲突,则应注重分析新发现的理论对整体内在效度的提升。如果结果相类似,则应注重阐释研究对推动理论普遍化、提升研究外在效度的贡献。

10.4 扎根理论的实际应用

扎根理论可以用于研究人对某一现象或事物的态度,研究一类人或者群体的复杂行为活动,研究人对不同社会和个人健康现象的关注,研究人的心理模式,还可以研究复杂系统内一类因素之间的脉络关系和作用机理。

10.4.1 案例一:基于扎根理论的城市居民绿色出行行为影响因素理论模型探讨

1. 研究概述

绿色出行对于改善城市环境污染现状具有重要影响,推广绿色出行行为、增强人们绿色出行的意识有助于形成良好的城市环境。武汉大学的杨冉冉[63]通过访谈法获取资料,基于扎根理论构建了城市居民绿色出行行为影响因素的理论模型。

2. 研究背景

随着社会经济的发展,人们的生活水平不断提高,城市家庭汽车保有量不断增加,随之而来的是交通拥堵、尾气排放引发的各种城市污染问题。在北京,城市 PM2.5 有 25%来源于机动车尾气排放。政府多采用动员等措施来宣传和引导绿色出行行为,缺乏长效激励机制和创新性的制度设计。

3. 研究目的

基于扎根理论对城市出行者的特征、行为属性、心理、社会规范制度因素进行研究,以构建城市居民绿色出行行为影响因素的理论模型[63]。通过确定出行者心理与行为之间的联系,丰富了绿色出行行为的理论知识,并为政府提供了行为引导政策的建议参考。

4. 研究方法

由于绿色出行行为在理论知识体系中尚未明确清晰,因此选取扎根理论

方法进行探索性的定性研究。依循扎根理论的实施步骤，对原始材料进行概念化和范畴化，建立联系并最终形成理论框架。其中，研究数据来源于 32 份、共计近 5 万字的半结构性访谈记录，资料编码使用 2/3 的访谈记录，理论饱和度检验采用预留的 1/3 访谈记录。

5. 研究结论

通过数据收集、样本选择、资料编码、理论饱和度检验，确定影响城市居民绿色出行行为的主要因素有出行者属性和出行者心理意识、出行特性和交通工具特性、社会规范和制度因素。这些因素可以分别概括为三方面：前置因素、内部情境因素、外部情境因素。这项研究确定出行者心理意识和绿色出行行为受到情境因素的调节作用，并给出了每个因素的具体构成。同时研究基于中国社会环境进行，明确了面子因素和社会风气对于绿色出行行为引导的作用。对于政府政策的制定，这项研究也给出了四方面建议：信息传播、宣传教育、出行奖惩制度、交通出行结构优化。

6. 研究评价

与设计相关的扎根理论研究并不多，这项研究相对严谨地使用了扎根理论进行探索。基于大量访谈资料、严格使用有效的手段来进行分析，为结论提供了有力的支撑。

10.4.2　案例二：我国知识型员工创新能力感知的多维度量表开发

1. 研究背景

组织创新能力的提高对于一个国家、一个企业来说有巨大的战略意义。企业的创新实现需借助知识型员工来实现，培养提升员工的创新能力是其最为关键的一点。通过在一定程度上将组织任务目标进行分解，使得员工在实践中有方向地提升创新能力，是最为直接有效的方法。

2. 研究目的

刘镜等人的这项研究[64]通过文献回顾明确了创新能力的概念和创新能力度量的方法，确定了从员工自身感知入手开发创新能力量表的目的。从个体感知角度，研究知识型员工的创新能力构成，可以增强员工对自身的认知、辅助组织引导员工创新能力的培养与增强。

3. 研究方法

选取 6 名大专以上学历从业者作为访谈对象，通过面谈和电话访谈的方式采用扎根理论方法对创新访谈记录进行内容编码和范畴提炼。结合文献回顾中量表开发的结果构建量表，并进行量表的信度和效度检验。

4. 研究结论

此项研究最终获得有 19 个条目的知识型员工创新能力感知五维度量表，为企业和个人提供了有效的度量工具。从个体角度探索评估创新能力感知评估量表与从组织角度看待员工创新能力有差异，前者还关注职业生涯规划能力、个人持续学习能力与风险承担能力。其中，风险承担能力指的是一种主动尝试、探索新方案的能力。从员工创新能力构成的多维度进行创新引导，能够获得更好的创新效果。

10.5 思考与练习

1. 列举说明扎根理论和内容分析法的异同点。

2. 扎根理论对数据的来源没有明确的限制，请列举可以用于扎根理论的数据收集方式。

3. 设计一个实验，使用扎根理论来研究在校研究生焦虑心理的影响因素。

第 11 章　动素分析法

想要提高完成某项任务的效率，可以考虑使用动素分析法对任务进行拆解。

11.1　动素分析法的基本概念

1. 动素分析法简介

19 世纪末至 20 世纪初，美国的 Frederick Winslow Taylor 首创时间研究。美国工程师 Frank B. Gilbreth 和他妻子提出动作研究，Frank B. Gilbreth 被公认为动作研究之父。动作分析指的是研究人在某一程序中各种动作执行的方法，其目的在于寻求更加高效、安全、经济、符合人机学的动作流程。动作分析要求研究人员用特定的记号来记录人体各个部位的动作，并将记录表格化后进行进一步的分析。动作分析最常用的三种方法是动素分析、慢速摄影分析、VTR 分析。动素分析(Therbligs Analysis)法指的是通过眼睛观察人体四肢及头部活动，并使用特定的最小动作单元的动素符号进行动作记录的方法。这种方法的目的在于了解人从事某种任务流程的特征，并采用固定的动素符号来记录。其中，动素(Therbligs)即为动作细分到不可再分后所获得的一些简单的、基本的动作。

一般的，人完成工作的动作分为 18 个基本动要素，也称为 18 个动素。动素可以分为三类：进行作业的必要要素、让第一类要素迟缓倾向的要素、不进行作业的要素，即为必要动素、延缓动素、无关动素。分类进行分析，可以获取影响工作效率、工作舒适性、工作满意度等的关键因素。

2. 实施的必要条件

采用动素分析法进行实验的前置条件是实验所需的刺激变量，即人的作业任务、动作以及动作的状况，这些需要在实验开始前进行明确。进行动素分析法相关的实验，不特别规定最少受验者人数的数量。一般的，推荐研究人员采用摄像机(DV)辅助眼睛观察记录。

11.2　研究实施的一般步骤

孔祥芬等人的一项研究[65]以民航值机中工作人员的值机流程动作为研

究对象，采用动作分析法进行分析研究。以可操作性原则、有效性原则以及动作经济原则作为动作方案设计原则[66]，通过删除无效动素、将有效动素进行重新排布，设计出新的值机流程方案。在不增加设备、员工以及值机人员体力的前提下提高了值机效率，减少了乘客等待时间，提高了乘客的满意度。

一般的，动素分析法的实施步骤如图 11-1 所示。

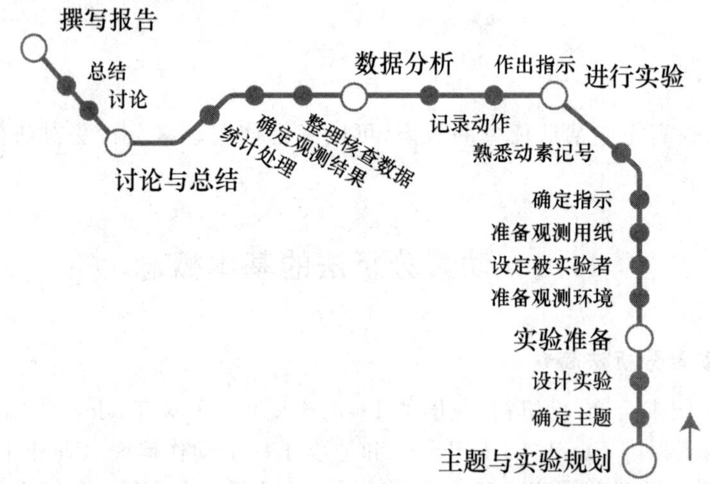

图 11-1　动素分析法的实施步骤

11.2.1　主题与实验规划

1. 确定主题

人们在机场值机柜台办理值机排队等待的时候，通常对时间的感知会比他们实际等候的时间要长。密集的人流空间容易引发排队乘客的焦躁情绪。高效率的值机服务可以降低乘客排队等候的时间，缓解乘客焦躁情绪。因此确定研究主题为：如何通过动素分析来优化民航值机流程，减少乘客等待时间，提高乘客的满意度？

2. 设计实验

从实验主题、实验对象、具体调查的动作来进行实验设计。在开始接触一种方法时，可采用表 11-1 中的方法框架，将设计实验这一任务分解为提出疑问、考虑对象、确定调查的对象等步骤。

表 11-1　设计实验的步骤

步骤名称	步骤内容
对有趣的现象提出疑问	研究表明，值机柜台的空间较小并不是乘客长时间排队等待值机服务的根本原因
确定研究对象	民航机场工作人员的值机服务操作过程
确定调查的动作	工作人员在值机过程中的行为动作

续表

步骤名称	步骤内容
建立假设	高效率的值机服务会减少乘客排队等待的时间，缓解乘客的焦躁情绪
准备实验	

11.2.2　实验准备

1. 准备观测环境

观测地点选定在民航机场，在对值机过程不进行干扰的情况下对值机人员的动作进行记录。这一环境是研究动作发生的环境，能够进行动素分析。

2. 设定被实验者

一般的，动素分析法要求最少有 20 名受验者。此研究中，值机工作人员的动作一般均经过培训，动作的重复性较高，因此研究无须选择大量受验者进行长时间观测。

- 人数：未知，一般应大于等于 20；
- 年龄层：未知，一般主要为少年、青年、中年；
- 男女比例：未知；
- 职业：民航机场值机。

3. 准备观测用纸

动素分析法要求被观测者的动作尽可能快速连续地记录。预备调查阶段需确认记录用纸是否方便记录，必要时进行修改。这项研究可以采用如图 11-2 所示的观测用纸进行记录。

民航值机工作人员动素观察记录表

观察对象编号：　　　　记录者姓名：
观察日期：　　　　　　记录场所：

左手动作要素	动作的观察、记录、分析			右手动作要素
	左手	眼睛	右手	

图 11-2　动素分析法观测用纸

4. 确定指示

根据实验内容，确定实验人员在实验开始时需要告知受验者的指示语。如果事先受委托，则需要确定指示内容为："请您像平时一样工作。"在事先没有委托被观测者的环境下进行观测时，没有必要准备指示。

确定指示语时需注意以下要点：

(1) 使用尊重、友好的语气，避免使用命令式口吻；

(2) 告知受验者实验的主要内容；

(3) 说明可能会涉及隐私的内容，取得受验者理解，比如会使用手机、摄像机进行拍摄；

(4) 询问受验者是否存在疑问。

5. 熟悉动素记号

动素记号便于快速地进行记录，使用动素记号也方便后期的录入与描述性统计分析。

动素记号

11.2.3 进行实验

1. 作出指示

研究人员需要按照既定的指示内容，告知受验者按照平时的状态进行作业。

2. 记录动作

将受验者在值机流程中所做的全部动作都记录在观测用纸上。行动观测中，注意不要给被观测者紧张感。

11.2.4 数据分析

1. 整理核查数据

如果拍摄了观测过程，则需要播放拍摄记录影像，与直接观测一样，使用相同的方式重新记录动作。将两次的记录整理后进行对比与核查。

2. 确定观测结果

确定动作要素是否平滑、是否存在异常结果。对动作名称、持续时间、涉及的动素进行整理。

3. 统计处理

根据得出的结果，必要的时候进行描述性统计处理。比如，各个动作的频度、动作持续时间等，或者各个动作占整个过程的比例。

在这项研究中整个流程按动素分析方法划分得到 15 个动作。对每个动作进行分析、拆解，最终分解为 12 类 26 个动素，其流程动作和动素如表 11-2 所示。并且通过 IEMS 动作分析软件分析，得到每个动作的持续时间。

表 11-2　值机流程动作帧数及动素[65]

序号	动作名称	动作持续时间（秒/帧数）	动作说明	动素
1	拿取机票和身份证明	5.00/150	值机人员伸手去取 拿住机票和身份证明 将机票和身份证明取回	伸手(RE) 握取(G) 移动(M)
2	录入乘客信息	2.56/77	将身份证明置于机器之上 等待机器响应	对准(P) 持住(H)
3	打印登机牌	1.40/42	使用机器打印登机牌	应用(U)
4	将手移到登机牌打印出口	1.13/34	将手移到登机牌出口	伸手(RE)
5	等待打印	3.73/112	等待打印	迟延(UD)
6	拿取登机牌	1.00/30	拿登机牌	握取(G)
			将登机牌取到自己面前	移动(M)
7	将几张连续的登机牌分开	2.56/77	将几张连续的登机牌分开	拆卸(DA)
8	确认登机牌内容	5.20/156	确认登机牌内容	检验(I)
9	打印行李托运单,放下登机牌	2.13/64	使用机器打印行李托运单	应用(U)
			放下登机牌	放手(RL)
10	拿取行李托运单	5.40/162	将手移到行李托运单出口	伸手(RE)
			等待打印	迟延(UD)
			拿行李托运单	握取(G)
			将行李托运单取到自己面前	移动(M)
11	在登机牌上张贴托运单	1.37/41	在登机牌上张贴托运单	装配(A)
12	在行李上张贴托运单	5.33/160	在行李上张贴托运单	装配(A)
13	启动传送带	1.03/31	将手移动到开关处 运用机器搬运行李	移动(M) 应用(U)
14	为乘客指明登机口	5.33/160	为乘客指明登机口	故延(AD)
15	将登机牌和身份证还给乘客	4.17/125	拿起登机牌和身份证明 将手移动到乘客处 放开登机牌和身份证明	移动(G) 握取(M) 放手(RL)

根据研究所依据的动作经济性原则,将动素分成如表 11-3 所示的三大类。

表 11-3 动素分类表[65]

动素分类	动素	动作说明	序号
有效动素	伸手(HE)	值机人员伸手去取身份证明	1
		将手移到登机牌出口	4
		将手移到行李托运单打印出口	10
	移动(M)	值机人员将机票和身份证明拿回	1
		将登机牌取到自己面前	6
		将行李托运单取到自己面前	10
		将手移动到行李托运开关处	13
		将手移动到乘客处	15
	握取(G)	拿住机票和身份证明	1
		拿取登机牌	6
		拿取行李托运单	10
		拿起登机牌和身份证明	15
	装配(A)	在登机牌上粘贴托运单	11
		在行李上粘贴托运单	12
	拆卸(DA)	将几张连续的登机牌分开	7
	应用(U)	使用机器打印登机牌	3
		使用机器打印行李托运单	9
		使用机器传送行李	13
	放手(RL)	放下登机牌	9
		放开登机牌和身份证明	15
	检验(I)	确认登机牌内容	8
辅助动素	对准(P)	将身份证明置于机器之上	2
无效动素	持住(H)	等待机器响应	2
	迟延(UD)	等待打印	5
		等到打印	10
	故延(AD)	为乘客指明登机口	14

11.2.5 讨论与总结

1. 讨论

由表 11-3 可知辅助动素和无效动素共计 5 个,占全部动素数量的 20%。除此之外,不到一分钟的工作过程要完成 21 项有效动素需要精神高度集中和熟练度。在这个流程中问题可归结为两个,分别是辅助动素和无效动素过多,造成了不必要的时间浪费以及有效动素数量繁多会给受验者造成压力。结合实际情况从这两个方面进行动素优化,更换动素顺序,去掉多余动素。改善之后的值机流程方案如表 11-4 所示,整个流程耗时缩短了 13.2 s。

表 11-4　改善后的值机流程动素[65]

动素名称	动素	秒/帧数
乘客从黄线后走向值机柜台	移动(M)	0/0
乘客将行李置于传送带上	移动(M)	2.10/63
乘客交出机票和身份证明	移动(M)	2.23/67
值机人员伸手去取	伸手(RE)	1.70/51
拿住机票和身份证明	握取(C)	1.17/35
值机人员将机票和身份证明拿回	移动(M)	2.13/64
将身份证明放置于机器上	对准(P)	1.23/37
放下身份证明	放手(RL)	0.53/16
值机人员按下传送带按钮	应用(U)	0.80/24
使用机器打印登机牌	应用(U)	1.40/42
使用机器打印行李托运单	应用(U)	1.40/42
将手移到登机牌打印出口	伸手(RE)	1.13/34
拿取登机牌	握取(C)	0.40/12
将登机牌取到自己的面前	移动(M)	0.60/18
将几张连续的登机牌分开	拆卸 (DA)	2.57/77
确认登机牌内容	检查(I)	5.20/156
放下登机牌	放手(RL)	0.73/22
将手移动到行李托运单打印出口	伸手(RE)	0.40/12
拿取行李托运单	握取(G)	0.50/15
将行李托运单取到自己面前	移动(M)	0.76/23
在登机牌上张贴托运单	装配(A)	1.37/41
在行李上张贴托运单	装配(A)	5.33/160
将手移动到行李托运开关处	移动(M)	0.40/12
使用机器传动行李	应用(U)	0.63/19
为乘客指明登机口	故延(AD)	5.33/160
拿起登机牌和身份证明	握取(G)	1.13/34
将手移动到乘客处	移动(M)	2.67/68
放开登机牌和身份证明	放手(RL)	0.77/23

2. 总结

这项研究应用动素分析法分析了机场值机的流程，将整个流程耗时缩短了 13.2 s。通过分析值机过程中的动素内容，进行改进并归纳得到机场值机的一套标准流程。这项研究还通过使用 IEMS 动作分析软件，结合实际情况分析了无效动素。最终，整个流程缩短 1/4，值机人员的工作效率大大提高，缩短了乘客排队等待的时间。

11.3 动素分析法的优缺点

动素分析法帮助研究人员从动作要素来观察分析，有助于逐步培养动作意识和模块化、流程意识。动素分析法由于施行简便，能够从定量水平上对工作任务进行改进，因此在国外运用广泛，但在定量水平上准确性不够高。通过动素分析法来制定任务的标准时间这一行为本身就忽略了不同劳动力之间的区别，对于动素分解以及任务流程改进后的效果估算也因人而异。同时，由于需要理解和熟练掌握 18 个动素记号和内容，在进行观察记录时需要以动作为单位进行记录分析，因此施行起来工作量大，还需要提前对实验人员进行培训。

11.4 思考与练习

1. 请思考辅助动素和无效动素是否一定可以去掉？为什么？

2. 查找使用动素分析法进行设计研究的外文文献，了解熟悉其使用手法。

3. 请设计一个实验，使用动素分析法分析饮品店高峰时期，店员同时制作多杯饮品时的动作。

4. 请思考动素分析法如何应用于交互领域中，尝试研究平面屏幕和虚拟三维环境中信息的获取与交互行为特征。

第12章 协议分析法

想知道人的认知过程的时候，可以考虑使用协议分析法。

12.1 协议分析法的基本概念

1. 协议分析法简介

协议分析(Protocol Analysis)法是用于发现问题的一种方法，协指的是共同，议指的是言论。在这种方法中，受验者在研究人员的引导下说出自己的想法，研究人员在一旁倾听并录制受验者的发言。例如，可以用协议分析法研究便利店里购买者进行了怎样的思考才购买某一商品，研究结果可以用来确定商品的陈设位置，以达到最好的销售效果。

作为观察法的一种，协议分析法具体包含大声思维(Think Aloud)法和口头报告(Retrospective Report)法。大声思维法指的是边做边说，要求描述者不假思索，在行动中说出当时的想法。口头报告法指的是用摄像头记录实验中的行动，实验后将实验录像提供给受验者，让受验者回忆做各动作时的想法。

在可用性评估领域中，协议分析法中的"协议"指的是言语协议。协议分析法要求在数据分析中，根据行动内容对发言数据进行分段，并将发言数据转化为记号。根据分析记号的出现频度和记号间的关系，从而可以知道受验者在某个情况下想了什么内容的思考过程。

2. 实施的必要条件

这种方法一般选用行动、行动中涉及的任务作为刺激变量。此方法的受验者无特定数量要求，推荐使用摄像机(DV)辅助眼睛观察记录，并推荐使用Word和Excel进行记录与分析。

12.2 研究实施的一般步骤

一般的，协议分析法的实施步骤如图12-1所示。

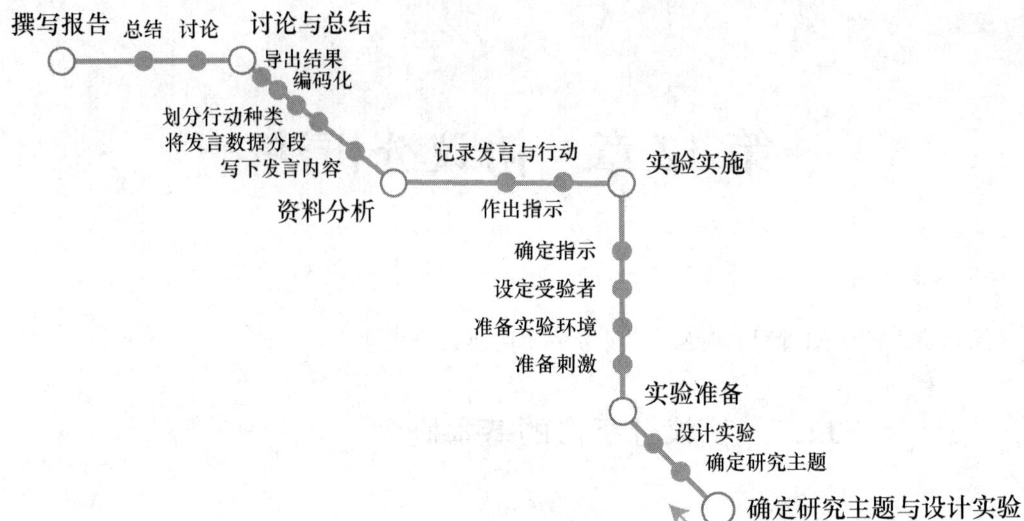

图 12-1　协议分析法的实施步骤

12.2.1　确定研究主题与设计实验

1. 确定研究主题

作为日本西式快餐市场中最出名的本土品牌，Mos Burger 在企业形象方面特别强调“食材严选”以及“点餐后制作”。其保质保量的服务产品经常受到顾客的称赞。同时，产品价格高与较慢的上餐服务是经常被提及的缺点。日本的一个研究小组将调查快餐市场中消费者对麦当劳和 Mos Burger 的看法和感受[67]，得出消费者对品牌选择的偏好。

2. 设计实验

从主题入手设计实验，如表 12-1 所示。

表 12-1　实验设计

步骤名称	步骤内容
对有趣的现象提出疑问	有的快餐店注重快速的饮食节奏，有的快餐店注重保质保量的快餐食品。消费者在选择快餐店品牌的时候会注重哪些方面呢
确定研究对象	快餐店服务顾客主要涉及餐品准备、点餐、上餐、食用、结账五个阶段
确定实验对象	在快餐店消费，消费者的看法和感受是怎样的
决定刺激	麦当劳和 Mos Burger
建立假设	餐品的味道、产品价格、上餐服务主要影响消费者印象建立
准备实验	

12.2.2　实验准备

1. 准备刺激

准备四张 A4 纸和一支硬度为 B 的铅笔，打印麦当劳和 Mos Burger 的店内场景图像，作为实验的刺激物。

2. 准备实验环境

安静、宽敞、明亮的实验室，有桌子和椅子，无过多杂物。器材需要使用录音器械、DV 和三脚架。特别注意的是，要把 DV 和录音器械放在受验者看不到的地方。

3. 设定受验者

受验者的数量无须太多，视实际情况决定。

- 人数：150 名；
- 年龄层：不限；
- 男女比例：不限；
- 职业：大学生。

4. 确定指示

在评判开始前以标准化的方式向评判者解释说明，以确保不同的受试者能够获得一致、无缺漏的实验指导。指导语示范如下："从现在开始，进行主题为'对麦当劳和 Mos Burger 的看法和感受'的实验。实验中，请把想到的东西都说出来。请看 A4 纸上的内容，并且说出对他们的印象与看法，比如你是否喜欢图像所展现的内容，以及为什么。我将在一旁等待，你就当这屋子里只有你一个人。发言时，你将自己头脑中想到的自言自语地说出来。请问有什么问题吗？没有什么问题的话我们开始实验。"

一般的，使用大声思维法和使用口头报告法制定的指导语不太一样。使用大声思维法时，只需要让受验者充分发言，实验人员只需要进行基本的观察，可以简化指示。使用口头报告法时，要让受验者有更多发言的想法。因此，需要关注每一个细小的动作。具体来说，要让受验者意识到，为了诉说可以随时停止摄像。如果受验者说不出来，要让其意识到如果结束之后再说有可能记不住当时想的内容，那么必须要先暂停、直接说明。

大声思维法的指导语示范如下：

从现在开始，进行主题为 XXX 的实验。实验中，请把想到的东西都说出来。我会在一旁等待，你就当我不在，这个屋子里只有你一个人。发言时，不是跟我对话，而是把头脑里想到的事自言自语地说出来。

口头报告法的指导示范如下：

从现在开始，进行主题为 XXX 的实验。实验中，请把想到的东西都说出来。我会播放之前你在两家快餐店消费的视频，你在咖啡店消费的时候心中所想的内容，无论多么细小，都请报告给我。注意你的一些行为动作，以及一些印象和感情，单纯地从记忆中调取出来你点餐、用餐过程的想法，然后说出来。报告时，如果报告的速度跟不上视频的播放速度，可以暂停视频播放，详细地报告之后再继续。如果你举手，我就暂停视频播放。报告方法的介绍到此为止。还有什么问题吗？没有的话现在开始实验。

12.2.3 实验实施

1. 作出指示

实验人员按照事先制定的指示，在实验开始前进行实验指示。按照顺序给出事前制作好的指示。为了不让实验者感到紧张，最好事先练习指示，把易懂的说明记录在纸上。

作出指示的时候，对于发言或报告方法以及本实验的说明有以下两个要点：

(1) 初次参加实验的被实验者可能不知道说些什么，所以有必要让实验者自己进行发言的演示，以便让被验者理解发言方法；

(2) 是否能自然地发言。

2. 记录发言与行动

使用录像机录制实验进行时的影像，以记录受验者的发言与行动。

实验实施的要点：实验中重要的是让受验者不过分注意自己的发言。一个较为有效的方法是，实验人员坐在受验者的旁边，配合着发言点头。这是为了减轻一个人不停地连续说话的负担，非常有效。但因为实验人员是旁观者，为了不让发言变成是受验者对实验人员的说明，必须要注意不要看受验者的脸或眼睛。

12.2.4 资料分析

1. 写下发言内容

实验结束后为了进行分析，要按时间序列记录含有关于指示代名词的指示对象的注释，来解释说明受验者的行为。在使用协议分析法时，说错和沉默的地方和时间也必须记录下来。

整理记录耗时非常有可能是录音时间的 5～6 倍。一种有效率的记录方式是尽可能不暂停录音。边听录音边记录，一次听完全部。多次重复，以将断断续续的内容进行填补和错误纠正。

发言过程中的行为和沉默也需要记下来，比如除了发言以外的行为可以用「」表示，发言中指示代名词的注释通常用[i]表示，沉默(延迟 1 秒以上)用三个点来记录。示范如下：

「行为：挠头」

「Time AM 11:45:30-11:46:00」我不喜欢它，它吃起来油腻

[i][它，鸡腿]

「Time AM 11:46:30-11:46:45」…我再想想

「…」

2. 将发言数据分段

把根据发言记录下的数据分割成小单位，每个发言单位占据一行的位置，按照时间顺序编上编号。在这里，我们称每个发言单位为段。

发言单位可以根据句号或逗号分段，也可以根据被验者的意图分段。前者是一般的分段方法，使用大声思维法研究时采用得比较多。后者在使用口头报告法研究时采用得比较多。

3. 划分行动种类

对发言内容按照行动、词义进行划分，如表12-2所示。

表12-2　分类后的项目[67]

项目	涉及人数	项目	涉及人数	项目	涉及人数
挠头	21	环境:好	4	口感:好	8
中秋佳节	23	客人:多	8	餐具	5
等级:高	11	客层:学生	4	接客:手册	5
等级:低	5	客层:孩子	8	接客:待客差	15
垃圾	2	客层:年轻人	5	接客:待客好	15
服务:优惠	15	客层:女性	2	鲜度:不新鲜	5
服务:外卖	3	客层:大人	4	鲜度:新鲜	18
服务:汽车直达	16	健康:差	25	材料:酱汁	5
服务:禁烟席	3	健康:好	10	材料:其他	3
集合场所	3	外观:恶	6	材料:面包	16
徽章或标志	6	广告	13	材料:酸黄瓜	4
安全性差	21	高热量	12	材料:肉	8
安全性好	25	方便快捷	14	材料:蔬菜	21
椅子差	8	手工艺品	3	材料:油	4
印象:美国	4	商品:100日元	12	碰头	2
印象:时尚	8	洋葱圈	10	名气小	2
印象:差	2	饭	2	名气大	2
印象:可爱	8	小尺寸	2	提供时间早	42
印象:轻松	9	大尺寸	11	提供时间晚	24
印象:不轻松	13	沙拉	3	店铺狭小	7
印象:不舒服	3	奶昔	11	店铺少	13
此处难以翻译	5	汤	5	店铺多	21
印象:亲近	6	布景	3	都市传说	9
印象:不亲近	7	其他	9	内部装修差	2

续 表

项目	涉及人数	项目	涉及人数	项目	涉及人数
印象:安静	3	鸡肉	10	内部装修好	6
印象:朴素	3	甜点	16	味道差	2
印象:清爽	2	汉堡包	35	品质低	10
印象:恐怖	11	土豆	47	重视质量	5
印象:开朗	4	饮料	12	质量好	11
印象:有意思	5	期间限定	10	重视数量	2
印象:坐立不安	9	形状	5	方便	3
印象:冷静	11	种类少	4	广播	10
印象:好	9	种类多	33	味道还行	5
印象:漂亮	7	新商品:少	3	味道差	40
营业时间:长	15	新商品:多	10	味道不腻	3
卫生:差	4	早上限定	8	味道腻	2
卫生:好	4	油炸小点心	10	油味	12
温度:暖和	4	色泽:好	2	味道好	107
价格:便宜	102	易食性差	14	朋友	3
价格:高	96	易食性好	3	量少	15
环境:差	8	口感:差	2	量多	27

划分种类的要点:划分种类时最重要的是看划分的种类是否符合研究目的。分析结果如果跟自己的研究方向有所偏离的话,那么就修正,重新尝试划分种类,然后反复这个过程。

4. 编码化

当实验所划分的行为种类较少时,推荐编码化。根据行动内容,把被分段化的发言数据编码。编码就是段里含有的行动内容属于划分的行为种类的哪一个,然后考虑它符合其中哪个动作的意思。动作和动作之间的关系,被称为插槽,比如依存关系、引申关系、诱发关系、使用关系、产出等。

5. 导出结果

通过把握行动过程、分析行为中隐藏的信息,得到实验结果。在这项研究[67]中,将满意度、自由记述的内容、消费频率进行了分析。其中,满意度为0(完全不喜欢)～10(相当喜欢)点的11点量表评价。这项研究还使用了潜在语义分析法和决策框架,来深入研究消费者的偏好。潜在语义分析法可以从协议分析法的大量结果中,进行信息的筛选和提取,消除词之间的相关性和简化文本向量实现降维,通常用于信息抽取,感兴趣的读者可以深入阅读了解。

统计分析结果中,满意度的平均值(标准差)结果:麦当劳是5.56(2.46),Mos Burger是6.43(2.09)。消费频率的平均值(标准差)结果:麦当劳是

1.98(2.15)，Mos Burger 是 0.73(0.93)。求麦当劳(McDonald)值与摩斯汉堡(Mos Burger)值之间差异的平均值(标准差)，得到满意度为－0.87(3.42)，消费频率为 1.25(2.22)。

Mos Burger 的满意度较高，而 McDonald 的消费频率较高。表 12-3 展示了满意度和消费频率之间的相关系数。从每个品牌自身的差异得分来看，满意度和消费频率之间存在正相关。

表 12-3 满意度与消费频率的相关系数($N=128$)[67]

		Mcd		Mos		Mcd-Mos	
		满意度	消费频率	满意度	消费频率	满意度	消费频率
Mcd	满意度	1					
	消费频率	0.52***					
Mos	满意度	－0.12	0.06	1			
	消费频率	－0.18*	0.14	0.42***	1		
Mcd-Mos	满意度	0.79***	0.34	－0.70***	－0.39***	1	
	消费频率	0.57***	0.91***	－0.12	－0.29**	0.49***	1

注：1. Mcd 表示麦当劳，Mos 表示摩斯汉堡。

2. * 代表 $p<0.05$，** 代表 $p<0.01$，*** 代表 $p<0.001$。

下面是基于奇异值分解的数据处理过程，并且用决策框架来表示消费者喜好，决策帧是决策框架在统计中的展现形式。

在进行逻辑回归分析时，自变量是受验者关于两个品牌感受评价的相加数据，因变量是满意度和消费频率，并且，因变量中对两个品牌的值进行了比较，当麦当劳高时，因变量设为 1；当摩斯汉堡高时，因变量设为 0。如果回归系数为正，选择麦当劳的概率较高；如果该值为负，选择摩斯汉堡的概率较高。表 12-4 显示，根据 McFadden 和 Nagelkerke 的伪解释率，基于满意度的正确分类为大约 40％的选择，基于消费频率的正确分类为大约 50％的选择。当预测量为满意度时，回归模型中 f_4、f_6 和 f_7 起显著作用；当预测量为消费频率时，回归模型中常数项以及 f_1、f_6、f_8 和 f_{11} 作用显著。因此，优先选择 f_4、f_6 和 f_7 三个决策帧来解释满意度，选择 f_1、f_6、f_8 和 f_{11} 解释消费频率。并且，这两个回归模型中，除了常数项，其余起显著作用的决策帧系数均为负值，因此两个回归模型中的这几个决策帧能够解释对摩斯汉堡的消费选择。

表 12-4 伪解释率和回归系数[67]

		满意度	消费频率
伪解释率	McFadden	0.19	0.26
	Nagelkerke	0.29	0.41
回归系数	定数	1.6	4.2*
	f_1	－33.6	－47.4*
	f_2	3.5	8.9
	f_3	－0.3	－1.3

续 表

		满意度	使用频度
回归系数	f_4	−9.4*	−1.5
	f_5	6.4	3.2
	f_6	−17.4**	−11.2**
	f_7	−13.6*	−5.4
	f_8	1.0	−9.0**
	f_9	−4.2	−2.5
	f_{10}	−0.1	1.1
	f_{11}	−4.9	−7.0**
	f_{12}	−1.3	−4.8

注：1. f 表示决策帧，下标数字表示值越小特异值越大的决策帧。

2. * 代表 $p<0.05$，** 代表 $p<0.01$。

为了确认与决策帧的解释偏好相关的属性，求前面两个回归模型中关键决策帧相对应的右奇异向量。这些属性被认为是在选择品牌时引起注意的属性。右奇异向量中值最大的前三个属性是代表决策帧的特征，表 12-5 列出了右奇异向量的属性和值。右奇异向量的值在 −1 到 +1 之间，值越大，该属性在决策框架中引起关注的可能性越大。

表 12-5　右特异向量内的项目和值[67]

f_1	商品：土豆(0.21)	商品：汉堡包(0.19)	提供时间：早(0.18)
f_4	知名度：二流(0.23)	轻便(0.19)	店铺数：多(0.17)
f_6	知名度：小(0.44)	待客：良(0.32)	印象：不轻松(0.31)
f_7	知名度：很小(0.41)	待客：好(0.37)	材料：面包(0.21)
f_8	印象：坐立不安(0.34)	印象：冷静(0.34)	印象：离我很近(0.29)
f_{11}	安全性：恶(0.30)	安全性：好(0.25)	质量：重视质量(0.20)

根据表 12-5 中列出的项目，确定这几个决策帧的具体含义如下，并且表 12-5 中，每一个决策帧对应的属性被认为是品牌选择中感兴趣的属性。

- f_1 代表某一家快餐汉堡店，这个汉堡店最相关的三个属性是：土豆、汉堡包和提供时间早。
- f_4 代表为人所知的汉堡店，大多名气不错、体验很方便。
- f_6 和 f_7 代表知名度不高的汉堡店，气氛和产品吸引了人们的注意。
- f_8 代表就餐感觉。
- f_{11} 代表食品安全。

结合表 12-4 和表 12-5 的结果，决策帧 f_1 的回归系数为负且权重最大，是影响选择摩斯汉堡消费的关键因素之一。因此，选择摩斯汉堡消费和快餐汉堡店本身这一形象是相关的。

12.2.5　讨论与总结

一般来说，在选择汉堡店时口味和价格被认为是消费者主要考虑的因素。协议分析法的研究表明，消费者实际上非常重视口味和价格之外的其他属性。这表明本文使用的分析，可以从诸多属性中提取与偏好相关的属性。与偏好相关的属性虽然数量不多，但有望与其他品牌区分开来或用于开发新产品。将来，它也有望在社会政策决策等实际方面发挥作用。

12.3　协议分析法的优缺点

协议分析法可以得到丰富、完整的资料，用户的一举一动都会被记录下来，有助于研究人员发现之前没有注意到的问题。同时可以评估数据的真实性，可以从心理学的角度判断被测者的行为、语言是否有效，筛选出适合分析的数据。其缺点在于耗时过长，需要对每个主题或任务进行回顾与分析，人力成本高，往往做完一个被测已经花费了不少时间。被测者会出现不配合的情况，这时需要剔除该部分的数据，以免造成影响。

12.4　相关研究：使用绘图讨论法和协议分析法进行消费者品牌偏好分析

1. 研究背景

都市生活中，咖啡厅作为家庭、办公室以外的第三空间，受到了许多人的青睐。咖啡厅也有很多不同的品牌，像星巴克、Costa、上岛咖啡等，当然也有私人开的咖啡厅。不同的咖啡厅都有不同的受众群体，消费者对于咖啡厅的品牌偏好可以通过绘图和协议分析法进行了解。

相关论文下载

2. 研究目的

玉利祐樹和竹村和久开展了一项获取消费者对星巴克咖啡和 Doutor 咖啡的偏好以及可能的影响因素的实验研究。

3. 研究方法

这项实验[68]邀请了33名大学教师和研究生参与绘画和评价实验。受验者均对星巴克咖啡和 Doutor 咖啡有消费经验，在实验中被要求首先绘制星巴克咖啡和 Doutor 咖啡的场景图像。其中，以3人为一组，在印象不一致的情况下互相讨论。研究人员将自由讨论的内容进行记录编码。

4. 研究结论

研究[68]进行了语言协议分析和回归分析。研究结果表明，星巴克咖啡更着重提供小吃食品和咖啡粉，对顾客非常周到体贴。Doutor 咖啡则注重桌子、食品、顾客以及颜色、椅子、灯，即店铺内的景象和气氛。但食品和咖啡粉这两个变量是无法决定顾客对星巴克咖啡店铺的体验评价的，椅子和食物是影响顾客对 Doutor 咖啡店铺的体验评价的结构要素。

12.5 思考与练习

1. 简述大声思维法和口头报告法在协议分析法中实施运用的差别。

2. “双十一”快递量猛增，于是中通快递站推出自助取快递服务。使用口头报告法，为调查取快递者进入快递站后的行为特征撰写实验规划。

3. 设计一个实验，使用协议分析法研究小米之家和苹果专卖店的服务差异，了解给用户带来的不同感受。

4. 北京冬奥会火炬设计项目组的成员小李在学习了协议分析法后，想通过协议分析法来研究参加过冬奥会或看过冬奥会直播的人对冬奥会的印象特征。请帮助小李明确实验变量及具体的实施流程。

第 13 章　顺序行动表记法

需要总结分析和行动相关的各种要素的时候，可以考虑使用顺序行动表记法。

13.1　顺序行动表记法的基本概念

1. 顺序行动表记表简介

顺序行动表记法（シークエンス行動表記法）是福田忠彦研究室[28]在行动表记法的基础上发展得到的一种方法。这种方法通过对与人连续行动相关的各种要素，按时间顺序进行连续的分析，来确定行动特征。使用这种方法要求研究人员调查与行动相关的构成要素，比如被实验者的手、脚、头、身体的动作，了解获取被实验者的感觉心理、影响其动作的周边环境要素等，然后按照时间顺序将这些要素全部进行记录。从按时序排列的全部要素的记录，可以分析各个要素的特征以及要素间的关系。

例如，为了调查某种商品的购买行动，选定商品的购买环境（货架的朝向和位置）和购买者的身体动作、视线动作等作为记录要素。通过对整个购买行为是在什么样的环境中进行的，购买时关注什么，想了什么，进行了什么样的购买行动，可以知道购买行为有什么特征。进一步，可以为制定影响购买者的行动、心理、感觉的信息提出具体策略，用以有效地促进购买行为。

2. 实施的必要条件

实验的必要条件是需要刺激，即有目的的行动、行动进行的环境以及作业任务，最少的受验者人数无特定数量，但越多越好。进行数据分析的时候推荐使用 Excel 或者动作分析软件等（根据测定要素准备）。需要有记录动作的设备，比如摄像机、眼动仪等。

13.2　研究实施的一般步骤

一般的，顺序行动表记法的实施步骤如图 13-1 所示。

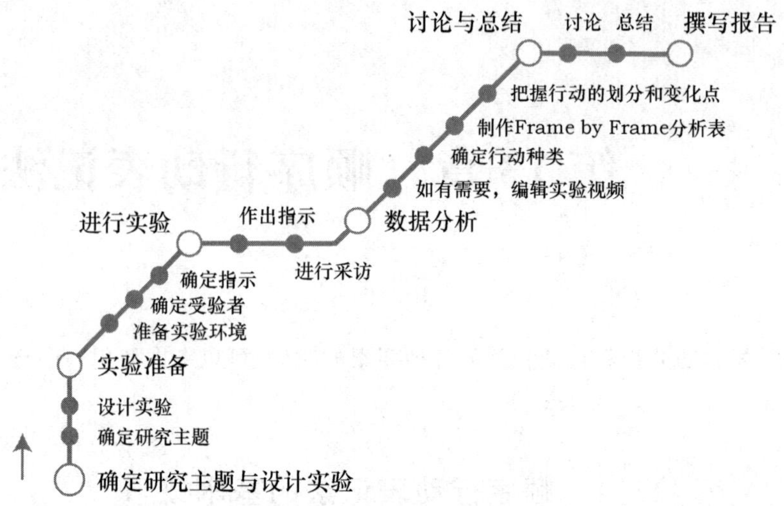

图 13-1　顺序行动表记法的实施步骤

13.2.1　确定研究主题与设计实验

1. 确定研究主题

人们在使用美颜相机进行拍照的时候会对不同的滤镜进行比较选择，以找到相对满意的一款，但是不同的人对“满意”的标准不一样，而且这一标准也会受到环境的影响，本次研究是想探索位置顺序对此标准的影响。

因此确定研究主题为：拍照 App 中滤镜位置顺序对用户选择的影响[①]。

2. 设计实验

从主题入手设计实验，如表 13-1 所示。

表 13-1　设计实验的步骤

步骤名称	步骤内容
对有趣的现象提出疑问	滤镜“好看”的标准因人而异，也与很多因素有关 滤镜的选择动作是横向的左右滑动 滤镜的“隐藏”深度对“满意”的标准影响如何
考虑对象	使用美颜相机自拍选择滤镜的人的动作和滤镜的位置
精炼对象	自拍时美颜相机滤镜的选择行为
设定受验者	使用过美颜相机自拍的年轻女性
收集数据的方式	自拍时选择滤镜行为的观测数据
设定变量	环境、行动、调查对象、指示条件
建立假设	很多人使用美颜相机自拍时会不断地改变选择的滤镜 滤镜的位置顺序影响用户的选择
准备实验	

① 实验材料来自“设计研究方法”课程 19 级研究生田睿作业，有一定改动。

13.2.2　实验准备

1. 准备实验环境

实验前需讨论确定好观测用的摄像机位置，以便从开始到结束的过程中，没有遗漏地记录受验者自拍时选择滤镜的行动，实验进行中须确保所有的摄像机录制视频均同时进行。确定位置时，需注意不妨碍受验者的活动。

观测摄像机位置的设置要点：充分记录受验者的行动特征，如距离、方向等；定点观测摄像机可用于把握受验者的相对位置和行动流程，追踪摄像机可记录受验者的详细行动。

设定合适的环境的要点：环境应是对受验者进行自拍的行为没有明显影响，受验者可以自由活动的场所。

2. 确定受验者

- 人数：7 名；
- 年龄层：18～22 岁；
- 男女比例：女性 7 名，男性 0 名；
- 所属：大学生。

设定受验者的要点：对于一般日常生活的行动和伴有特殊技能的行动，个体差别很大的情况经常发生，所以要在符合实验目的的前提下通过年龄、属性、有无经验等条件尽可能地缩小人群范围。

3. 确定指示

在评判开始前以标准化的方式向评判者进行解释说明，以确保不同的受试者能够获得一致的、无缺漏的实验指导。指导语示范如下："从现在开始，我们进行'使用 B612® 美颜相机进行自拍时选择滤镜的行为观测实验'。你为了得到令自己满意的照片而进行挑选滤镜的自拍行为。从现在开始，进行跟平时自拍一样的动作。还有什么不明白的吗？没有的话我们就开始实验。"

确定指示的要点：被试的动机对研究的行动有很大干预时，必须明确这个行动对被试来说是否属于计划内。通过指示把要研究的行动作为基础信息（想要用美颜相机自拍），方便被试行动。

13.2.3　进行实验

1. 作出指示

对所有的受验者做出一致的指示，让受验者像平常一样进行自拍。对受验者的行动进行视频拍摄。

2. 进行采访

进行采访的时候，一边看着录制视频，一边采访，容易让被实验者把自己的回忆和行动对应起来，方便顺利实施采访。采访的时候使用摄像机或录音笔记录实验人员和受验者的对话，方便之后解析采访的内容。受验者回答问题时可以用手指指向视频的具体要点，有助于明确发言内容。另外，为了尽量从采访的全部受验者得到同样的信息，需要明确问题和问法。

13.2.4 数据分析

1. 如有需要，编辑实验视频

如果使用了多个摄像头拍摄，则需使用一些软件，将各个摄像头拍摄的影像记录的画面编辑到同一个画面中。如果使用了单个摄像头拍摄，则仅需将实验视频导入计算机即可。

2. 确定行动种类

在分析视频的过程中，根据视频内容将受验者行动分为 3 类、13 种，如表 13-2 所示。

表 13-2 动作划分

视频分类	具体含义
眼球运动	扫视滤镜介绍、凝视照片效果图、查看照片
手指动作	向右滑动、向左滑动、单击
表情变化	微笑、皱眉、点头、摇头、摆姿势、撇嘴、撅嘴

根据动作划分和视频记录内容，对 8 名受验者的动作过程进行分段，并标注出行动的划分点和变化点。

3. 制作 Frame by Frame 分析表

在 Excel 上制作分析表，如图 13-2 所示，横向为动作，纵向为时间。根据步骤 1 中的视频影像，对被试的行动变化进行分析，填充单元格序列。

4. 把握行动的划分和变化点

根据步骤 3 中的行动变化表，分析把握受验者的大概状态和行动变化特征、视线的变化，并进行行动变化的标注，如图 13-2 所示。

根据对动作过程的分段分析，可以了解到用户的行为主要可以划分为四个阶段："浏览滤镜""确认效果""摆姿势""确认照片"。完整的自拍行为由这四个阶段的不同排列顺序及它们的重复所构成。具体情况根据被试的行为模式和习惯特征的不同而变化。

- "浏览滤镜"阶段：这个阶段被试的动作主要有眼球扫视滤镜介绍、手指左右滑动。在这个阶段中手指和眼球的活动会同时进行，以完成对滤镜的挑选。
- "确认效果"阶段：被试单击选择某个滤镜，查看屏幕照片效果，这个阶段是被试选择是否使用该滤镜的重要阶段，常常伴随着一些情绪及态度的表达。这个阶段被试的主要动作有凝视照片效果图、单击、微笑、皱眉、摇头、点头等。

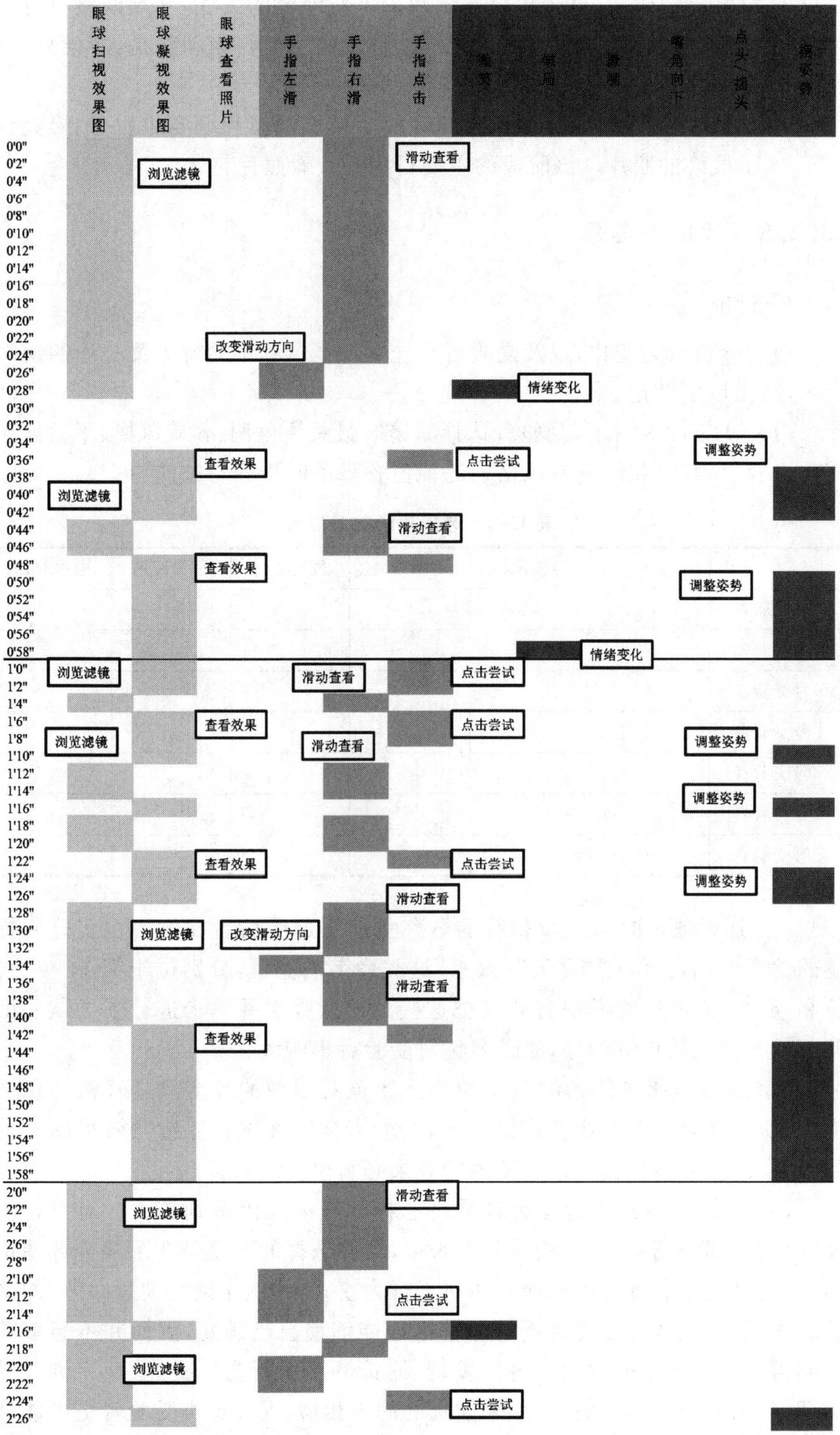

图 13-2　标注行动变化示例

- “摆姿势”阶段：这个阶段被试减少了对滤镜的关注，开始调整自身动作以达到较好的拍摄效果。这个阶段的主要行为动作是：摆姿势、凝视照片效果图。
- “确认照片”阶段：该阶段被试完成了挑选滤镜和摆姿势后，拍摄完成了最终的照片。该阶段的主要行为是查看照片。

13.2.5 讨论与总结

1. 讨论

通过分析行为变化，以及受验者在选择滤镜过程中的行为及心理的访谈记录，得出以下结论。

(1) 如表 13-3 所示，受验者选择滤镜时最关注色调、容貌风格、平常使用三项内容。因此，相同色调风格的滤镜位置靠前时更容易被使用。

表 13-3 选择滤镜的关注点

	色调	容貌风格	美颜程度	最近流行	平常使用	顺序靠前
1 号受验者	√	√				
2 号受验者	√	√				
3 号受验者	√				√	
4 号受验者	√	√			√	
5 号受验者		√				
6 号受验者	√	√				
7 号受验者	√					

(2) 选择滤镜时与环境相符的名称更能引起受验者注意。在实验所提供的滤镜中，有“元气”“夏天”“汽水”这类命名的滤镜，分别位于第 14 位、16 位和 30 位，7 名受验者中有 6 名被这些滤镜所吸引并单击进行了尝试。因此相较于滤镜的位置顺序，滤镜名称对受验者影响大。

(3) 滤镜效果图的指导意义较小。滤镜对图像的改变只是轻微的色调变化，所以在效果图上比较难以分辨，受验者反映在选择滤镜时效果图对其指导意义很小，想要比较不同滤镜的效果必须单击后查看。

(4) 不同行为模式的受验者最终选择滤镜的原因差别较大。对于行为模式为“全部浏览后选择”的受验者来说，最终选择的滤镜是在了解全部滤镜信息、通过对比后进行的选择。而对于行为模式为“顺序浏览满意即停”的受验者来说，他们认为最终选择的滤镜已经能够使自己满意，因而并不想多花时间再去查看更多的滤镜。可以发现，滤镜顺序对行为模式为“顺序浏览满意即停”的受验者影响更大，如果候选的滤镜相似，那么这类受验者更可能选择整体顺序靠前、每一类中顺序靠前的滤镜。

2. 总结

本次采用顺序行动表记法和半结构访谈法进行“滤镜位置顺序对用户选

择的影响”实验。对 7 名受验者的自拍滤镜选择行为进行拍摄，以“眼球运动”“手指动作”“表情变化”3 类行动、13 个具体行为过对视频进行分析，把握受验者行动的划分点和变化点。实验还对行为过程进行阶段划分并探索时间变化下的行为特征。通过半结构化访谈对受验者进行采访，掌握影响用户行为变化的心理因素。自拍过程包含浏览滤镜、确认效果、摆姿势、确认照片四项行为组合。实验认为，滤镜选择中存在两种行为模式：全部浏览后选择、顺序浏览满意即停。结合采访内容分析得出滤镜位置顺序对行为模式为“顺序浏览满意即停”的受验者影响更大。整体来看，相同色调风格的滤镜位置靠前则更容易被使用。滤镜名称的影响大于位置顺序，而滤镜效果图则影响微弱。

13.3 顺序行动表记法的优缺点

顺序行动表记法的优点在于可以不断地进行分析，从时间顺序记录的所有元素中，根据每个元素的特征来分析彼此之间的关系，并阐明其特性。例如，为了检查某种产品的购买行为，选择购买环境、购买者的身体运动、视线运动等作为需要记录的元素，然后从多种元素之间的关系确定消费者在环境中关注什么、考虑什么、如何执行购买行为，分析消费者的行为特征，从中制定有效促进购买的策略。

缺点在于此研究方法需要明确想要研究的行为的环境，并建立单一变量的环境，需要在研究过程中确保记录被研究人员的所有行为，执行方面存在困难。且由于具有特殊技能的行为通常会存在很大的个体差异，因此需要根据研究目的确定被试属性，选择合适的被试人群。

13.4 相关研究：广告位置对目标产品搜索时间和消费者购买行为的研究

1. 研究内容

为了促进新批发商品的购买，商家一般会考虑在店里张贴宣传广告。为了方便更多的顾客能在购买其他商品时看到广告，会产生在不同张贴地点都进行广告张贴的想法。但实际上还需要同时考虑其他商品的广告宣传，所以不能张贴大幅面广告。这样的情况下，需要了解广告位置对于产品搜索、产品宣传和购买引导的影响。

2. 研究过程

一项研究采用了顺序行动表记法来进行有效广告位置的探索[30]。研究的实施按照以下步骤进行。

(1) 选定某一店铺，并选定五个位置(A、B、C、D、E)作为广告张贴地点。

(2) 设定新购入的 X 商品的宣传广告作为刺激,并在店铺入口招募受验者,告知需要购买 X 商品。

(3) 以时间序列作为记录单位,记录不同行动要素的变化,来反映被试的状态,比如步行状态、头部动作、视线动作、身体动作等,可以使用摄像机及眼球运动测定装置记录。

(4) 抽离各个行为要素的特征,对有关联特征的要素进行讨论。

(5) 针对不同的招贴位置,分析被试的行动变化和商品搜索时间变化。

3. 研究结论

消费者的行为受店内的视觉信息影响,广告放置的最佳效果位置是在进入商店后、采购的主要路径上。这样的广告在购买者行动时,容易被看到。当购买者受入店广告营销影响,对商品进行有目标的搜寻时,购买者会放慢步行速度,此时周围可以设置广告进行引导。

13.5 思考与练习

1. 对比分析顺序行动表记法和动素分析法的异同点。

2. 请设计一个实验,使用顺序行动表记法来分析青年女性到 MUJI 店购买香水的行为过程特征。

3. 应用顺序行动表记法对日常刷牙行为进行记录分析,尝试从刷牙工具、男女刷牙行为特征等角度进行差异性分析。

第5部分　定量研究方法

第14章　数量估计法

想要将人的感觉量化的时候，可以使用数量估计法。

14.1　数量估计法的基本概念

1. 数量估计法简介

数量估计（Magnitude Estimation，ME）法，也称为感性评估数字化法、ME法，指的是将刺激变量和人对刺激变量的感觉进行量化，从而明确各种刺激引发人的感觉的程度和呈现的特征。这种方法由S. Stevens提出，其实施的主要特征是用不同的刺激变量无序地、多次地刺激受验者。实验主要变量是刺激变量在某属性上的变化量、人对刺激产生的心理量，这两个变量之间具备如公式（14-1）所示的关系，其中k是常数，S为刺激变量即自变量水平，R为心理量。

$$R = kS^n \tag{14-1}$$

在一项研究中，将智能手机上文本和背景之间的自适应亮度差异作为自变量（如图14-1所示），将阅读者轻松易读、眼睛的低疲劳感作为因变量，可以了解怎样的差异更符合人的阅读舒适感要求。

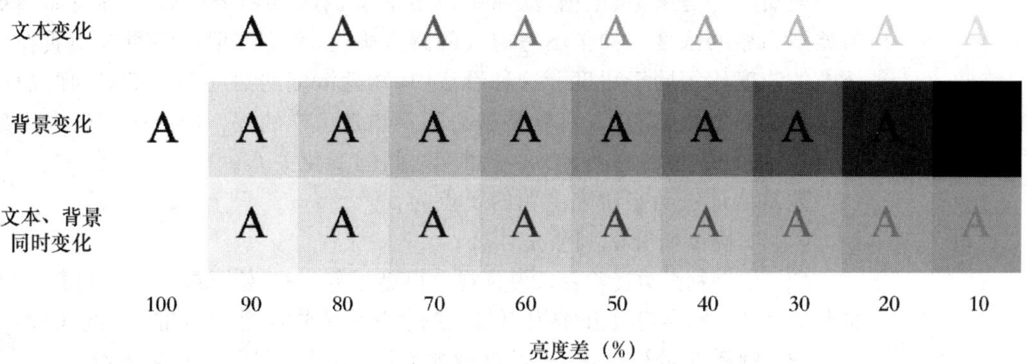

图14-1　文本和背景亮度差异的设置[69]

2. 实施的必要条件

这种方法一般选用和感觉相关的刺激。比如,对人各感官通道会产生影响的图像、声音、物体表面、温度、味道等。同时,刺激变量的不同水平方便被测量。由于这种方法属于生理实验,为减少其中个体差异的影响,需要至少20人作为受验者。数据分析推荐使用 Microsoft Excel 进行。

14.2 研究实施的一般步骤

一般的,数量估计法的实施步骤如图 14-2 所示。

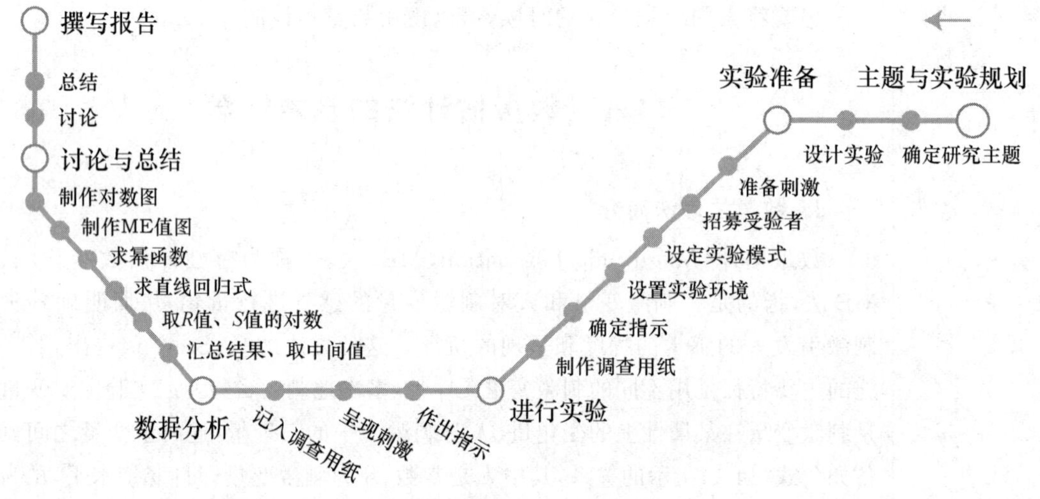

图 14-2 数量估计法的实施步骤

14.2.1 主题与实验规划

1. 确定研究主题

最甜的糖是果糖、蔗糖,饮品中设定甜度的时候需要综合考虑添加的糖的类型和糖的浓度。如果不考虑人的感官感受,我们一般会将甜味物质在溶液中的浓度比等同于甜度。这种看法中,物理浓度的甜度和人感知到的甜度是一致的。那么,究竟人对糖类的甜度感知是怎样的呢?由此确定研究主题为:探究饮品中糖的种类、浓度与甜度之间的变化关系。

数量估计法确定研究主题的要点为:

(1) 明确要研究的刺激是什么;

(2) 如果刺激对受验者来说直观上很难区分,一开始要展示标准刺激,让受验者评价出与标准刺激相对应的值,当刺激容易区分时,没有标准刺激也可以;

(3) 刺激变量被量化后,可以做加减运算,并且量的变化是连续的。

2. 设计实验

从主题入手来设计实验,如表 14-1 所示。其中,确定实验的调查对象和

变化量并作出假设是应用本方法的关键。

表 14-1　实验设计

步骤名称	步骤内容
对有趣的现象提出疑问	饮品中放不同类型的糖、不同的糖浓度对于人味觉感知的影响
确定研究对象	将不同糖类、糖浓度的饮品作为研究对象
确定研究的变化量	自变量1:不同类型的糖;自变量2:在水中溶解不同量的不同糖
建立假设	糖浓度与人对甜度的感知并非呈线性正相关关系
准备实验	

14.2.2　实验准备

1. 准备刺激

由于饮品中会增加其他物质来增强饮品的甜度,因此可以采用控制变量法。从8类糖中选取16种糖,作为溶质配制溶液(溶剂为水),其摩尔浓度呈指数变化,形成2～6个水平,作为实验的自变量,具体如表14-2所示。其中,蔗糖使用我们日常生活食品中的糖,其他所有溶液的溶质由试剂级化学品制成。在使用前被冷藏三天,以确保溶液的均匀混合。在实验时,把不同的溶液装入纸杯中,每个纸杯装入5～10毫升。

表 14-2　刺激浓度(单位:g/mol)[70]

糖类	分子量/g·mol^{-1}	分子式	糖	2倍量	4倍量	8倍量	16倍量	32倍量	64倍量
三碳醣	92	$C_3H_8O_3$	甘油果糖	0.22	0.44	0.88	1.8	3.12	8.01
			阿拉伯糖	0.13	0.27	0.54	1.13		
戊糖	150.13	$C_5H_{10}O_5$	木糖	0.13	0.27	0.54	0.83(12)	2.4	
			葡萄糖	0.11	0.22	0.46	0.94	2.02	3.4(50)
醛糖	180.16	$C_6H_{12}O_6$	半乳糖	0.11	0.22	0.46	0.94	2.02	
			甘露糖	0.11	0.22	0.46	0.94	2.02	
酮己糖	180.16	$C_6H_{12}O_6$	果糖	11	0.22	0.46	0.94	2.02	3.4(50)
			山梨糖	11	0.22	0.46	0.94	2.02	
糖醇	182.16	$C_6H_{14}O_6$	山梨醇	0.11	0.22	0.45	0.91	1.89	3.09(50)
			甘露醇	0.11	0.22	0.45	0.91		
甲基己糖	164.16	$C_6H_{12}O_5$	二醇	0.11	0.22				
			鼠李糖	0.12	0.25	0.5	1.03	2.17	
二糖	342.3	$C_{12}H_{22}O_{11}$	蔗糖	0.06	0.12	0.24	0.5	1.06	2.45
			麦芽糖	0.06	0.12	0.24	0.5	1.06	1.77(50)
三糖	594.52	$C_{18}H_{32}O_{16}SH_{20}$	乳糖	0.06	0.12	0.24	0.5		
			棉子糖	0.3	0.07	0.14	0.28		

准备刺激的要点为：

(1) 明确刺激对应的量的单位、量少和量多的程度；

(2) 明确施加刺激的方式。

2. 招募受验者

撰写招募公告，招募受验者。招募公告一般包含实验主题、实验招募条件、实验时间和地点、实验报酬以及如何参与这几部分。一般涉及人的生理感知的实验，需受验者身体健康，并且整体上尽量满足男女性别均衡的条件。由于此研究刺激变量较多，设置了多组水平的实验，因此招募了 83 人作为受验者。

- 人数：83 名；
- 年龄层：18-40 岁；
- 男女比例：不限；
- 职业：不限。

3. 设定实验模式

这项实验设置了 10 组，每组里面糖的种类各不相同。参与每组实验的受验人数如表 14-3 所示。在同一组实验中，被试对不同摩尔浓度的不同糖溶液进行品尝，然后通过数量估计来判断糖的甜度。溶液将随机地提供给受验者，实验人员需提前作出隐藏标记。每次品尝或品尝 3～5 种溶液后，受验者需饮用白开水去除口腔中残留的甜味。

表 14-3 实验组设置[70]

刺激组	实验人数	判断次数	刺激变量
1	40	1	果糖、半乳糖、葡萄糖、乳糖、麦芽糖、甘露醇、山梨醇、蔗糖
2	10	2	麦芽糖、甘露糖、棉子糖、山梨糖、蔗糖
3	10	2	阿拉伯糖、甘露糖、棉子糖、鼠李糖、蔗糖
4	10	2	十二醇、半乳糖、甘露醇、山梨醇、蔗糖
5	10	2	乳糖、棉子糖、山梨糖、蔗糖、木糖
6	10	2	果糖、葡萄糖、甘油、蔗糖
7	20	2	蔗糖、Na-甜蜜素、Ca-甜蜜素、Na-糖精
8	20	2	蔗糖、人工甜味剂
9	30	1	甘油、蔗糖、人工甜味剂
10	30	1	不同溶液浓度下的蔗糖、钠糖精、蔗糖和钠糖精

4. 设置实验环境

实验环境保持室温 19 ℃，有一张较大的桌子用于放置实验材料，有一张桌子用于配制溶液，一个冷藏柜、纯净水和水桶，用于受验者清除口腔甜味。

5. 确定指示

在评判开始前需要以标准化的方式向评判者进行解释说明，以确保不同

的受验者能够获得一致的、无缺漏的实验指导。指导语示范如下：

在你面前是一系列装满了糖水的纸杯，这些糖水浓度不一。你的任务是品尝每一杯溶液后，说出一个 0～10 范围内的数字来表达你所感受到的甜度。你可以使用小数或分数，比如第一杯甜度是 10，第二杯是第一杯的一半，那么第二杯是 5，第三杯甜度似乎很低，只有第一杯的二十分之一、第二杯的十分之一，第三杯则是 0.5。你所说出的数字和你感受到的甜度是成比例的。

6. 制作调查用纸

调查用纸用于记录实验数据，其中受验者的基本资料（包括人口学变量和身体健康资料）是非常必要的，并作为实验资料进行存储。比如在视觉刺激相关的实验中，应当记录受验者的视力情况（裸眼、眼镜、隐形眼镜）。在听力刺激相关的实验中，应当了解受验者是否存在弱听情况，必要时还可以准备低、较低、极低的声音作为测试，评定受验者的听力感知。这项实验可以采用如图 14-3 所示的调查用纸。

受验者编号:_____　　性别:___　　年龄:_____
实验日期:_____年___月___日　　刺激组编号:_____

刺激编号	甜度评价得分（0～10）
刺激1	
刺激2	
刺激3	
刺激4	
刺激5	
刺激6	

图 14-3　实验调查用纸

14.2.3　进行实验

在本实验进行中，一般有 2～3 名实验人员。一人负责介绍实验、引导受验者进行实验，一人负责为受验者提供漱口服务、辅助准备实验材料，一人记录实验数据。

1. 作出指示

在受验者到达实验现场后，让受验者休息一定时间（约 1 分钟），实验人员介绍实验、与受验者签订《实验协议书》、说明报酬答谢方式等，随后开展实验。将实验指示发给受验者，告知受验者如果没有疑问，即可开始实验。实验场景示意如图 14-4 所示。

图 14-4　实验人员向受验者说明实验流程

2. 呈现刺激

实验人员将需要评判甜度的糖溶液随机、有序地呈现在受验者面前，受验者饮用糖溶液后，进行甜度评估。实验场景示意如图 14-5 所示。

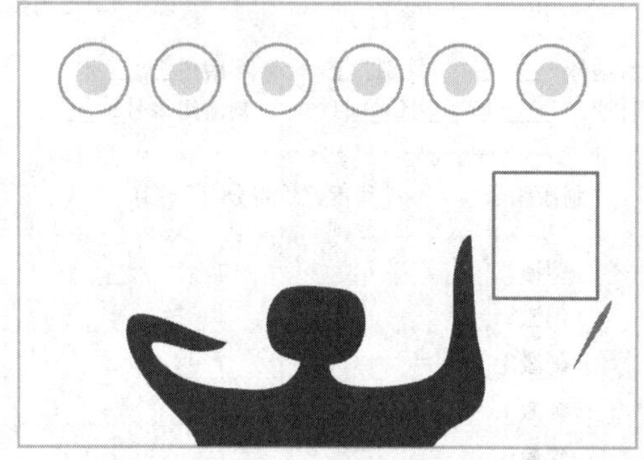

图 14-5　呈现刺激

3. 记入调查用纸

将受验者回答的感知量如实记录在表中。如果采用电子版进行记录汇总，建议使用电子版问卷而非直接使用 Microsoft Excel 进行记录，因为后者容易记录错行，从而产生较大的实验误差。

实验的注意事项：实验中，受验者有可能忘记了标准刺激。但实验中反复显示标准刺激，取得多次的反应数值可以帮助研究人员得到可信赖的统计结果。或者不显示标准刺激，让受验者说出第一时间感知的数值，并且要求对后续刺激的判断都是相对于这个标准值进行的，这样也比较可靠。

14.2.4　数据分析

1. 汇总结果、取中间值

汇总全部 83 名受验者的实验结果，将实验获取得到的心理量值求中间值或几何平均值，来减少受验者间的差异，获取更准确的值。

新建Excel空白文档，录入数据后，将鼠标指针定位到某一空单元格，在编辑栏中输入"＝某函数(数据源)"进行数据的计算(参见第4章图4-6)。其中，MEDIAN和GEOMEAN函数可以分别用来计算中位数和几何平均数。比如，如果数据范围为从B2到B84，输入"＝MEDIAN(B2：B84)"。此实验取中位数，计算出每组被试对每个刺激量估计的中位数，得到表14-4。

表14-4　计算不同刺激感觉量的中位数和几何平均数

刺激编号	组号	受验者1	受验者2	……	受验者83	中位数
1-1	1	1	0.2	……	2	0.4
1-2	1	1.5	2	……	3	1
1-3	1	3	5	……	6	2.3

2. 取 *R* 值、*S* 值的对数

*R*和*S*分别代表人的心理量和刺激的变化量。当取*R*值、*S*值的对数时，式(14-1)将转变为式(14-2)，可以发现，此公式符合一般直线式的形式，便于从图像上进行线性拟合。对各个刺激获得的数据进行*R*值和*S*值的对数计算，得到表14-5。

$$\log R = n\log S + \log k \tag{14-2}$$

表14-5　求 *R* 值、*S* 值的对数(山梨醇，第一组)

刺激编号	组号	S	$\log S$	R	$\log R$
9-1	1	0.11	−0.96	0.5	−0.30
9-2	1	0.22	−0.66	1.2	0.08
9-3	1	0.45	−0.35	3.6	0.56
9-4	1	0.91	−0.04	10	1.00
9-5	1	1.89	0.28	20	1.30
9-6	1	3.09	0.49	30	1.48

3. 求直线回归式

如图14-6所示，参数$\log S$和$\log R$构成的图像为散点图，其分布接近在一条直线上。使用Excel的"添加趋势线"功能，可以快速求得其直线回归式。在设置趋势线格式中，勾选"线性"、显示公式、显示*R*平方值三个选项，其他保持默认，可以获得直线回归式：

$$y = 1.2605x + 0.9454 \tag{14-3}$$

4. 求幂函数

将上一步骤中获得的直线回归式中的y替换为$\log R$，x替换为$\log S$，得到公式(14-1)中的$k=8.82$，$n=1.26$，求得心理量和刺激变化量之间的幂函数关系。

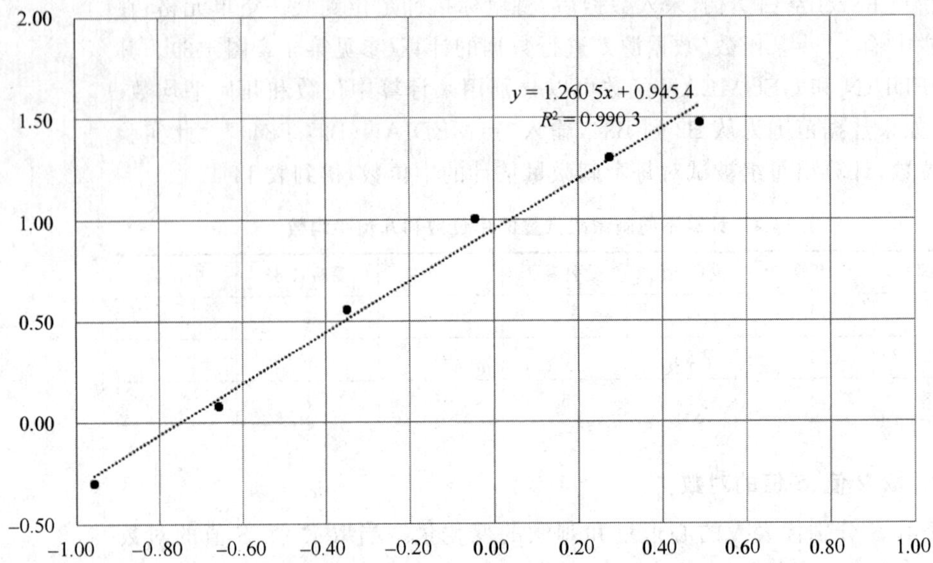

图 14-6　心理量和刺激变化量的对数的直线回归式（山梨醇，第一组）

5. 制作 ME 值图

在 Excel 的 A1～A6 一列填充 0.1、0.2、0.4、0.8、1.6、3.2，作为 S。在 B1 中输入公式：=8.82 * POWER(A1,1.26)，回车后下拉，获得 B1～B6 对应的值，作为 R。绘制散点图，如图 14-7 所示。

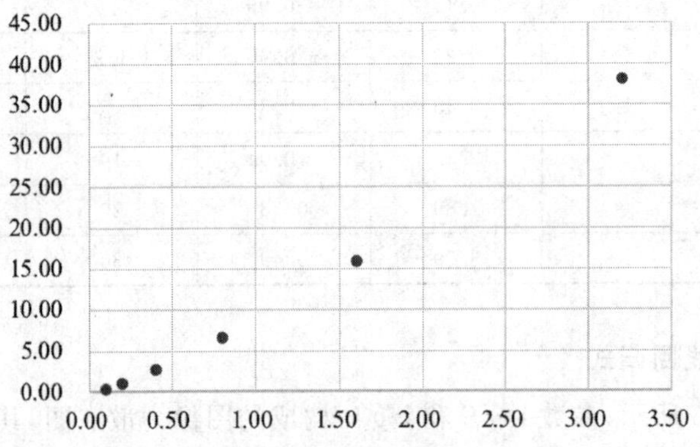

图 14-7　甜度的物理量与心理量 ME 值图

6. 制作对数图

调整上一步骤中绘制的散点图，其横纵坐标轴的格式为对数刻度，得到对数图如图 14-8 所示。

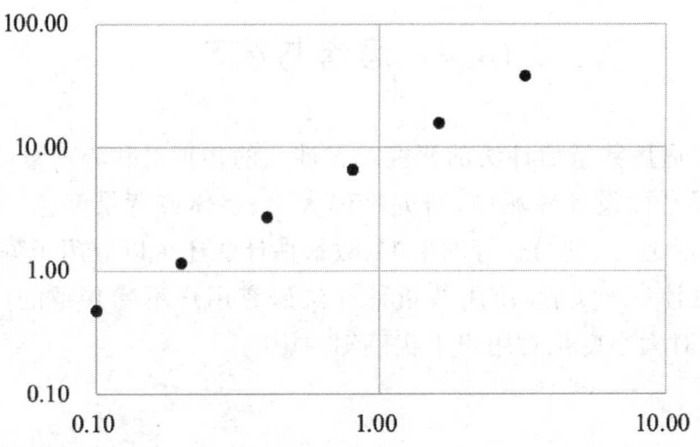

图 14-8 甜度的物理量与心理量对数图

14.2.5 讨论与总结

1. 讨论

通过检验15种糖在不同浓度下的甜度估计值,发现中位数估计值并不稳定,表明人对低浓度的糖溶液存在感知差异。通过文献回顾,发现无论以摩尔浓度百分比还是以量度来计,蔗糖和果糖都是最甜的糖。而对于其他的糖,浓度的量度影响相对甜度的顺序。当使用摩尔浓度时,较重的糖(低聚糖),例如麦芽糖和乳糖,比较轻的单糖更甜;而按重量百分比,顺序则相反。

2. 总结

实验选取的16种糖的甜度的中值幅度估计值均随着浓度的幂函数的增大而增大。通过中位数绘制的线的斜率为1.3,即式(14-1)中的幂指数为1.3。

14.3 数量估计法的优缺点

数量估计法可以直观地用一个简明的公式来表达感觉,非常简洁。其中,刺激变量通过某属性来刺激人产生感觉,其必须满足某属性可以被量化、主要引起人的感觉变化这两个条件,这是数量估计法的局限性,也是其缺点。比如研究两首钢琴演奏的乐曲对人的刺激时,就不能使用这一方法了,因为音乐引发人的感觉的机制是复杂的,两首钢琴曲这一变量仅具备名义差别,无法被直接量化。如果简单从音高上进行量化,是不够全面的。

14.4 思考与练习

1. 思考适用数量估计法的研究主题涉及的物理量和心理量的特征。

2. 除了平面设计领域中,研究字体大小、字体或背景颜色、放射轮密集度等对于人舒适度、刺激感等的影响,数量估计法还可以应用于哪些情境?

3. 请设计一个实验,使用数量估计法研究用户不感兴趣的广告内容在页面中的相对大小变化对用户干扰感知的影响。

第 15 章　正规化顺位法

想要对便于一次性比较的内容进行排序的时候，使用正规化顺位法。

15.1　正规化顺位法的基本概念

1. 顺位法

顺位法，又称秩位法，是根据评价目的对所提供的样本作出优劣的评判，并一次性排列其在某一方面表现上的高低顺序[71]，获得样本的顺位数或秩位数的方法。

2. 正规化顺位法

正规化顺位法，指的是对刺激在某方面的表现程度进行排序比较，适用于便于一次性比较的内容，也可以用于探索不同刺激是否符合研究员设定的基准。同时，由于因变量属于人的心理感受量，所以这种方法还将检测排序是否符合正规分布的差异。

实验时，针对设定的基准，准备不同的图像作为刺激物，在受验者面前随机排列，让受验者将这些图像排列成与基准符合的顺序。使用数理统计的方法，分析结果得到相对基准的排序，并鉴定其差异。适用于这种方法的刺激变量集中在视觉方面，比如对比某一新上市产品的几个宣传广告制作方案，或者广告放置位置如何引发消费者进一步的行为。如图 15-1 所示，对比几个不同角度、颜色的 Logo 方案，选择更适用于目标品牌的设计方案。

图 15-1　不同的 Logo 方案

3. 实施的必要条件

这种方法选用的刺激所占空间尺寸要比较小,可以参考人的视野范围决定,需要至少 20 人作为受验者。数据分析推荐使用 Microsoft Excel 进行。

15.2 研究实施的一般步骤

一般的,正规化顺位法的步骤如图 15-2 所示。

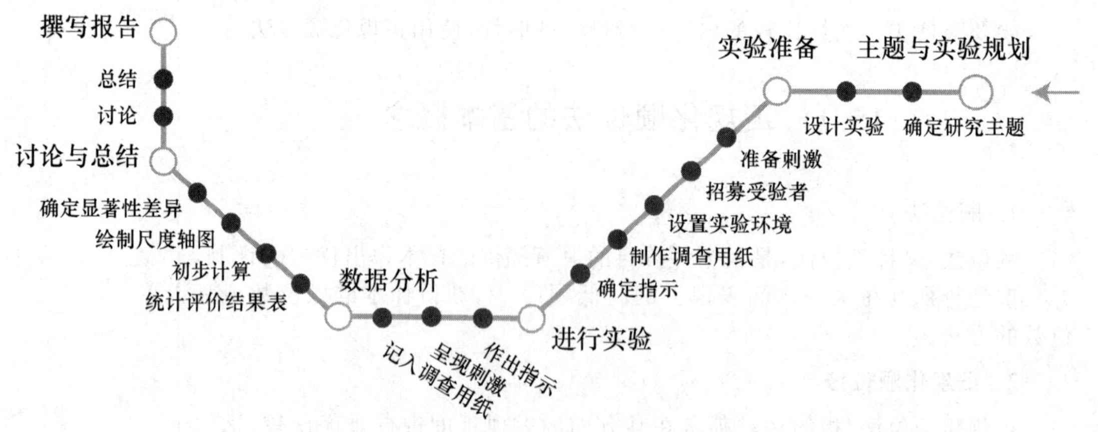

图 15-2 正规化顺位法的实施步骤

15.2.1 主题与实验规划

1. 确定研究主题

随着智能手机的普及,拍景、自拍渐渐成为一种潮流,居家、旅游、用餐,无论何时何地都可以拿起手机拍摄。滤镜风格各异,女性作为使用滤镜的一大群体,其滤镜选择偏好是怎样的呢？在这里,我们选取了手机上比较受女性喜欢的 B612® 软件,并根据滤镜风格差异选取其中五个滤镜。由此确定研究主题:确定黄皮肤女性在亮光条件下进行自拍时所选滤镜的偏好①。

正规化顺位法中主题设定的要点是:

(1) 明确让人产生印象的刺激是什么;

(2) 了解对于刺激排序时的人为移动不会给实验本身带来本质上的变化。

2. 设计实验

让 20 位年轻女性使用特定软件的特定滤镜进行自拍,并让其对自拍照片排序,通过正规化顺位法来求得女性对于自拍滤镜的偏好。

从研究主题入手设计实验,如表 15-1 所示。

① 实验材料来自"设计研究方法"课程 19 级研究生李桐作业,有一定改动。

表15-1 实验设计

步骤名称	步骤内容
对有趣的现象提出疑问	不同的滤镜颜色、算法不同，可以呈现风格特异的人像效果，给人不同的感觉印象
确定研究对象	受年轻女性喜欢的滤镜风格
确定对象的印象特征	喜爱感
确定实验对象	B612®的六种滤镜风格
实验对象特征	B612®主张“点缀你的自然美”，提供自然美颜时尚妆容等，拥有众多女性用户
准备实验	

15.2.2 实验准备

1. 准备刺激

下载B612® 自拍软件，其中滤镜分为自然、假日、美食、元气、经典、爆款六个主题，从自然、假日、经典、爆款四个主题中选择“汽水”“SM2”“曾经”“R2”“颗粒1”这5种滤镜风格（如图15-3所示）。实验时，受验者使用提供的苹果手机B612®应用进行正面角度自拍，由实验人员截取同一张自拍图片的五种滤镜照片，发送到iPad端后导入Microsoft PowerPoint软件，排列在一页PPT上供受验者进行排序。

图15-3 刺激图片（测试时使用受验者自拍图片，从左到右依次为：原图、汽水、SM2、曾经、R2、颗粒1）

2. 招募受验者

受验者人数在20人以上，平时有使用自拍软件的经验。

设定受验者的要点：从实验当中明确要做的事情，来考虑被试验者的选定。不要随意偏向特定的年龄、性别或职业。

- 人数：20名；
- 年龄层：20～30岁；
- 男女比例：男性0名，女性20名；
- 职业：本科生、研究生。

3. 设置实验环境

实验地点在北京邮电大学教二楼101B室内。实验进行时，保持开灯数量不变，使用窗帘阻隔自然光。使用固定朝向的桌椅作为实验进行的桌椅环境。如有空调条件，可设定温度为 26 ℃。

4. 制作调查用纸

一般的，正规化顺位法的调查用纸需要包含受验者编号、性别、年龄栏，填写排序结果的顺序框。每次实验结束时，由实验人员将排序结果填入方框中。正规化顺位法可以采用图 15-4 所示的调查用纸进行实验。

受验者编号：_____　性别：___　年龄：_____
实验日期：_____年 ___ 月___ 日

□□□□□□

图 15-4　正规化顺位法调查用纸

5. 确定指示

在实验者引导下，受验者在同一室内环境下用同一设备的原图模式拍下一张自己满意的自拍人像照片。例如，“实验开始，请使用这台设备进行自拍”。

实验者对该照片进行以上五种滤镜的处理后在屏幕上同时呈现五张不同效果的照片和原图照片，顺序随机，请受验者按照自己的喜好程度排序，实验者记录结果。例如，“请按照您的喜好对照片进行排序，将顺序告知实验人员，由实验人员辅助您排序。”

在该实验结束后进行半结构化访谈以了解受验者这样排序的原因。

15.2.3　进行实验

1. 作出指示

按照制定的指示，在实验开始前和实验步骤引导时做出统一的指示。

2. 呈现刺激

将受验者自拍的图片使用五种滤镜后的截图发至 Mac 端进行处理后，使用 iPad 进行刺激呈现，示意如图 15-5 所示。由实验人员指示受验者进行排序。

3. 记入调查用纸

将排序结果记入图 15-6 所示的调查用纸中。

指导:

请将图片挪动到下面的排序方框中，从左到右，按照您的喜好度由低到高给您的自拍图片进行排序

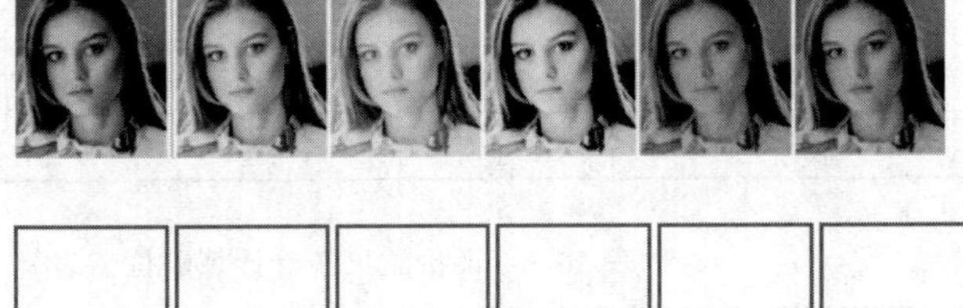

低喜好度　　　　高喜好度

图 15-5　在 iPad 端呈现刺激

受验者编号:_____　性别:___　年龄:_____

实验日期:_____年 ___月 ___ 日

C	A	D	B	E	F

图 15-6　记入数据

15.2.4 数据分析

1. 统计评价结果表

整理不同被试对于不同滤镜的喜好度排序,如表 15-2 所示。

2. 初步计算

新建 Excel,制作顺位值表。本实验中,顺位值表如表 15-3 所示。其中,滤镜顺位(rl)指的是滤镜的排序位数,比如,滤镜顺位中的 1 指的是在排序中将某个滤镜选择为第一位。$\sum$(fkl)指的是某个顺位值下,各个滤镜被选择的频数的合计,这个值和受验者的人数是一致的。

表 15-2 评价结果统计记录表

			受验者编号																			
			1	2	3	4	5	6	7	8	9	10	11	12	13	14	15	16	17	18	19	20
滤镜	A	原图	2	6	3	2	4	6	5	2	3	4	5	6	5	2	6	3	3	2	1	6
	B	汽水	4	5	5	5	5	3	6	4	2	5	3	1	2	6	2	5	5	5	5	1
	C	SM2	1	1	2	1	1	1	1	3	1	1	4	4	4	5	1	1	1	3	6	3
	D	颗粒 1	3	2	1	4	2	4	3	1	5	3	2	2	3	3	4	6	6	1	3	2
	E	R2	5	3	4	3	3	2	2	6	6	2	6	3	6	1	3	2	2	4	2	4
	F	曾经	6	4	6	6	6	5	4	5	4	6	1	5	1	4	5	4	4	6	4	5

表 15-3 评价结果统计计算顺位值表

滤镜顺位 rl	顺位值 Rl	原图	汽水	SM2	颗粒 1	R2	曾经	$\sum$(fkl)	百分位值 Pl	偏差率 kεl
1										
2										
3										
4										
5										
6										
$\sum$(fkl)										
$\sum$(fkl×kεl)										
尺度值 R										
方差 S^2										

统计每种滤镜被排在第几个位置的个案数，录入统计表。比如，将原图排在第二顺位的有 5 人，则将“5”填入滤镜顺位值为 2、滤镜种类为原图的交叉单元格中。

计算滤镜的顺位值 Rl，由公式(15-1)可知，顺序越靠前，顺位值越高。

$$\mathrm{Rl}=n-\mathrm{rl}+1 \tag{15-1}$$

在式(15-1)中，n 为滤镜个数，rl 为滤镜顺位号。

正规分布表

接下来，根据式(15-2)计算百分位值 Pl，用以将顺位映射到百分位上。

$$\mathrm{Pl}=\frac{(\mathrm{Rl}-0.5)}{n}\times 100 \tag{15-2}$$

然后，计算偏差率 kεl，其由《正规分布表》确定。其中，当百分位值为 75 时，选择《正规分布表》中 0.25 和 0 的交叉数字 0.674 49，一般我们保留三位小数，因此是 0.674。

最后，根据式(15-3)计算尺度值 R。

$$R=\frac{\sum(\mathrm{fkl}\times \mathrm{k\varepsilon l})}{\sum(\mathrm{fkl})} \tag{15-3}$$

式(15-3)中，分子为顺位与偏差率之积的合计，可以根据式(15-4)进行

计算。

$$\sum(\text{fkl} \times \text{k}\varepsilon\text{l}) = \text{fk}1 \times \text{k}\varepsilon 1 + \text{fk}2 \times \text{k}\varepsilon 2 + \text{fk}3 \times \text{k}\varepsilon 3 + \cdots + \text{fk}n \times \text{k}\varepsilon n \tag{15-4}$$

式(15-4)可以看成一个面积公式或一个体积公式。其中,kεl 是一个单调递减函数,自变量为 εl;εl 与顺位值成反比;fkl 为顺位对应的频数。式(15-3)中,∑(fkl)为固定值 20,则尺度值与∑(fkl×kεl)成正比。也就是说,尺度值与顺位、εl、kεl、频数构成的体积成正比。即顺位越靠前、频数越大,R 值越大。

最后,得到评价结果统计计算表如表 15-4 所示。

表 15-4 评价结果统计计算表

滤镜顺位 rl	顺位值 Rl	原图	汽水	SM2	颗粒 1	R2	曾经	∑(fkl)	百分位值 Pl	偏差率 kεl
1	6	1	2	11	3	1	2	20	91.67	1.405
2	5	5	3	1	5	6	0	20	75	0.674
3	4	4	2	3	6	5	0	20	58.33	0.228
4	3	2	2	3	3	3	7	20	41.66	−0.228
5	2	3	9	1	1	1	5	20	25	−0.674
6	1	5	2	1	2	4	6	20	8.33	−1.405
∑(fkl)		20	20	20	20	20	20			
∑(fkl×kεl)		−3.816	−4.044	14.050	4.785	−0.389	−10.586			
尺度值 R		−0.191	−0.202	0.703	0.239	−0.019	−0.529			
方差 S^2		0.753	0.637	0.752	0.596	0.673	0.641			

3. 绘制尺度轴图

根据尺度值绘制尺度轴图如图 15-7 所示。

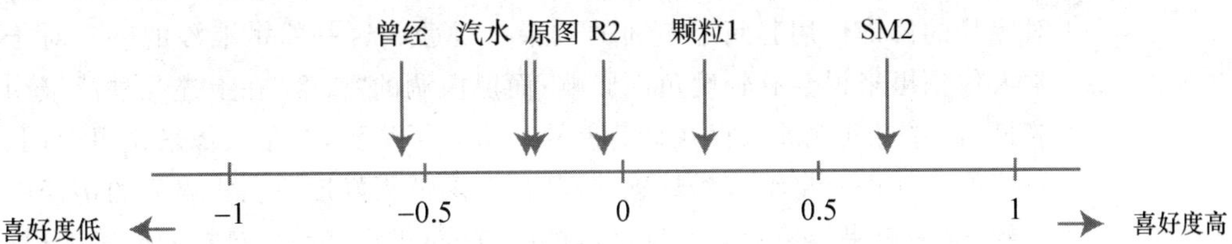

图 15-7 未标注 p 值信息的尺度轴图

4. 确定显著性差异

首先,根据式(15-5)计算方差 S^2,然后根据式(15-6)计算 t_0。方差 S^2 表示离散程度。计算得到方差之后,计算 t_0,通过与 t 分布临界值进行比较,确定显著性差异。对尺度值进行差异显著性检验,可用于确定在各个滤镜中,哪两个滤镜之间偏好程度具备显著性的差异。

t 分布临界值表

$$S^2 = \frac{1}{\sum(\mathrm{fkl})} \times \left(\sum\{\mathrm{fkl} \times (\mathrm{k\varepsilon l})^2\}\right) - R^2 \tag{15-5}$$

$$t_0 = \frac{R_x - R_y}{\sqrt{\sum(\mathrm{fkl})(S_x^2 + S_y^2)}} \times \sqrt{\sum(\mathrm{fkl})\{\sum(\mathrm{fkl}) - 1\}} \tag{15-6}$$

获得 t_0 后，判断显著性差异的语句为：

IF t_0(X,Y)＜t(2n－2,m)，THEN "X 与 Y 在 m 水平上显著相关，无显著差异存在"，ELSE "X 与 Y 在 m 水平上显著无关，有显著差异存在"

其中，X 和 Y 是名义变量，为不同滤镜，取值不可以相同。置信水平值 m 可以取 0.01 或 0.05。

进行鉴定后，认为"SM2"的喜好度与"颗粒 1"相比存在显著倾向差异，"曾经"这一黑白滤镜的喜好度存在负面印象，并与"汽水"存在显著性差异。绘制尺度轴图如图 15-8 所示。

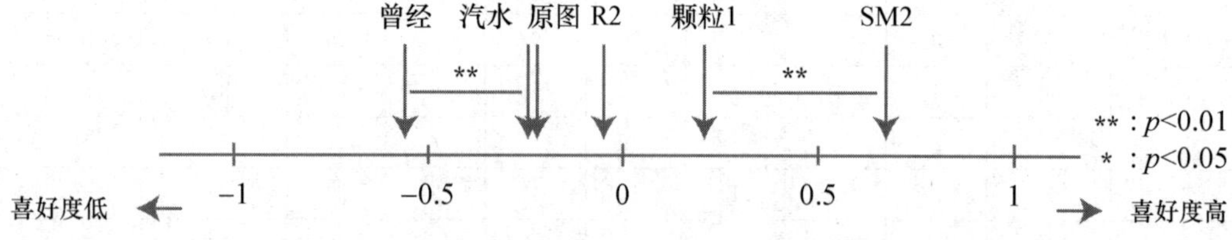

图 15-8　标注了 p 值的尺度轴图

15.2.5　讨论与总结

1. 讨论

目前青年女性群体在人像自拍时对滤镜的喜好更倾向于自然明亮一类的风格或体现高级感的轻复古风风格，在不失真的前提下对人像皮肤状态进行较大改善。"汽水"和"曾经"这两个滤镜喜好度低于"原图"，即这两个滤镜对照片的修饰作用起到了负面的效果。"汽水"这一粉嫩浪漫的感觉对于日常人像拍摄来说会有轻度负面影响；而黑白调的"曾经"在上述几种滤镜中排名最后，并与其他效果存在显著差异。可以了解到，对于人像来说黑白调、强对比度的处理效果给人酷炫感的同时，会降低喜好度。在实验后的访谈中了解到，这种效果容易给人死气沉沉的感觉，与年轻、活力、自然的审美不相符。

2. 总结

受验者对上述五种类型滤镜和原图的喜好程度整体结果为：SM2（自然明亮）＞颗粒 1（轻灰复古）＞R2（胶片质感）＞原图＞汽水（粉嫩浪漫）＞曾经（黑白冷酷）。可以认为，自然的滤镜更受年轻女性喜爱。相对的，冷酷型风格、色彩暗淡甚至是黑白的滤镜较为不受喜爱，过于粉嫩而丧失个人特点的滤镜相对不那么被青年女性喜欢。滤镜对图片的修饰作用要恰如其分，过于虚假则不易受到欢迎。从滤镜选择上可以看出，年轻女性的审美趋向于合理范围内色彩自然明亮，同时注重个性的心理特点。

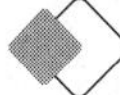

15.3　正规化顺位法的优缺点

正规化顺位法一次可对多个样本作出评价，但样本较多时，难以判别样本间微小的差异。同时，这种方法带给受验者的负担比较小，分析的运算量小，实验操作会比较简单，但分析精度一般。

15.4　相关研究：LCD 屏幕明朝体的易读性与喜好度研究

日本人机工学研究所的久保田聪在 2015 年日本人机工学学会第 56 届年会上做了一份关于高精细度 LCD 屏幕上明朝体使用的研究报告。该研究使用了正规化顺位法来获取受验者所感知的字体易读性与喜好度。

1. 研究目的

在日本墨水屏阅读器中常常使用明朝体作为默认字体，那么对于高精细度 LCD 屏幕来说使用什么字体更适合阅读、更容易获得使用者的视觉舒适感呢？这项研究以明朝体字体在高精度 LCD 上的呈现作为刺激对象，进行主观评价实验，以探讨易读性较高的明朝体的细节特征。

2. 研究方法

研究采用了苹果的 iPad 进行刺激设计，将 5 个 iPad 排成两排放在倾斜的木板上进行呈现。让 20 名 20～24 岁的受验者对 10 种字号相同、粗细不同的明朝体进行偏好上的排序，评价尺度从－3～3。

3. 研究结论

这项研究了解到，在字体的可读性上，字体越粗，评价越高。在字体的喜好度上，没有显著的特点来表明哪些特征的字体更容易被喜欢。

15.5　思考与练习

1. 简述正规化顺位法的主要实验步骤。
2. 思考正规化顺位法在实验实施时的注意点。
3. 请设计一个实验，使用正规化顺位法分析男性对于圆润度不同的水杯的偏好。

第 16 章　成对比较法

想要排序比较，但刺激不方便一次性排完的时候，使用成对比较法。

16.1　成对比较法的基本概念

1. 成对比较法简介

成对比较（Pairwise Comparison）法，即 PC 法，又称一对一比较法，指的是对两个以上的刺激变量进行逐对比较，然后获取在因变量水平上表现程度的方法。在这一方法中，刺激变量作为自变量，不方便一次性进行比较排序。在刺激变量较少时，可以设置多个因变量进行评价。

进行实验时，每回逐次取出两个，让受验者回答哪一个更好；或者固定其中一个作为基准刺激，对另一个刺激变量作出评价，实验的过程示意如图 16-1 所示。实验数据的分析包含两部分：分析所有受验者的数据，得到各个刺激在因变量水平上的大小顺序；对刺激之间是否存在有效差异进行鉴定。

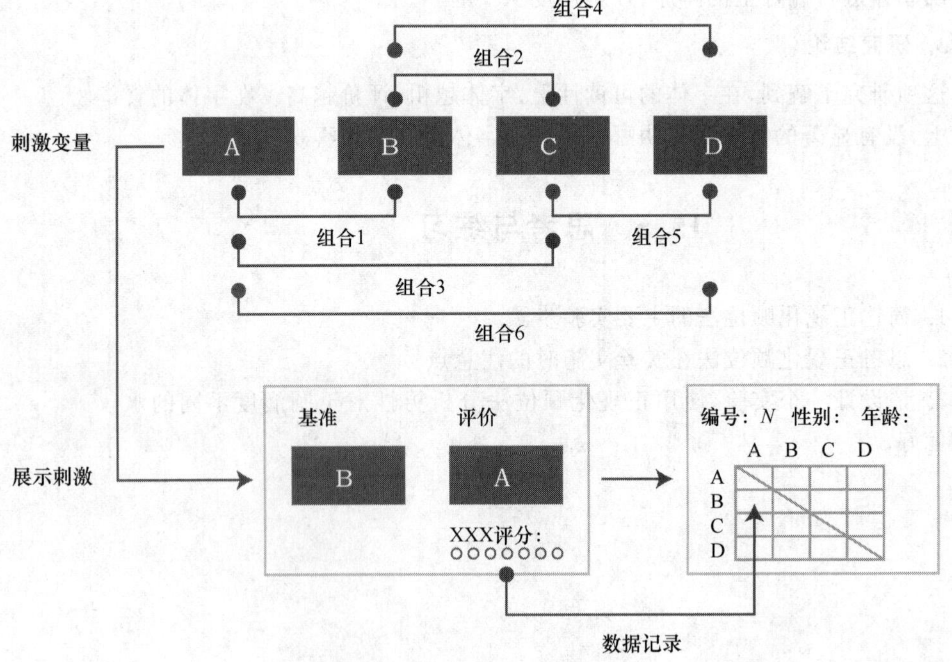

图 16-1　成对比较法概念图解

这种方法适用的主题有：对于不同的饮料瓶形状，哪个更为消费者喜欢；什么样的文字间隔可以让文章阅读起来更舒服；什么样的底色和字的颜色组合阅读起来更舒服。通过成对比较法可以得到被试在刺激下的偏好，并且这种方法还适用于无法一次性排完序的刺激，适用性更广泛，因此这是一个更为实用的实验方法。

2. 实施的必要条件

这种方法适用于以下刺激类型：视觉刺激、听觉刺激、嗅觉刺激、味觉刺激、触觉刺激。一般的，需要至少 20 人作为受验者。数据分析推荐使用 Microsoft Excel 进行。

16.2　研究实施的一般步骤

一般的，成对比较法的步骤如图 16-2 所示。

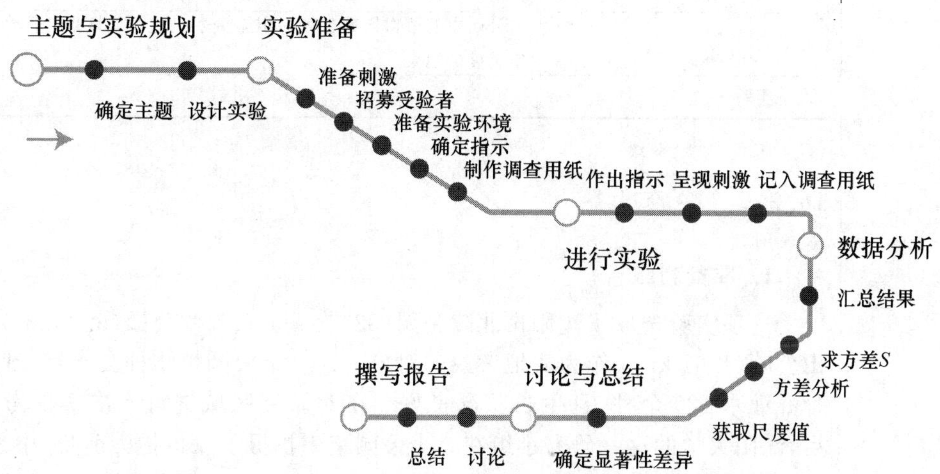

图 16-2　成对比较法的实施步骤

16.2.1　主题与实验规划

1. 确定主题

公园植物景观的形态、排布不同，会给人不同的感觉。沈阳农业大学的一项研究[72]以沈阳市公园植物景观为评价对象，基于公众审美偏好，测定其景观美景度并比较通常被采用的三种测定、统计方法。这三种方法分别为美景度评估(Scenic Beauty Estimation，SBE)法、平均值(Average Visual Quality，AVQ)法和成对比较法。由研究的文献调研结果可知，这些方法在获取美景度量中经常被使用，属于心理物理学测定与统计方法。

因此确定主题为：沈阳城市公园植物景观中，哪种植物景观更符合公众审美？

主题设定的要点为：

(1) 明确要研究什么样的刺激对人的感知影响；

(2) 寻找将刺激呈现比较的媒体，比如纸上的图像、屏幕上的视频等，并确认实验的本质没有变化。

2. 设计实验

从研究主题入手设计实验，如表 16-1 所示。

表 16-1 实验设计

步骤名称	步骤内容
对有趣的现象提出疑问	公园的植物景观设计有很多种类型方式 同样都是公园，给人的感觉和印象会随着植物景观设计的不同而改变
确定研究对象	城市公园中已经设计完成存在的植物景观造型
确定研究对象的印象特征	最符合沈阳市市民审美的园林植物景观造型
决定实验对象和刺激的种类	沈阳市的几处植物园林景观作为实验对象，设定 15 种刺激
建立假设	公园中的植物景观造型中，比较奇特的造型应该是最符合公众审美度的吧
准备实验	

16.2.2 实验准备

1. 准备刺激

这项实验选取了沈阳市北陵公园(32.74 km^2)、南湖公园(5.2 km^2)和中山公园(1.61 km^2)作为实地考察的对象。这三个公园植物种类丰富，现有各种乔灌木 120 余种，且生长状况良好。在对研究区域进行多次实地考察之后，沈阳大学的这一研究小组在 3 个公园集中拍摄了以植物为前景、中景，但背景不回避公园或城市其他积极或消极因素的照片 150 余幅，拍摄时间为 9：00 到 16：00，拍摄使用装有 35 mm 镜头的 Canon EOS 300D 数码相机，并在天气晴朗的前提下，不用闪光灯，在相同的高度、方向、垂直视角等技术规程规定下完成。实验时拍摄的照片材料、拍摄角度可参考图 16-3。

图 16-3 适合的实地照片材料

沈阳大学的这一研究小组选择 150 余幅照片中能够反映不同植物组成、密度、高度、背景等植物景观要素特征的 50 张照片作为评价样本，随机打印在 A4 彩印纸上，每张 4 幅，示意如图 16-4 所示，并装订成册。评判对象为 50 个评判样本。其中，由于 PC 法中样本数量过大时对于实验操作、统计分析会带来较大压力，因此从 50 个评判样本中取出来自北陵公园的 15 个横向拍摄样本，作为 PC 法实验的刺激变量。

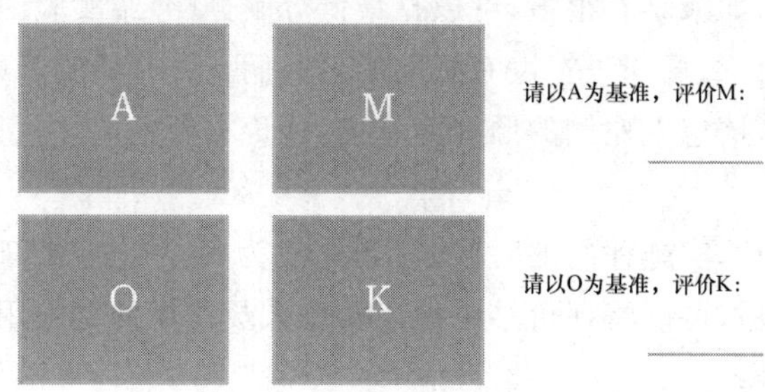

图 16-4　成对比较法实验所用刺激材料示意

当刺激数量较少时，每一对组合都应该被评价。但由于这项实验刺激样本太多，因此进行了随机处理。

2. 招募受验者

沈阳城市公园植物景观美景度研究实验中，研究人员随机选择 5 名专业人员来作为实验的受试者，完成美景度测定。

- 人数：5 名；
- 年龄层：不限；
- 男女比例：不限；
- 职业：不限。

3. 准备实验环境

实验环境应当基本满足以下条件：安静、照明环境良好、无自然光变化干扰，以控制实验无关变量（比如，声音干扰引发的注意力与情绪变化、光干扰引发的图像反射光变化）。同样的，在进行嗅觉刺激实验时应当注意控制空气是否沉闷、有异味，以实现良好的可重复性。实验环境整体保持整洁，示意如图 16-5 所示。

图 16-5　实验环境示意图

4. 确定指示

在评判开始前需要以标准化的方式向评判者进行解释说明，以确保不同的受试者能够获得一致的、无缺漏的实验指导。指导语示范如下：

从现在开始，我们进行以“更符合公众审美的沈阳城市公园植物景观”为主题的评价实验(介绍实验主题)。接下来我们会将 8 张 A4 纸陆续发给您，您需要对 A4 纸上右侧的照片进行打分：作为城市公园植物景观，右侧照片中的造型是否更具备美感？如果右侧的照片比左侧的照片好看很多，您可以打最高分 9 分；如果难看很多，可以打最低分 1 分(介绍实验内容)。

请问还有什么疑问吗？没有疑问的话我们正式开始实验(询问受验者是否存在疑问)。请您以左侧的照片为基准，评价右侧的照片(引导受验者进入实验状态)。

另外需注意，实施评判的时候，评判速度为每个(组)评判样本 8～10 s。在一轮结束之后，可以将评价结果填入实验人员所用的调查用纸中。

5. 制作调查用纸

制作实验所需问卷调查用纸(如图 16-6 所示)，问卷采用 1～9 比例标度法进行设计，1 表示评判样本 i 和 j 一样好；3 表示评判样本 i 和 j 比稍微好；5 表示评判样本 i 和 j 比较好；7 表示评判样本 i 和 j 比很好；9 表示评判样本 i 和 j 比非常好；2、4、6、8 表示相邻判断的中间值。除了 1～9 比例标度法，还会经常采用 −3～3 比例标度法，后者具备 7 个等级、两个极端、一个中点。

受验者编号:______ 性别:____ 年龄:______

实验时间:____ 年__月__日

组合	基准刺激	评价刺激	评价得分
1	G	J	
2	I	E	
3	F	J	
4	N	D	
5	J	F	
6	N	I	
7	C	L	
8	A	C	
9	H	K	
10	F	A	
11	M	L	
12	D	O	
13	F	M	
14	H	D	
15	H	E	
16	O	B	
17	E	N	
18	A	E	
19	D	N	
20	H	M	

受验者编号:______ 性别:____ 年龄:______

实验时间:____ 年__月__日

组合	基准刺激	评价刺激	评价得分
1	G	J	
2	I	E	
3	F	J	
4	N	D	
5	J	F	
6	N	I	
7	C	L	
8	A	C	
9	H	K	
10	F	A	
11	M	L	
12	D	O	
13	F	M	
14	H	D	
15	H	E	
16	O	B	
17	E	N	
18	A	E	
19	D	N	
20	H	M	

图 16-6　成对比较法的调查用纸(I 型)

除了实验人员所用的交叉表形式的调查用纸，还会采用另一种形式的调查用纸，用于由受验者填写、在实验结束后由实验人员进行汇总、整理、录入。如图16-7所示，如果需要测试的组合较多，并且不影响受验者进行对比判断，可以将两个组合、四张图片放在同一页调查用纸上；一般地，我们会认为图16-7中第二份调查用纸更加可靠，因为受验者在比较时不会受下一组合或上一组合的干扰。

第一份

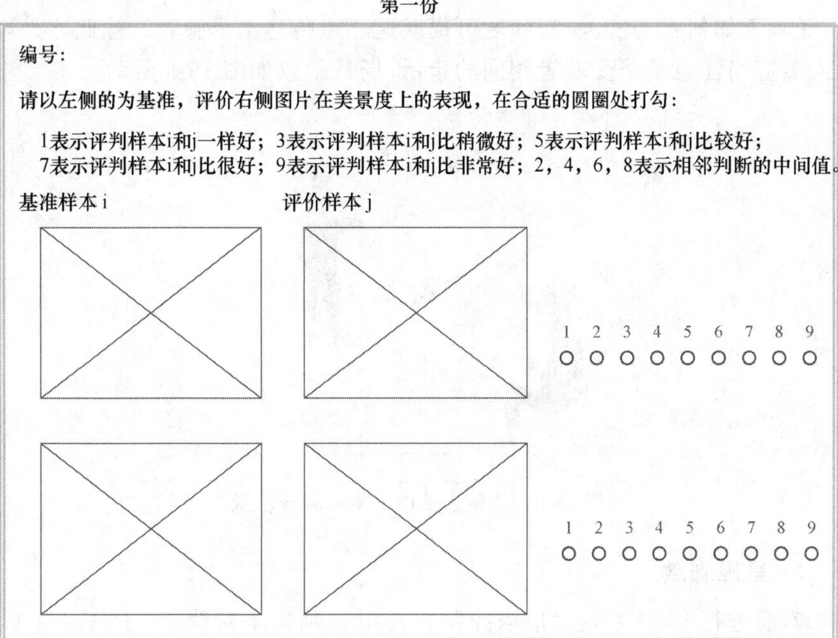

编号:

请以左侧的为基准，评价右侧图片在美景度上的表现，在合适的圆圈处打勾:

1表示评判样本i和j一样好；3表示评判样本i和j比稍微好；5表示评判样本i和j比较好；
7表示评判样本i和j比很好；9表示评判样本i和j比非常好；2，4，6，8表示相邻判断的中间值。

基准样本 i　　评价样本 j

1 2 3 4 5 6 7 8 9
○ ○ ○ ○ ○ ○ ○ ○ ○

1 2 3 4 5 6 7 8 9
○ ○ ○ ○ ○ ○ ○ ○ ○

第二份

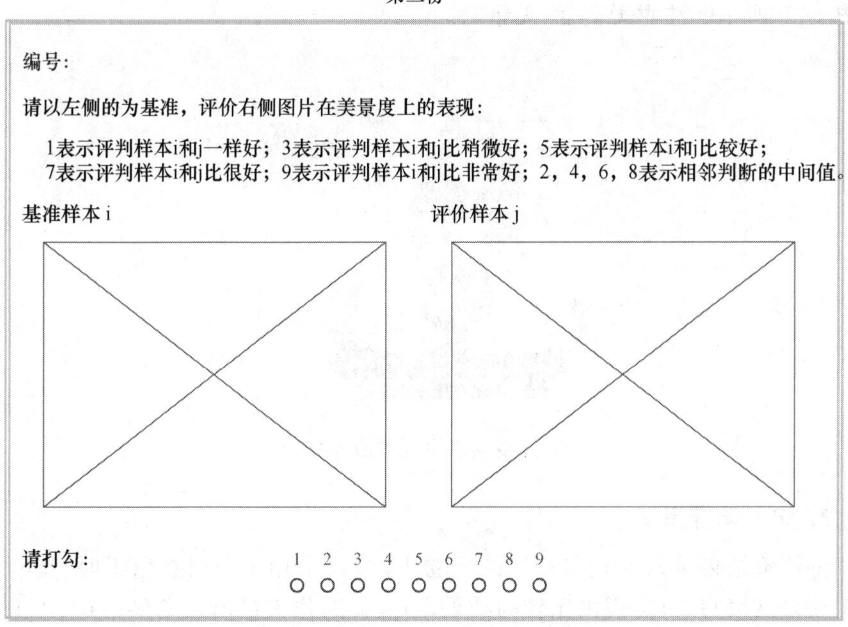

编号:

请以左侧的为基准，评价右侧图片在美景度上的表现:

1表示评判样本i和j一样好；3表示评判样本i和j比稍微好；5表示评判样本i和j比较好；
7表示评判样本i和j比很好；9表示评判样本i和j比非常好；2，4，6，8表示相邻判断的中间值。

基准样本 i　　评价样本 j

请打勾:　1 2 3 4 5 6 7 8 9
○ ○ ○ ○ ○ ○ ○ ○ ○

图16-7　成对比较法的调查用纸(II型)

16.2.3 进行实验

在实验开始前，给予受验者一定的适应实验环境与休息的时间，休息时间一般持续 15～60 s。填写《实验协议书》后，实验研究人员作出指示。

1. 作出指示

作出的指示无须严格依循之前制定的实验指导语，但一定要将实验主题、受验者如何参与实验、有问题可提问这三点传达给受验者。除此之外，实验人员应当注意给予受验者相同的指示，场景示意如图 16-8 所示。

图 16-8　实验人员作出指示场景示意

2. 呈现刺激

实验进行时，评判速度应当控制在每组评判样本持续 8～12 s。由工作人员按照预先确定的随机顺序将对比对象摆放在受验者前面的桌子上，示意如图 16-9 所示。注意无重复、无错漏。

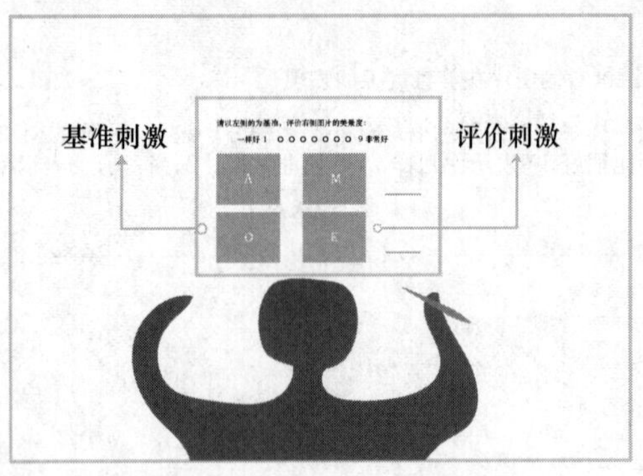

图 16-9　受验者拿到刺激并打分

3. 记入调查用纸

将评价结果填入事先准备好的问卷中，当仅采用 I 型调查用纸时，受验者无须自己填写，只需说出比较的结果，由实验工作人员填入结果；当采用 II 型调查用纸时，受验者需填写勾选，由实验工作人员进行结果的汇总整理。

16.2.4　数据分析

通过计算，得到不同样本的美景度的平均值和标准差。同时，计算判断矩阵最大特征根所对应的特征向量作为美景度代表值，结果如表 16-2 所示。由于本方法在实施时一般刺激物数量较少，不会涉及计算美景度代表值，因此此处不做过多介绍。

表 16-2　评判样本通过成对比较法计算得到的美景度代表值

样本序号 No	美景度代表值 PC index	样本序号 No	美景度代表值 PC index	样本序号 No	美景度代表值 PC index
B01	1.47	B06	0.33	B11	0.75
B02	0.41	B07	0.4	B12	1.43
B03	1.06	B08	0.55	B13	2.42
B04	0.68	B09	0.38	B14	0.63
B05	1.64	B10	0.52	B15	0.33

在此，为说明成对比较法在不进行刺激物随机处理时的操作步骤，我们假定一个新的实验。在此实验中，受验者对比五张实景图片的美景度高低。这五张图片的编号依次为 A、B、C、D、E。由于刺激变量的数量较少，因此每种组合都将被对比。每位受验者需对比 20 次，比如，A 作为基准刺激，B 作为评价刺激，对比一次可以获得一个评价数据。实验过程中，受验者回答对比结果，由实验人员进行记录。研究人员所用的记录用纸如图 16-10 所示，共记录 20 名受验者的数据。

成对比较法的记录用纸

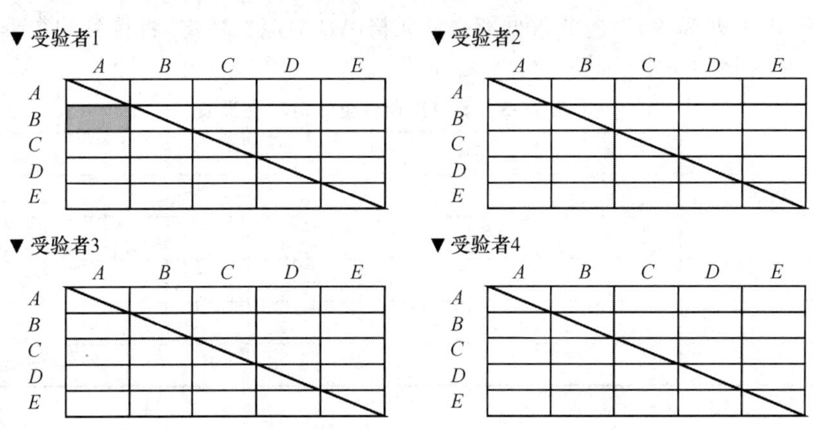

XXX实验数据记录用纸(一对一比较法，实验人员用)

指导：如浅灰色单元格，表示B作为基准刺激、放在左侧时，A作为评价刺激，获得的级别分。级别分可设置为-3到3，共7级，需在指导语中向被试说明。

▼受验者1

	A	B	C	D	E
A					
B					
C					
D					
E					

▼受验者2

	A	B	C	D	E
A					
B					
C					
D					
E					

▼受验者3

	A	B	C	D	E
A					
B					
C					
D					
E					

▼受验者4

	A	B	C	D	E
A					
B					
C					
D					
E					

图 16-10　实验数据汇总整理用纸(一对一比较法)

1. 汇总结果

将 20 名受验者的数据录入 Excel 中，如表 16-3 所示，由 Excel 汇总结果，得到 20 张表和全体汇总表(如表 16-4 所示)。其中，i 代表列、基准刺激编号，j 代表行、评价刺激编号。$X_{i,k}$ 所代表的含义是第 k 个样本数据中，当 $i=A$ 时，$j=\{A,B,C,D\}$ 的和。

表 16-3　第 k 号受验者的美景度评价交叉表($0<k<21$，k 为正整数)

	A	B	C	D	E	$X_{i,k}$
A						
B						
C						
D						
E						
$X_{.jk}$						
$X_{.jk}-X_{i.k}$						$X_{..k}$

表 16-4　美景度评价全体交叉汇总表

	A	B	C	D	E	$X_{i..}$
A						
B						
C						
D						
E						
$X_{.j.}$						
$X_{.j.}-X_{i..}$						$X_{...}$

将表 16-4 中的前六行和前六列进行提取，以表格对角线作为对称轴，一侧的数据减去对应另一侧的数据获得新数据。比如，用单元格 BA(B 为行标签，A 为列标签)对应的数据减去单元格 AB 对应的数据，将得到的数据填写在单元格 BA 中。最后，得到表 16-5。

表 16-5　美景度评价全体对称交叉表

	A	B	C	D	E
A					
B					
C					
D					
E					

2. 求方差 S

使用成对比较法进行方差分析，会涉及这几个因素：刺激变量间差异、样

本间差异、位置差异(是否为基准引发的差异)、组合评价差异(某刺激变量与其他变量分别做对比引发的差异)。计算不同的因素引发的方差,会规避掉其他因素的影响,对不同因素的方差 S 做形象化的图解如图 16-11 所示。

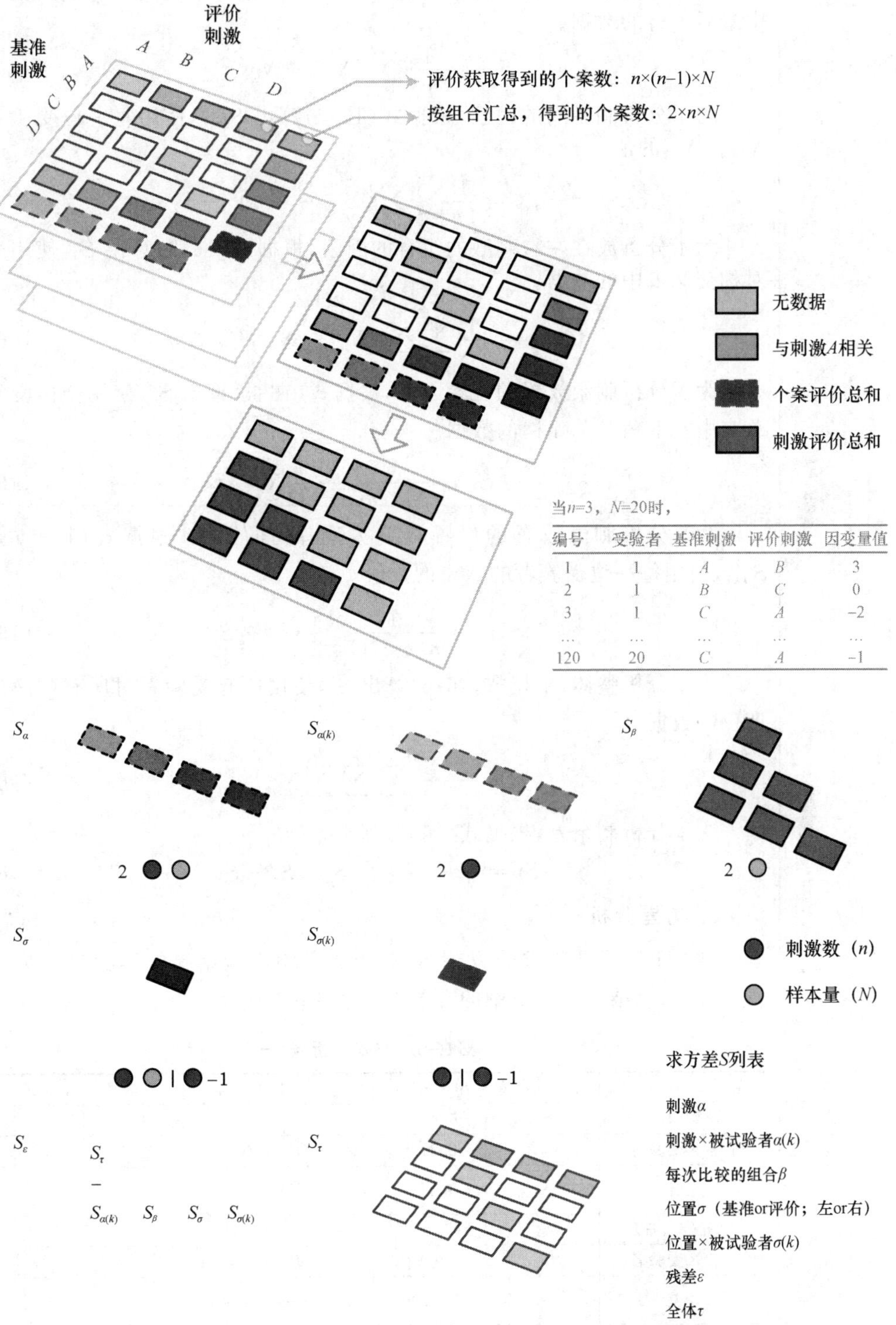

基准刺激 D C B A

评价刺激 A B C D

评价获取得到的个案数:$n\times(n-1)\times N$

按组合汇总,得到的个案数:$2\times n\times N$

无数据

与刺激 A 相关

个案评价总和

刺激评价总和

当 $n=3$,$N=20$ 时,

编号	受验者	基准刺激	评价刺激	因变量值
1	1	A	B	3
2	1	B	C	0
3	1	C	A	−2
…	…	…	…	…
120	20	C	A	−1

S_α 2

$S_{\alpha(k)}$ 2

S_β 2

S_σ −1

$S_{\sigma(k)}$ −1

刺激数(n)

样本量(N)

S_ε S_τ − $S_{\alpha(k)}$ S_β S_σ $S_{\sigma(k)}$

S_τ

求方差 S 列表

刺激 α

刺激×被试验者 $\alpha(k)$

每次比较的组合 β

位置 σ(基准or评价;左or右)

位置×被试验者 $\sigma(k)$

残差 ε

全体 τ

图 16-11 求方差 S 的形象化图解

在以下所有公式中，i 代表基准刺激的序号，j 代表评价刺激的序号，k 代表第 k 个样本，n 代表刺激的数量，N 代表样本量，P 表示刺激放置的位置的个数(成对比较法中，仅涉及左右两个位置，因此 $P=2$)。

为了分析刺激自身的因素，根据式(16-1)计算 S_α，使用全体交叉汇总表中最后一行的数据。

$$S_\alpha = \frac{1}{2nN}\sum(X_{.j.} - X_{i..})^2 \tag{16-1}$$

为了分析刺激间的因素，根据式(16-2)算出 $S_{\alpha(k)}$，使用每一位受验者的 $X_{.jk} - X_{i.k}$的值。

$$S_{\alpha(k)} = \frac{1}{2n}\sum_{i=1}^{n}\sum_{j=1}^{n}(X_{.jk} - X_{i.k})^2 - S_\alpha \tag{16-2}$$

为了分析放在左右刺激的组合的因素，根据式(16-3)算出 S_β，使用全体对称交叉表中的数据。

$$S_\beta = \frac{1}{2N}\sum_{i=1}^{n}\sum_{j=1}^{n}(X_{ij.} - X_{ji.})^2 - S_\alpha \tag{16-3}$$

为了分析刺激放置的位置因素，根据式(16-4)算出 S_σ，使用全体交叉汇总表中右下角一单元格的数据。

$$S_\sigma = \frac{1}{N \times n(n-1)}X_{...}^2 \tag{16-4}$$

为了分析刺激放置的位置和被实验者间的因素，根据式(16-5)算出 $S_{\sigma(k)}$，使用每一位受验者的 $X_{...}$ 的数值。

$$S_{\sigma(k)} = \frac{1}{n(n-1)}\sum_{K-1}^{N}X_{..k}^2 - S_\sigma \tag{16-5}$$

为了分析整体，根据式(16-6)算出 S_τ，使用所有受验者对所有刺激进行评价的数据。

$$S_\tau = \sum_{i=1}^{n}\sum_{j=1}^{n}\sum_{k=1}^{n}X_{ijk}^2 \tag{16-6}$$

为了分析剩余差，根据式(16-7)算出 S_ε。

$$S_\varepsilon = S_\tau - S_{\alpha(k)} - S_\beta - S_\sigma - S_{\sigma(k)} \tag{16-7}$$

3. 方差分析

结合上一小节所求的方差 S，对于会影响实验结果的因素进行方差分析。其中，总结上一小节中的方差 S 如表 16-6 所示。

表 16-6 方差分析表(一)

因素	方差 S		自由度 Φ	无偏方差 V	F_0
刺激	S_α	664.75	$n-1$		
刺激×受验者	$S_{\alpha(k)}$	233.75	$(n-1)(N-1)$		
组合	S_β	36.00	$\frac{(n-1)(N-1)}{2}$		
位置(左、右)	S_σ	2 116.00	$P-1$		
位置×受验者	$S_{\sigma(k)}$	19.82	$(P-1)(N-1)$		
残差	S_ε	144.00	$n^2N-\frac{n^2}{2}-2nN+\frac{3n}{2}-1$		—
全体	S_τ	2 960.00	$n(n-1)N$	—	—

F 分布表

为了进行方差分析，需要求各因素的自由度。每一项因素的自由度计算公式在表 16-6 中已经列出。获取方差值和自由度值，可以通过式(16-8)求得无偏方差。进一步地，通过式(16-9)求得 F_0。

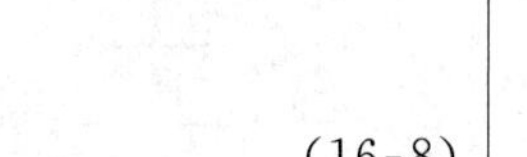

$$V=\frac{S}{\Phi} \tag{16-8}$$

$$F_0=\frac{V}{V_\varepsilon} \tag{16-9}$$

查阅 F 分布表，根据待确定的各个因素的自由度(横轴)和残差的自由度(纵轴)找到对应的 F 值，将 F_0 与 F 值进行对比，可以确定各个因素间是否存在显著性差异，如表 16-7 所示。

表 16-7　方差分析表(二)

因素	方差 S		自由度 Φ	无偏方差 V	F_0	1%	5%	鉴定结果
刺激	S_α	664.75	4	166.187 5	339.299 5	3.38	2.40	**
刺激×受验者	$S_{\alpha(k)}$	233.75	76	3.075 7	6.279 5	1.49	1.33	**
组合	S_β	36.00	6	6	12.250 0	2.86	2.13	**
位置(左、右)	S_σ	2 116.00	1	2 116	4 320.166 7	6.72	3.87	**
位置×受验者	$S_{\sigma(k)}$	19.82	19	1.043 1	2.129 8	1.97	1.62	**
残差	S_ε	144.00	294	0.489 8	—	—	—	—
全体	S_τ	2 960.00	400	—	—	—	—	—

注：** 为 $p<0.01$。

本实验中，由于关于刺激和刺激间存在 1% 的有意水准的有意差，因此需进行下一个步骤。

另外，本实验数据中其他因素之间也存在显著性的差异，需总结分析背后的原因，分析结果如表 16-8 所示。

表 16-8　显著性差异存在时其他因素应如何解读

因素	如果显著性差异存在
刺激×受验者	受验者中有群体差异存在，或者各个受验者的结果均不同，使得结果受到刺激和受验者的影响
组合	获取的结果受某一或某些特定的刺激对的影响
位置(左、右)	结果受刺激展示的位置在左还是在右的影响
位置×受验者	受验者中有群体差异存在，或者各个受验者的结果均不同，使得结果受到位置和受验者的影响
残差	各测验者得到了完全不同的结果，因此无法获得集中的倾向

4. 获取尺度值

成对比较法所使用的数据分析表

尺度值的高低对应着刺激变量对应的美景度水平。如式(16-10)所示，使用全体交叉汇总表中最后一行的数据。联系均值和方差计算公式的基本形式，对比式(16-1)和式(16-10)。

$$\alpha_i=\frac{1}{2nN}(X_{.j.}-X_{i..}) \tag{16-10}$$

由计算可得五个刺激变量的尺度值分别为－1.3，－0.3，0.3，0.1，1.2，标注绘制如图 16-12 所示。

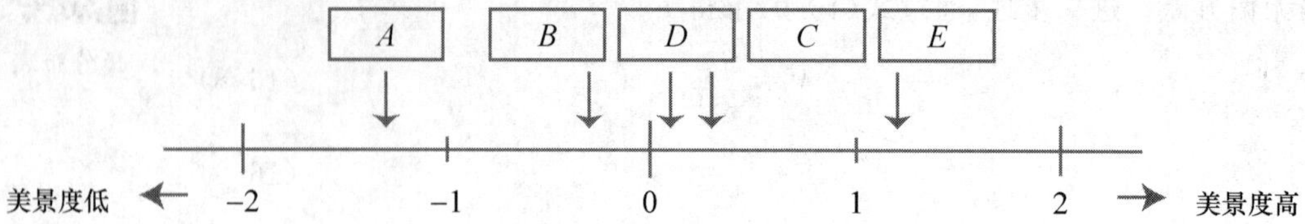

图 16-12　五张图片的美景度尺度值(一)

5. 确定显著性差异

为了确定总体的均数两两之间是否不同，可以对均数进行两两比较，又称为多重比较法。多重比较的方法有 SNK 检验法、Turkey-HSD 法，还有 LSD 法，常用的是 q 检验的方法[73]，即 Newman-Kueuls 法，也称为 Student-Newman-Kueuls 法、SNK 检验法。

首先计算相邻均值之间的差，也就是图 16-12 中相邻值项之间的距离值，如表 16-9 所示。

表 16-9　美景度值的显著性差异检验——SNK 检验(一)

比较项	距离	$Y_\alpha(0.01)$	鉴定结果	$Y_\alpha(0.05)$	鉴定结果
AB	1				
BD	0.4				
DC	0.2				
CE	0.9				

通过查 q 检验临界值表得到 q 检验的临界值 $q(5,294,0.01)=4.7085$，$q(5,294,0.05)=3.9169$。根据式(16-11)计算 Y_α，与均数之间的差进行对比，可以确定刺激对象之间在美景度水平上是否存在显著性差异。不同刺激物的比较结果如表 16-10 所示。

q 分布的临界值表

$$Y_\alpha = q\sqrt{\frac{V_\varepsilon}{2nN}} \tag{16-11}$$

表 16-10　Y_α 与刺激对象间距离的比较结果

比较项	距离	$Y_\alpha(0.01)$	鉴定结果	$Y_\alpha(0.05)$	鉴定结果
AB	1	0.233	**	0.194	*
BD	0.4	0.233	**	0.194	*
DC	0.2	0.233		0.194	*
CE	0.9	0.233	**	0.194	*

由表 16-10 可知刺激对象之间是否具备显著性差异，将这种显著性差异标注在尺度轴上，得到标注了显著性差异的美景度尺度轴(如图 16-13 所示)。

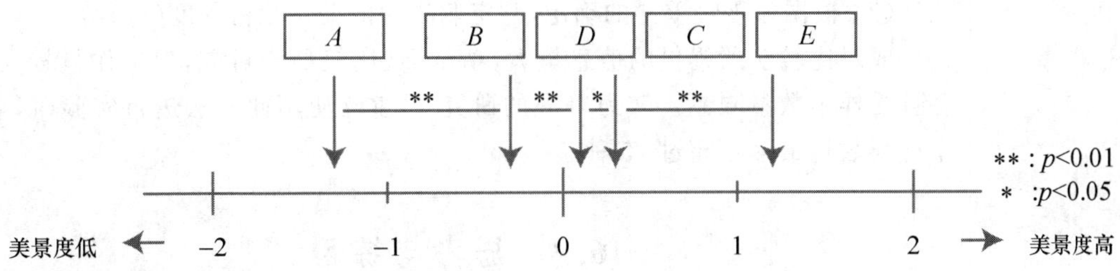

图 16-13　五张图片的美景度尺度值(二)

16.2.5　讨论与总结

1. 讨论

成对比较法的统计结果显示 B13、B05、B01、B13 具有较高的美景度，其代表值分别为 2.42、1.64、1.47、1.43。样本图片中，B06 和 B15 美景度最低。

对表现为较好与较差的评判样本 B13 与 B04 进行分析，B13 具有植物线条清晰，遮阴效果好，空间感好等特征；而 B04 则具有团块感，遮阴效果不好，空间过于开放的特征。这些特征是否是影响评判结果的关键因素，还有待进一步研究加以验证。

一般来说，利用成对比较法进行实验时，讨论分析的要点为：

(1) 注意刺激在尺度上的距离；

(2) 根据显著性差异的鉴定，关注刺激之间的关系大还是小；

(3) 结合刺激的内容、特征进行分析。

2. 总结

公众对于不同评价样本的审美偏好是有差别的，这一实验结果表明公众的审美趣味可以反映不同的城市公园植物景观的美学价值。同时，3 种计算方法所获得的美景度代表值的平均值分别为 3.668(SBE)、3.782(AQV)、0.867(PC)；标准差分别为 8.656(SBE)、0.085(AQV)、0.614(PC)。这 3 种美景度代表值的计算方法所获得的最好与最差评判样本具有内在的一致性，也从侧面反映出基于照片媒介的心理物理学派的研究方法是调查公众普遍审美偏好程度的有效手段。其中，SBE 法计算获得的各评判样本的美景度代表值的离散程度最大，能够较好地表达评判样本间的差异。研究为定量化、深入研究城市各类景观美学特征及城市景观规划设计提供了依据。

16.3　成对比较法的优缺点

通过运用成对比较法，对结果进行分析考察，可以获取：

(1) 根据刺激变量在尺度轴上的表现值，视觉上把握刺激间的关系性(大小、顺序)；

(2) 根据显著性差异的确定，判定刺激间的关系紧密程度(差异)。

成对比较法所提供的信息量大，精度高，比较稳定可靠，但工作量较大，并且受样本数量限制。宋力等人的研究[72]建议使用此方法进行实验时，刺激材料数量最多不超过 15 种。

16.4 思考与练习

1. 辨析尺度轴图和柱形图的异同点，尝试将图 16-12 和图 16-13 用柱形图的形式表达。

2. 列举说明成对比较法与正规化顺位法、AB 测试的异同点。

3. 请设计一个实验，使用成对比较法研究用户不感兴趣的广告内容在页面中的位置对用户的干扰感影响。

4. 为一位教师制作 3～5 张名片，要求包含姓名、职称、学校、院系、办公地址、办公电话。使用成对比较法进行实验，从候选名片中选择最符合这位教师风格、最适合这位教师使用的名片。

第 17 章　语义差别法

语义差别法有助于“量化”人所“感受”到的东西。想要将印象、图像数值化的时候，可以考虑选用语义差别法。

17.1　语义差别法的基本概念

1. 语义差别法简介

语义差别法(Semantic Differential Method)，也称为印象评价法、SD 法，指的是将人对外界刺激形成的印象通过大量形容词对进行表达转化，使得人对刺激形成的认知与情感变得明朗。其中，形容词对中的两个形容词具备相反的意义，比如“整洁—凌乱”“光滑—粗糙”。这种方法由伊利诺伊州立大学的 Charles Egerton Osgood 于 1957 年提出，并在 20 世纪 50 年代以后发展起来。作为了解度量人的态度/看法、个体/群体之间的差异、文化差异的一种手段，语义差别法广泛应用于社会学、心理学研究领域。

在语义差别法中，刺激既可以是具体的产品，也可以是语言、声音、味道、温度、字词等刺激，范围非常广。如图 17-1 所示，可以通过语言文字描述和眼动轨迹获取的方式，来辅助了解外界刺激给人的印象、人对不同信息的知觉特征。

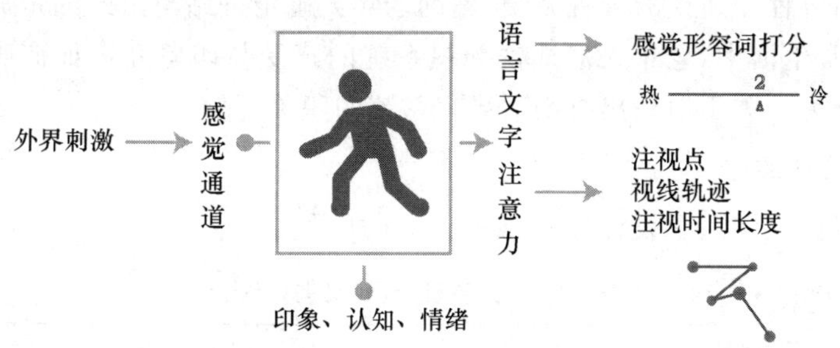

图 17-1　人的感知与语义词对的映射关系示意图

2. 实施的必要条件

一般的，语义差别法需要至少 20 人作为受验者。但若形容词对的数量超过 20，则实验最低人数必须大于形容词对的数量。视觉刺激、听觉刺激、触觉刺激、嗅觉刺激、味觉刺激等类型的变量均可以作为 SD 法的刺激变量。

推荐使用 Excel、SPSS 进行数据分析。

17.2 研究实施的一般步骤

以老年人对地铁导视系统的印象与评价研究这一项目案例,进行步骤讲解。一般的,语义差别法的步骤如图 17-2 所示。

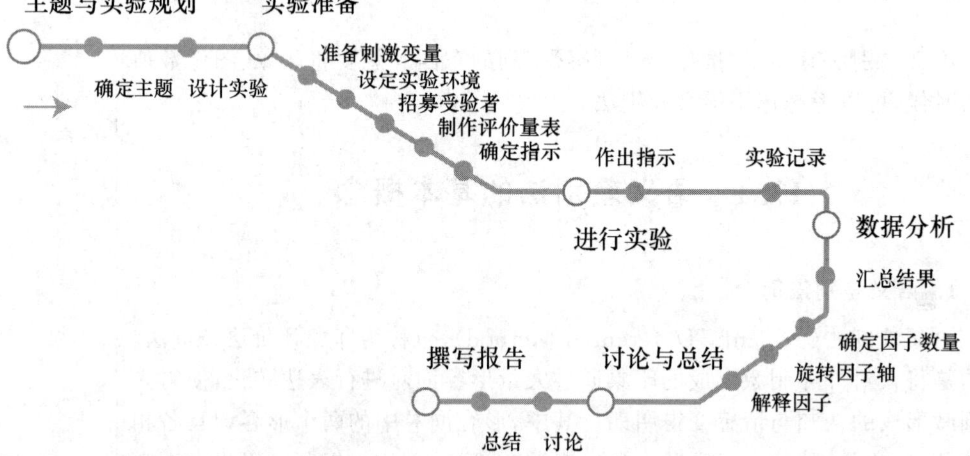

图 17-2 语义差别法的实施步骤

17.2.1 主题与实验规划

1. 确定主题

老年人作为城市居民中一个特殊的群体,参与出行、文化娱乐等多种城市活动。地铁大大方便了城市交通的同时,拥有着较为复杂的进站、乘坐地铁与出站流程。地铁的导视系统,辅助老年人确定进站与出站的走向、距离。那么,日常生活中,老年人对地铁导视系统的感受与印象究竟如何呢?由此确定主题为:"关于地铁出行中对导视系统的印象评价"。

2. 设计实验

从研究主题入手设计实验,如表 17-1 所示。

表 17-1 实验设计(语义差别法)

步骤名称	步骤内容
对有趣的现象提出疑问	地铁为方便不经常乘坐的人提供了导视系统 不同人对地铁的导视系统有着不同的需求
确定研究对象	北京地铁站内及出入口导视系统设计 老年乘客在乘换车过程中的行为

续 表

步骤名称	步骤内容
确定研究对象的印象特征	地铁出行中老年人对于导视系统的印象
决定实验对象和环境刺激变量	通过认知走查法确定地铁线路，作为实验的刺激变量
建立假设	老年人在不同的环境下以及换乘的情境中，对导视系统的感受不同

由于本次语义差别法的应用实例为现场环境乘坐地铁测试，在测试中，老年人抽取设定好的地铁路线，然后由实验人员进行观察记录，并在实验结束后说出感受作出评价。因此需结合应用实际确定实验规则。同时，绘制测试所需的任务分析流程，如图 17-3 所示。

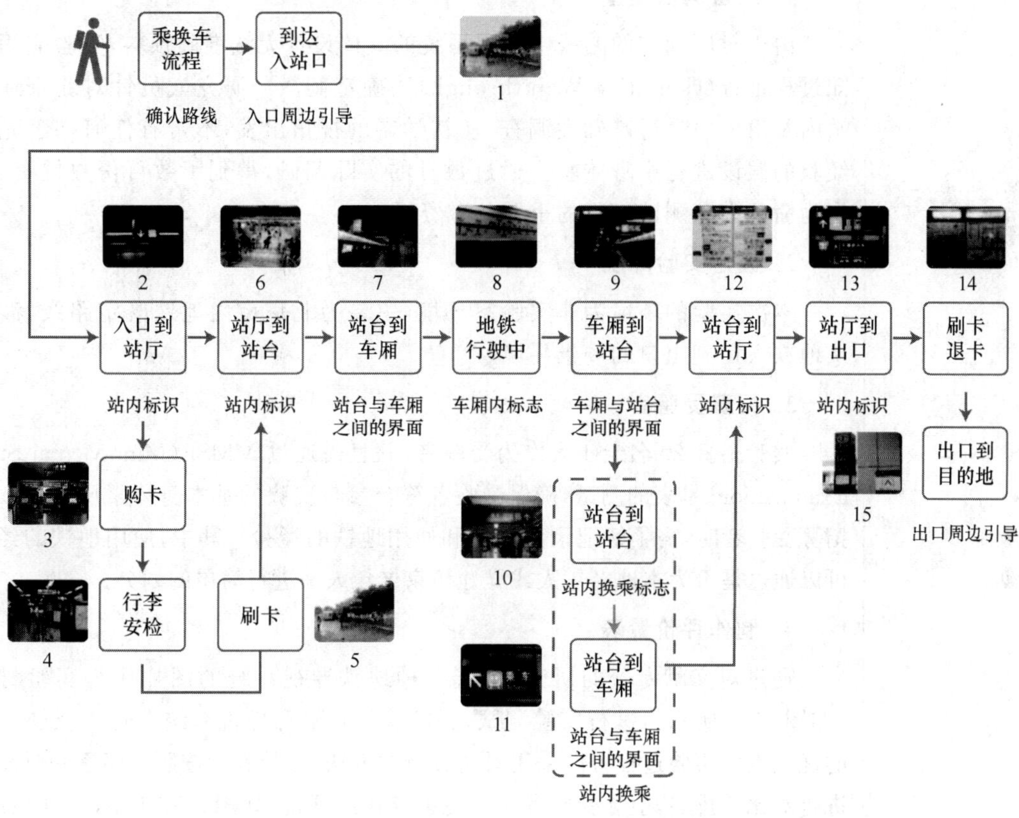

图 17-3　乘换车过程层级任务分析及导视标识

设计测试的规则要点如下。

(1) 每项乘换车任务被设计为从北京地铁图中选取老年受验者未曾去过的站点名称作为目的地。老年受验者从出发地到目的地过程中必须经过一次换乘。

(2) 每位老年受验者从任务单中随机抽取一项乘换车任务进行测试，如果去过该目的地的，则重新抽取。

(3) 为保证调研的客观性和真实性，老年受验者只允许利用北京地铁的导视系统，不允许询问其他人、不允许携带地图和使用智能手机进行路线查询。

(4) 每位老年受验者在乘换车测试的过程中，都有一名研究人员手持智能手机拍摄全部过程，以捕捉非正式对话。

(5) 测试过程中，老年受验者需将测试过程中的感受口述告知研究人员，研究人员做记录，可做适当追问，但不得参与信息的寻找。

在测试过程中或者完成以后，在研究人员的辅助下，老年受验者填写"地铁导视系统语义差别法的语义调查表"。

17.2.2　实验准备

1. 准备刺激变量

由于对所确定的路线中导视系统的具体设计无法准确预料，实验应用认知过程走查(Cognitive Walkthrough)法确定刺激。研究人员针对北京地铁站内及出入口进行基础性调查，从初学者的视角出发，不带有任何基于先前经验的假设进行亲身体验。通过数月的实际调研，得到了数百份数据资料，作为命题乘车测试过程的重要参考资料。

2. 确定实验环境

本次实验的环境为非实验室环境，主要为北京市内地铁既定路线，涉及从地铁入口到出口的场景环境。

3. 招募受验者

实验招募20名老年人作为受验者，并且需通过MMSE(Mini Mental State Examination)量表的测试，确保受验者符合参与实验的基本身体素质要求。在招募受验者时，需了解记录其年龄和使用地铁的经验。其中，使用地铁的经验可以通过是否为本地老年人或异地访京老年人来进行简单的划分。

4. 制作评价量表

通过对文献专著的研究，挑选5种地铁导视系统的图片作为实验材料(如图17-4所示)，进行实验测试，要求受验者解释导视系统图片中反映出来的优缺点。实验过程可以采用对比分析的方法，让受验者按照顺序逐一对图片进行对比并排名，引导受验者对导视系统作出评价(如图17-5所示)。随着受验者渐入实验情境，实验人员应作适当追问。实验结束后整理受验者的回答，得到一系列关于地铁导视系统感知的词汇(如图17-6所示)，而后进行正负向划分，最终作为量表中评价指标的参考。

通过评测实验，获得了"统一的""清晰的""简洁的""直观的""方位感""醒目的"6个形容词。既往研究成果表明，6个形容词对导视系统的概括与解剖仍是偏主观的、外延的，不足以构成语义差别评价量表的评价轴，一般15～20个形容词为宜。并且6个语义词也显然不能概括地铁导视系统中的特征，存在一定的局限性(通过图片作为实验素材，无法为受验者提供一个完

整的系统空间感受)。因此,综合了多个研究文献和专著中关于导视系统对使用者心理的影响研究中使用频次较高的语义词组,以及结合乘客对于导视系统的一般认知和印象,将这些调查资料语言化,共收集了30个语义词组。

图17-4　五种地铁导视系统的图片

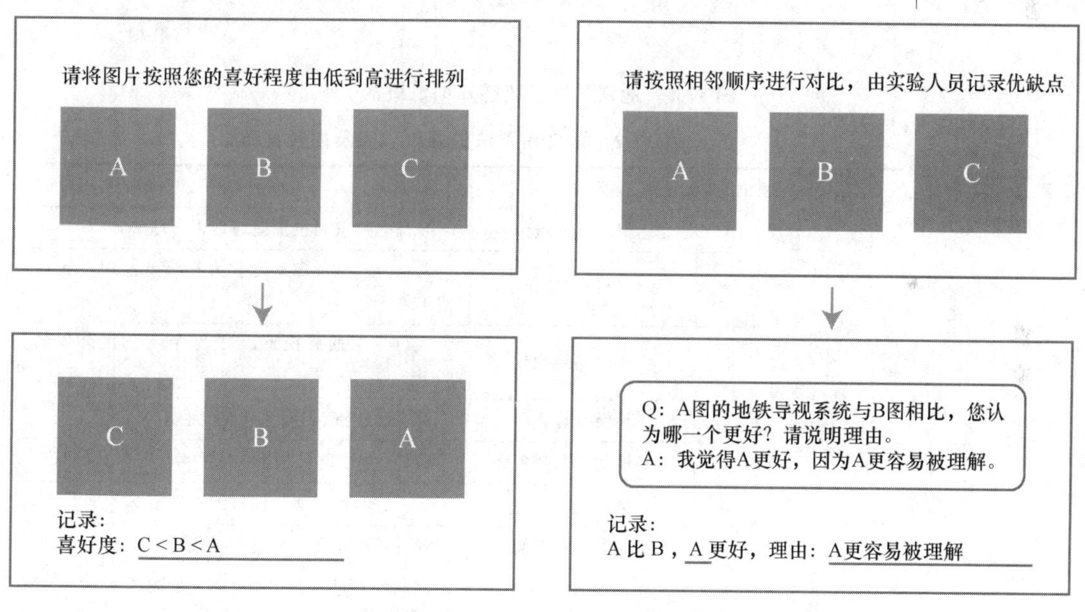

图17-5　地铁图片评价测试的实验逻辑图

进一步的,进行了预备实验,对30个形容词进行认知理解度调研,将选择次数超过10次的形容词运用于正式实验中。

最终选出了15个评价项目,并按照老年人的认知特性转化成易于理解的形容词组,如表17-2所示。其中关于导视系统基本特征的评价项目有8个:标识的规划点位、目的地明确化、主要道路明确化、易懂的标记、易读的色彩搭配、易懂的版式、传达易懂的信息、充足的照明环境。关于老年人乘客心理感受的评价项目有7个:安全、方位、记忆、直观、美观、依赖以及主观评价。

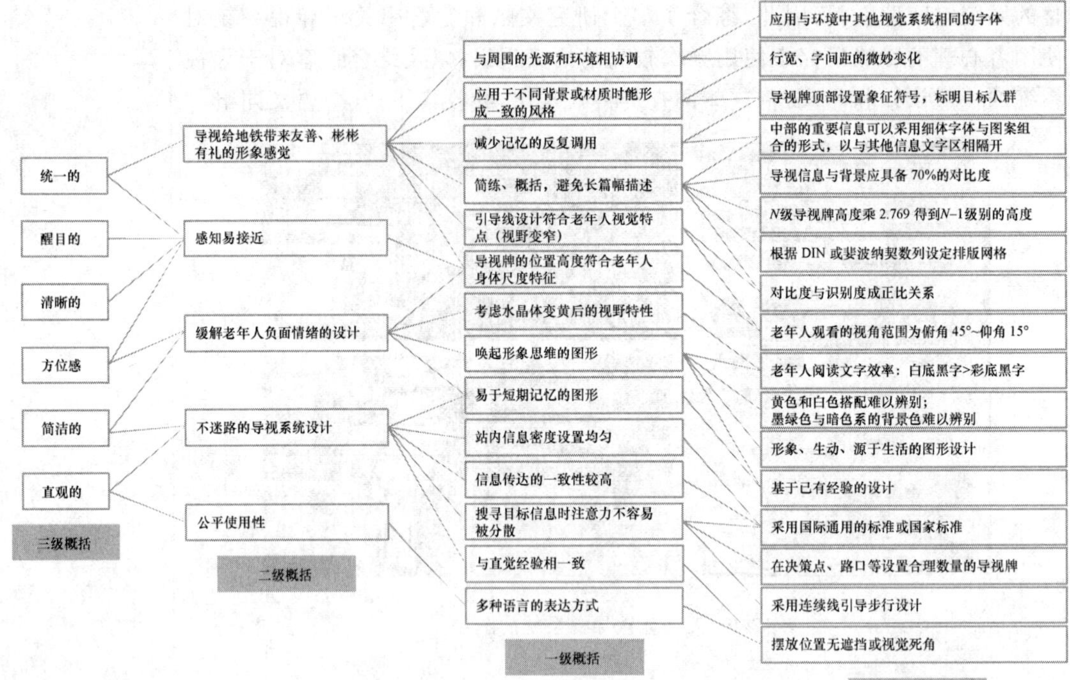

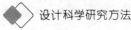

图 17-6　地铁导视系统感知词汇概括

表 17-2　语义差别法的评价项目及内容解释

	序号	项目	解释
导视系统基本特征	1	标识的规划点位	导视的数量和位置规划是否合理
	2	目的地明确化	大小、远近，考虑到老年人视野变窄以及轮椅使用者
	3	主要道路明确化	人群聚集妨碍视野，与广告牌等周围环境的联系
	4	易懂的标志	标志的位置、布局对理解度的影响
	5	易读的色彩搭配	弱视、视力低下的老年人对颜色组合的辨别
	6	易懂的版式	文字、图形、箭头等图搭配的平衡
	7	传达易懂的信息	导视系统所传达信息的承载量
	8	充足的照明环境	照明的充足与否影响老年人的阅读
老年乘客心理感受	9	安全	标明到站时间和行走距离等信息能让老年人感到安全
	10	方位	根据导视信息能否判读自己的位置
	11	记忆	导视信息是否便于短期记忆
	12	直观	能否直观地理解导视系统的信息
	13	美观	导视系统的美感评价印象
	14	依赖	是否对导视系统存在依赖感
	15	主观评价	整体感觉好还是坏

将语义词分别设定为正向与反向，从而构成词组，得到表17-3。为了后期得到更为客观的数据，将语义组的评价因子轴按照7等级进行评定，赋值范围为－3～＋3分。以第8项为例，语义词对为“灰暗的”和“明亮的”，如图17-7所示。一般来说，调查问卷中的形容词对分七个等级。受验者依据个人的感受进行评价。

表17-3　语义差别法的语义词组

	序号	项目	形容词组
导视系统基本特征	1	标识的规划点位	中断的—连续的
	2	目的地明确化	模糊的—清晰的
	3	主要道路明确化	散乱的—统一的
	4	易懂的标志	易懂的—难懂的
	5	易读的色彩搭配	难辨别—易辨别
	6	易懂的版式	布局不合理—布局合理
	7	传达易懂的信息	简洁的—复杂的
	8	充足的照明环境	灰暗的—明亮的
老年乘客心理感受	9	安全	不安全—安全
	10	方位	方位感弱—方位感强
	11	记忆	易忘的—好记的
	12	直观	艰涩的—直观的
	13	美观	丑陋的—美观的
	14	依赖	不想再用—还想再用
	15	主观评价	感觉好—感觉不好

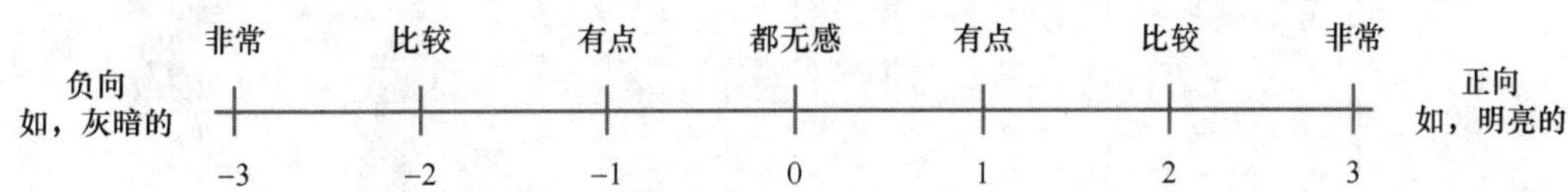

图17-7　评价尺度设置(以充足的照明环境为例)

一般的，调查量表制作为量表问卷形式后，至少还需包含以下内容：实验日期、姓名、性别、年龄。

最终，完成调查用量表的制作。其中，形容词对选择的要点如下。

(1) 形容词对可以是由刺激联想得到的，也可以是被认为适合评价刺激的词，也可以参考同类研究所使用的形容词对。

(2) 避免“漂亮—不漂亮”“整洁—不整洁”这种形式的形容词对，用含义相反的形容词构成形容词对，如“漂亮—丑陋”“整洁—凌乱”。同时避免不同的形容词对出现重复的词，如“漂亮—丑陋”“秀气—丑陋”。

(3) 进行预测试以对形容词对进行筛选补充。

(4) 形容词对应当随机排列在调查用纸上。

SD法实验所用调查用纸示范

5. 确定指示

在评判开始前需要以标准化的方式向评判者进行解释说明，以确保不同的受试者能够获得一致的、无缺漏的实验指导。指导语示范如下："您好，我们这项实验的主题是'关于地铁出行中对导视系统的印象评价'。接下来我们会让您从一堆卡片中抽取一张卡片，请您根据卡片上的路线要求，从现在的 XX 地铁进站口乘坐地铁到达目的地。麻烦您在乘坐时和我们说出您乘坐过程中的感受，是否在寻找方向上产生困惑。在到达目的地后，我们会问您一些问题，您只需要根据这次乘坐地铁的感受进行回答即可。在实验过程中，我们会用手机进行拍摄，作为实验资料保存。请问您有什么疑问吗？没有疑问的话我们开始实验。"

17.2.3 进行实验

1. 作出指示

根据已制定的指示，向受验者进行说明，注意要让受验者对实验过程有一定的了解，语气亲切而不失尊重，以取得受验者的信任与理解。场景示意如图 17-8 所示。

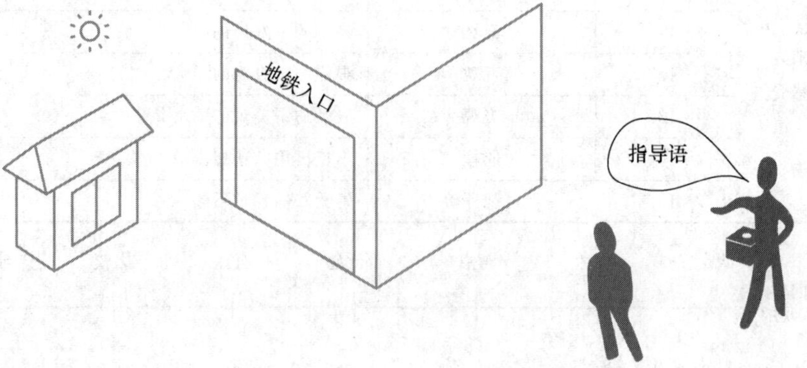

图 17-8　作出指示的场景示意

2. 实验记录

实验进行过程中，要注重用电子设备对刺激变化及受验者行为进行记录。这些记录可以很好地帮助研究人员记录实验过程中的发现，以便在整理资料时进行核对。

17.2.4 数据分析

1. 汇总结果

使用 Excel 软件进行录入与汇总，计算每个形容词组的平均值。在此，由于受验者所具备的"是否为当地长期居住居民"特征有可能对实验结果产生影响，因此也计算了外地组和当地组的评价平均值。最后将结果进行整理

汇总得到表17-4。

表17-4　老年人对北京地铁导视系统印象评价结果

序号	形容词组	外地组	当地组	平均值
1	难懂的—易懂的	0.66	1.73	1.29
2	感觉不好—感觉好	0.20	0.67	0.43
3	难辨别—易辨别	0.63	1.47	1.58
4	灰暗的—明亮的	0.66	0.47	1.77
5	模糊的—清晰的	1.63	0.10	0.03
6	复杂的—简洁的	0.33	2.67	2.15
7	不安全—安全	0.66	2.50	1.58
8	易忘的—好记的	0.60	1.80	1.43
9	艰涩的—直观的	1.63	1.50	1.53
10	布局不合理—布局合理	0.83	0.13	1.88
11	中断的—连续的	0.90	0.40	0.12
12	散乱的—统一的	0.90	0.67	1.78
13	方位感弱—方位感强	0.10	0.27	1.68
14	丑陋的—美观的	2.70	2.27	2.48
15	不想再用—还想再用	1.76	2.33	2.05

绘制折线图如图17-9所示，更直观地了解到导视系统在各方面的评价结果。

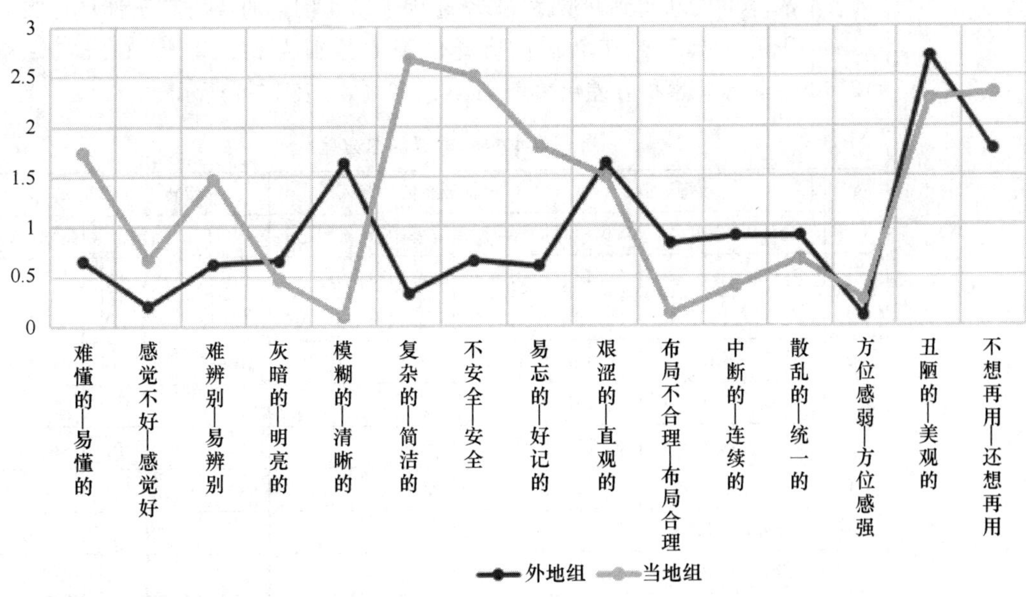

图17-9　老年人对北京地铁导视系统印象评价结果折线图

2. 确定因子数量

由于语义词组变量多达15组，过多的描述变量会导致后面的研究分析过程复杂化,因此应用因子分析(Factor Analysis)从这些形容词变量中提取主要共同因子。

将原始指标数据进行标准化处理之后导入 SPSS 软件中,接着进行因子分析。首先需要采用 KMO 和 Bartlett 球形度检验法进行检验,以检验数据是否适合进行因子分析。一般来讲,如果 KMO 的数值大于 0.8,说明非常适合进行因子分析,而如果 KMO 值在 0.6～0.8 之间说明比较适合进行因子分析,KMO 大于 0.5 说明基本适合进行因子分析,而如果 KMO 的数值小于 0.5 则说明不适合进行因子分析。如果不能通过 Bartlett 球形度检验,说明数据存在较高的多重共线性,不能进行因子分析。

由表 17-5 中的检验结果可知,Bartlett 球形度检验 P 值为 0.00<0.01,说明各个变量之间不是独立的,所以通过 Bartlett 球形度检验,并且 KMO 值为0.519,说明适合进行因子分析。

表 17-5　KMO 和 Bartlett 球形度检验

取样足够度的 KMO 度量		0.519
Bartlett 球形度检验	近似卡方	173.717
	df	105.000
	Sig.	0.000

接下来进行因子分析:使用 IBM SPSS Statistic 软件(版本为 21.0)进行分析,并使用了主成分分析(Principal Component Analysis, PCA)找到共同因子个数,软件分析得到并最终提取 3 个因子,3 个因子的特征值分别为 3.320、2.036 和 1.861,而且旋转后的方差解释率分别为 22.135%、13.571%和 12.406%,总共累积方差解释率为 48.112%,如表 17-6 所示。

表 17-6　解释的总方差

语义词组	初始特征值			提取平方和载入			旋转平方和载入		
	合计	方差(%)	累积(%)	合计	方差(%)	累积(%)	合计	方差(%)	累积(%)
1	3.320	22.135	22.135	3.320	22.135	22.135	3.282	21.880	21.880
2	2.036	13.571	35.706	2.036	13.571	35.706	2.013	13.420	35.300
3	1.861	12.406	48.112	1.861	12.406	48.112	1.922	12.812	48.112
4	1.491	9.937	58.048						
5	1.276	8.504	66.553						
6	1.069	7.127	73.680						
7	0.892	5.948	79.628						
8	0.755	5.030	84.659						
9	0.675	4.501	89.160						
10	0.488	3.251	92.411						
11	0.386	2.576	94.987						

续 表

语义词组	初始特征值			提取平方和载入			旋转平方和载入		
	合计	方差(%)	累积(%)	合计	方差(%)	累积(%)	合计	方差(%)	累积(%)
12	0.310	2.069	97.057						
13	0.237	1.581	98.637						
14	0.150	1.002	99.639						
15	0.054	0.361	100.000						

注：提取方法为主成分分析。

除了从解释的总方差来看，还可以从碎石图直观地获取提取的最大因子数。观察软件输出的碎石图(如图 17-10 所示)的走势情况，图中折线由抖动、变化较大的斜率转变为相对平稳的斜率，即先陡后平，其转折点对应的成分数被认为是提取的最大因子数。

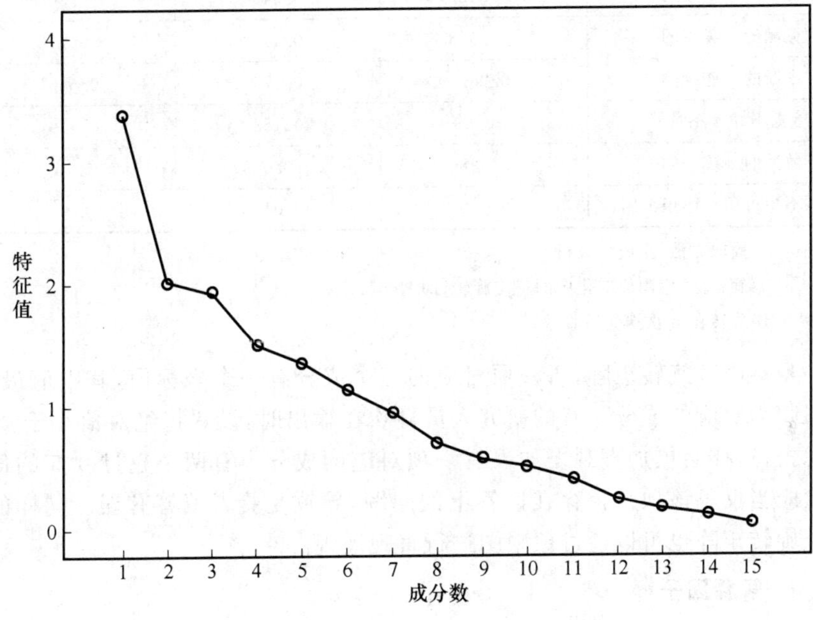

图 17-10 碎石图

3. 旋转因子轴

在得到因子个数之后需要对因子进行命名处理，以便知道因子代表的具体内涵情况，因此应用因子旋转法。因子旋转法有正交旋转和斜交旋转两种，实际应用中正交旋转法结果通常更优。采用正交旋转法进行因子旋转得到的最终的因子载荷矩阵如表 17-7 所示。

表 17-7　旋转成分矩阵①

	成分		
	1	2	3
1. 不安全—安全	0.815	0.188	0.075
2. 方位感弱—方位感强	0.719	−0.324	−0.324
3. 易忘的—好记的	0.673	0.106	0.188
4. 复杂的—简洁的	0.665	−0.251	0.026
5. 艰涩的—直观的	0.646	0.07	0.459
6. 难懂的—易懂的	0.638	0.01	0.021
7. 难辨别—易辨别	0.227	0.82	0.01
8. 模糊的—清晰的	−0.017	0.819	0.08
9. 布局不合理—布局合理	−0.123	0.69	0.16
10. 灰暗的—明亮的	0.242	0.545	−0.303
11. 丑陋的—美观的	−0.058	0.419	−0.718
12. 中断的—连续的	0.237	0.175	0.548
13. 感觉不好—感觉好	−0.33	0.153	0.449
14. 散乱的—统一的	0.038	−0.045	0.44
15. 不想再用—还想再用	0.089	0.048	0.35

注：1. 提取方法：主成分分析。

2. 旋转法：应用标准化中的正交旋转，即 Kaiser。

① 旋转在 6 次迭代后收敛。

观察因子旋转矩阵，每一项对应的三个成分有一个坐标值，其中值最大的即归为对应的成分。有的研究人员喜欢在输出时，设置将绝对值小于 0.4 的隐去，这样会更加直观。如果有一项对应的成分中有两个超过 0.5 的值，那么应当反思该项是否存在回答上的问题，导致受验者填答有误。同样的，因子旋转矩阵也可以通过象限图进行直观展现。

4. 解释因子

分析三个成分的因子，可以大致将 3 个因子命名为生理因子、心理因子与文化因子。结合图 17-11 可以看出，生理因子对应着 4 个指标，由色彩辨别的难易度、能否清晰地观看导视信息、导视信息设置位置是否符合老年人身体尺度特征和机能特性以及照明的影响这 4 组评价尺度所构成，代表着老年乘客对地铁导视信息系统满足自身生理特点的需求，通过生理器官的感知系统获取导视信息，建立知觉、释义、评价的步骤，为下一步信息加工处理提供良好认知接口的基础，因此命名为生理因子是合适的。心理因子对应着 5 个指标，是由美感度、导视信息设置的连续性、主观印象、统一性、依赖度这 5 组评价尺度所构成的，代表着老年人对地铁导视系统的心理认知，因此命名为心理因子。

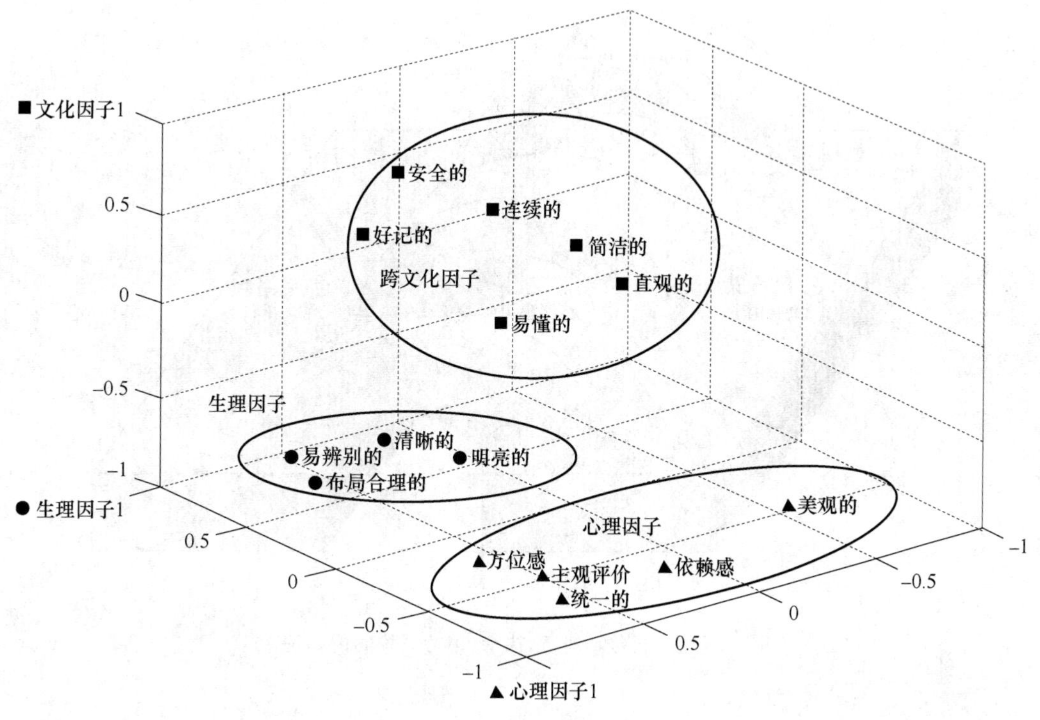

图 17-11　因子载荷图

17.2.5　讨论与总结

1. 讨论

在提取得到三个因子的基础上，进行文献调研，来辅助解释三个成分因子的含义与关系。其中坎特威茨(Barry H. Kantowit)提出了人的功能模型理论[74]，将老年人对导视系统的认知过程分解为：感知系统、加工处理、执行、维持系统四个层递的部分，其中信息感知系统指生理器官感知外界信息、客观事物基本属性的信息来源。

在连接信息加工处理系统的桥梁之间出现了鸿沟(如图 17-12 所示)，这种鸿沟指的是老年人生理机能与现有导视系统状态之间出现错误匹配，并且可能很难跨越，这种鸿沟可以通过应用相关知识领域的工具探究成因，提出解决方案并通过设计手段来跨越。避免老年乘客在观看导视系统时，因生理机能下降而察觉到自身“衰老”，所引发的负面情绪。

信息加工处理系统则指人将感知系统获取的信息进行语境构建、行为规范，最终形成某种结论或决策，是执行系统进行动作输出的前提。然而，老年人晶体智力和流体智力等心理机能的变化使得与执行系统连接的桥梁间出现了鸿沟，无法开展执行系统的动作输出。

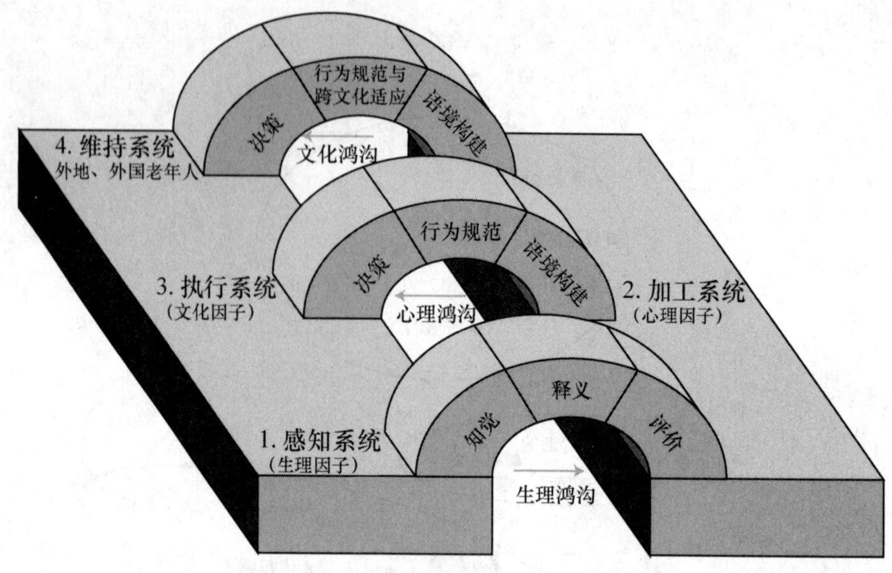

图 17-12　连接感知、加工、执行、维持系统间的鸿沟[75]

2. 总结

研究结果表明，当地老年受验者由于使用经验的积累与学习效果的叠加，可减轻老年人对导视系统的认知压力和依赖感，并有助于增长短期记忆持续的时间，使得他们感到安全。设计者大都根据当地的文化特色进行地铁站名的命名，根据当站的地理结构进行地铁站的建造。由于设计者对设计较为熟悉，有一个非常详细且完整的心智模型，经常不能了解或预测外地老年人使用导视系统时的困难。再加上老年乘客由于记忆力、感知觉能力认知退化的原因，异地访京老年受验者不能清晰、准确地理解系统表象模型，从而无法不断自我构建与更新正确的心理图式，产生迷路、混淆以及情感上的抵触等消极心理。

17.3　语义差别法的优缺点

语义差别法相对比较直接，只需要受验者对一个概念做出某一方面的程度评价即可，但需要注意对语义词对的选取，以便提升量表设计的有效性。

语义差别法应用广泛，实施流程简单。相对直接，应用范围非常广泛且灵活。通过多个被试对多个形容词的选择与判断，便于被试明确自己对于研究对象的全面看法。在实验过程中，只需要受验者对一个概念做出某一方面的程度评价，降低了被试表达自我的难度，帮助被试梳理自己的认知，将复杂、难以形容的“印象”进行拆解，变得易于理解。

语义差别法在实际使用中有以下缺点。

(1) 语义词的选取和量表对于被试的判断有着直接的影响，如果在选择

和设计时出现问题,会直接导致测试结果的不可用。

(2) 被试在实验过程中往往较为主观。被试缺乏明确客观的依据,可能在判断中融入自己的主观好恶,导致得到的描述存在较为夸张的情况。

(3) 被试可能出现倾向于在量表题的中性段进行选择的情况,得到的数据不利于后期数据分析且客观性降低。

因此在实际实验过程中应当尽量规避以上问题,保证结果的效度和信度。

17.4 思考与练习

1. 受验者往往倾向于对自己的感情喜好作夸大的描述,或倾向于选择中间点,因而会产生误差。请思考减少这两种误差的方法。

2. 手机摄像头区域是影响手机外观的重要因素,利用语义差别法,研究手机摄像头区域造型感性诉求与各种设计要素的关系。

第 18 章　工作抽样法

想知道一项任务操作行动的特征时，可以采取工作抽样法。

18.1　工作抽样法的基本概念

1. 工作抽样法简介

工作抽样(Working Sampling)法又称为“活动抽样”“发生抽样”“比率延迟研究”，指的是根据对人的行动的观测、记录和分析，获取行动特征的一种手段。这种方法意在研究人进行操作时，会发生什么样的行动要素(看，听，触摸)和发生的频率。实验前对任务的行动内容事先进行分类，形成行动要素。工作抽样法的过程图解如图 18-1 所示，实验时以无序的时间间隔，瞬间观测当时的行动内容和动作并进行记录。例如，研究从事出行时行李准备作业的人的作业效率低。于是，使用工作抽样法，对行动主体的行为进行要素确定，并观测分类作业的从业者的行动。通过了解行为要素的占比来确定效率低下的原因。结果显示，“寻找待分类物”这个行动要素频发。根据这个结果，为了提高作业效率，明确区分分类物。

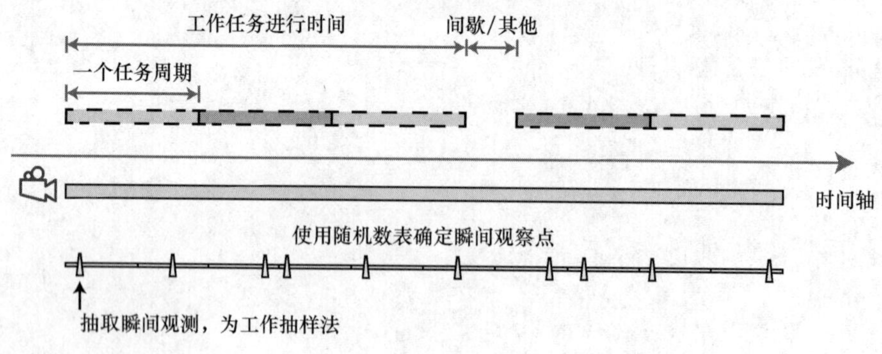

图 18-1　工作抽样法的方法图解

观测行动的方法可以根据观测的时间类型可以分为连续观测法和瞬间观测法两种。工作抽样法是一种瞬间观测方法。这种间断性地进行观测指的是记录瞬间事件的出现次数，可以用来替代长时间连续性的观测，省时、省力。实施时可以在观察对象相对集中的场所，这样可以降低研究人员的工作重复性。

2. 实施的必要条件

这种方法一般选用人的作业、行动、动作的状况这一类刺激，对最少的受验者人数并不作规定。数据分析推荐使用 Microsoft Excel 进行。在实验进行时推荐使用摄像机(DV)辅助眼睛观察记录。

18.2 研究实施的一般步骤

一般的，工作抽样法的实施步骤如图 18-2 所示。

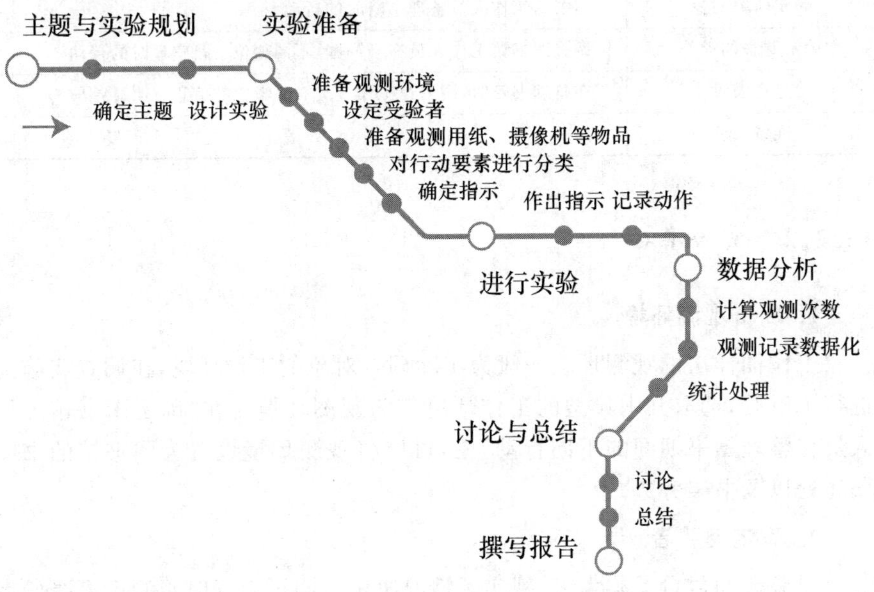

图 18-2 工作抽样法的实施步骤

18.2.1 主题与实验规划

1. 确定主题

高校图书馆中借阅归还书籍活动频繁，书籍的整理归纳工作非常繁重。图书馆的工作人员需要根据归还书籍所在的不同区域、不同位置按照顺序来放置，整理的时间长而且工作重复。因此使用工作抽样法，以“确定图书馆工作人员在整理图书期间的不同行动”。

确定主题可以从以下角度进行考虑。

(1) 人的信息认知加工：对不同情况下看似重复性的劳动却需要决策的任务。

(2) 任务效率提高或者任务体验优化：发现任务中存在的影响人的身体、情绪或者任务效率的问题。

(3) 服务对象的体验提升：人作为服务提供者，执行一系列简单重复的流程，对于某些服务来讲，服务者与被服务者之间的互动质量对服务效果非常重要。

2. 设计实验

从研究主题入手设计实验，如表 18-1 所示。

表 18-1　实验设计(工作抽样法)

步骤名称	步骤内容
对有趣的现象提出疑问	图书馆工作人员在对不同区、不同架层的书籍进行整理时，需要处理的信息类型不同
确定研究对象	图书馆工作人员整理书籍时的行动
确定调查的动作	调查图书馆工作人员在不同区、不同架位书籍整理时的行动
建立假设	在整理书籍时，图书馆工作人员需要考虑的信息有明显差异
准备实验	

18.2.2　实验准备

1. 准备观测环境

工作抽样法的观测环境一般为实际调查对象的工作环境，在调查实施前进行了解后，选取其中典型的工作环境作为观测环境。在“确定图书馆工作人员在整理图书期间的不同行动”中，可以将观测环境设置为图书馆的书籍归还处以及书架旁边。

2. 设定受验者

受验者的数量无须太多，视实际情况决定。当可以同时观测很多受验者的行动，并且行动要素较容易分辨确定时，受验者一般较多。若执行行为的研究对象具备明显的分层，比如部门主管、部门执事人员均作为被观察对象，则需要确保每一类人群中至少有 1 名人员被观察。

- 人数：3 名；
- 年龄层：20～40 岁；
- 男女比例：男性 1 名，女性 2 名；
- 职业：图书馆工作人员 2 名，学生 1 名。

3. 准备观测用纸、摄像机等物品

准备观测用纸(如图 18-3 所示)，可以使用 DV 拍摄工作人员在整理书籍时的行动，并需要注意以下几点：

(1) 征得受验者的同意与理解，确保受验者和平时一样进行任务流程的执行；

(2) 要进行预备调查，以确定摄像机的位置设定、是否需要滚动三脚架，设置多个 DV 时注意不妨碍被观察对象正常作业的进行；

(3) 在无法进行视频拍摄时，有必要预先确定容许误差和观测次数。

图书馆工作人员行动记录用纸

工作人员姓名:________　记录者姓名:________

记录日期和时间:________________

时间/s

时间/min	0~10	10~20	20~30	30~40	40~50	50~60
1						
2						
3						

R: 拿起书读取书的索引号; P: 将书放到移动车中; S: 看书架标记; C: 对比书架和书籍;
G: 将书放回书架; M: 移动; C1: 与放书相关的交流; C2: 与放书无关的交流; O: 其他

行动	R	P	S	C	G	M	C1	C2	O
次数									

图 18-3　工作抽样法的观测用纸

4. 对行动要素进行分类

事先分类行动要素如表 18-2 所示,并陈述行动内容。行动要素可以根据文献回顾确定,也可以事先进行观察或咨询来进行定义。如果涉及专业名词,要进行查找与界定。

表 18-2　观测行动要素分类

编号	内容
1	拿起书读取书的索引号
2	将书放到移动车中
3	看书架标记
4	对比书架和书籍
5	将书放回书架
6	移动
7	与放书相关的交流
8	与放书无关的交流
9	其他

5. 确定指示

如果事先受委托,则需要确定指示内容为:“请您和平时一样进行作业。”在事先没有委托被观测者的环境下进行观测时,没有必要准备指示。

18.2.3　进行实验

1. 作出指示

研究人员需要按照既定的指示内容,告知受验者按照平时的状态进行作业,场景示意如图 18-4 所示。

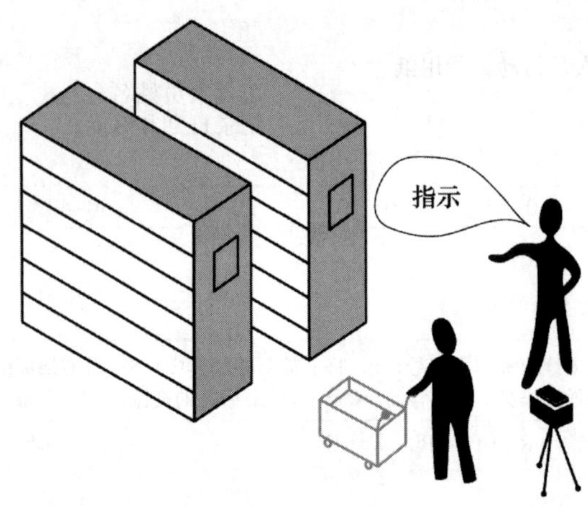

图 18-4　作出指示

2. 记录被观测者的动作

记录过程中,应当将整个工作的过程进行记录。观测过程中,DV 放置的数量及位置应当依据图书馆内部环境变化而设置。对于工作抽样法而言,一般的,观测时间将持续一天到三周;对于并非一天均发生的作业而言,建议观测时间总长在 4 小时以上,并根据观测对象做灵活调整。在观测时应当不让被观测者受实验人员的行动影响。观测时无须作纸质记录,只需将受验者的行动进行录像即可。

由于图书馆的书架间空间有限、工作人员在整理时会不停在移动,因此在拍摄时,应当注意跟进拍摄。

18.2.4　数据分析

1. 计算观测次数

为了确保实验的精度,必须要事先决定观测次数和允许误差(可以允许的相对误差)。观测次数越多,误差越小。研究人员根据实验情况决定允许误差,并根据两种方法决定观测次数。其中方法 1 用于分析一个行动要素时使用;方法 2 用于分析多个行动要素时使用。本实验采用第二种方法。

方法 1:信赖度·允许误差·观测次数关系式计算

方法 1 用于对时间内(观测时间由实验者任意设定)被实验者的行动使用连续观测法进行观测,求对象行动的出现概率。本书建议当对象行动的出现概率较大时,采用式(18-1)计算;当对象行动出现的概率较小时,采用式(18-2)计算。使用不同的精度、使用相对精度还是绝对精度,在不同对象行动概率下所需的观测次数如图 18-5 所示。

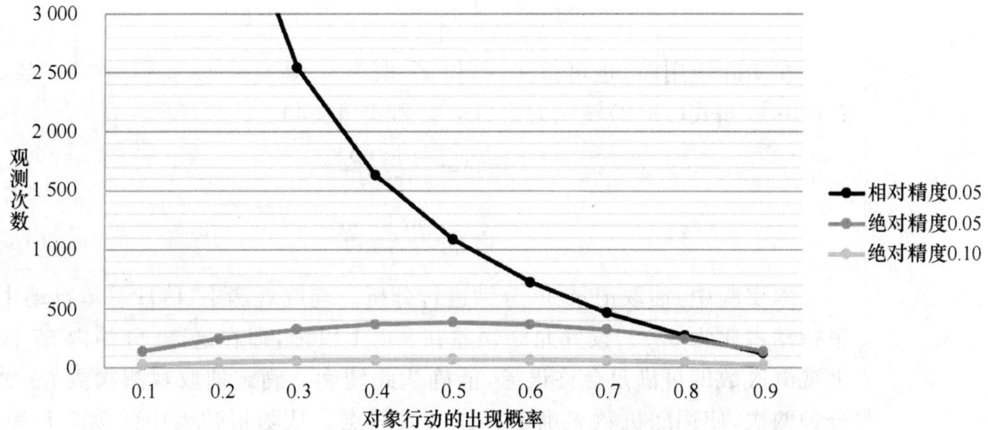

图 18-5　不同行动出现概率下使用两种公式获取到的行动观测次数

(1) 相对精度

在式(18-1)中，N 为观测次数；E 为允许误差；p 为对象行动的出现概率；α 为信赖度系数。

$$N=\frac{\alpha^2(1-p)}{E^2p} \tag{18-1}$$

其中，信赖度系数 α 根据信赖度水平进行确定(如表 18-3 所示)。比如，对于连续观测的结果，总体的行动数是 500 次，对象行动是 400 次，则出现概率 p 是 0.8，允许误差 E 设定为±0.05，信赖度是 95%，根据式(18-1)，得出观测次数应取 272 次。

$$N=\frac{1.65^2\times(1-0.8)}{0.05^2\times0.8}\approx272$$

表 18-3　系数 α 和 Z 值的确定

信赖度	α 值	置信水平	Z 值
99%	2.54	99.9%	3.25
95%	1.65	99%	2.33
85%	1.44	95%	1.96
80%	1.28	90%	1.65
75%	1.15	—	—

(2) 绝对精度

在式(18-2)中，N 为观测次数；E 为允许误差；p 为对象行动的出现概率。

$$N=\frac{Z^2p(1-p)}{E^2} \tag{18-2}$$

其中，Z 值根据置信水平确定。比如，对于连续观测的结果，总体的行动数是 500 次，对象行动是 100 次，则出现概率 p 是 0.2，允许误差 E 设定为±0.05，信赖度是 95%，根据式(18-2)，得出观测次数应取 256 次。

$$N=\frac{4\times 0.2\times(1-0.2)}{0.05^2}=256$$

在实际应用时，也可以将 α^2 和 Z^2 取为 4，满足 95％水平，方便计算，则式(18-1)和式(18-2)转化为式(18-3)和式(18-4)。

$$N=\frac{4(1-p)}{E^2 p} \tag{18-3}$$

$$N=\frac{4p(1-p)}{E^2} \tag{18-4}$$

本实验中，抽取记录 30 分钟进行分析。连续观测中，估计总体行动中对象行动占比为 0.7。设置允许误差在±0.1 以内，即在这 30 分钟内 57 次以上观测次数即可满足允许误差，能确认此精度。确定抽取观测次数 60 次，1 分钟两次，使用随机数表确定具体的时间点。从随机数表中的第 8 行第 15 列开始，由左到右、由上到下取两位数字，大于 60 的数字减去 60，得到观测的时间点如图 18-6 所示。

15272	84614	27404	33686	51283	72980	53589	61318	78649	06703
29596	47534	89805	95170	89816	58314	03649	64285	14682	12486
71904	81693	94887	45573	76874	74548	36851	48630	77916	78922
05201	51312	78986	27330	63194	98096	93212	74891	55099	02678
16510	95406	39078	31468	43577	67990	11287	27068	37874	61734
83316	94852	73159	76123	05010	08393	62827	13728	34709	39578
19962	86326	99855	14146	28341	93570	34163	59623	14103	63367
66852	52392	32115	75977	80723	96562	19388	64446	73949	83823
84161	37020	79694	35717	73417	15617	93437	46981	94838	12418

得到的随机数如下：

35, 17, 8, 38, 16, 58, 31, 40, 36, 49, 4, 28, 51, 46, 22, 12, 48, 4, …

注意：每一对应当不相等，除此之外，在本例中，每一对所在的十位数不相等

对应的观测时间点：

35s, 17s, 1min8s, 1min38s, 2min16s, 2min58s, 3min31s, 3min40s, 4min36s, 4min49s, 5min4s, 5min28s, 6min51s, 6min46s, 7min22s, 7min12s, 8min48s, 8min4s, …

图 18-6　使用随机数表选取观测时间点

随机数表

方法 2：连续观测与工作采样法结果进行比较

此方法的步骤为：

(1) 通过连续观测确定一定时间内被观测行为的出现概率，并进行时间点的记录；

(2) 进行间隔观测抽样，得到被观测行为的出现频率；

(3) 将两个概率进行对比分析。

2. 观测记录数据化

确定了允许误差和观测次数，用工作抽样法进行行动观测和数据化处

理，整理如图 18-7 所示。这时，使用实验准备项目里的记录用纸。在这里，抽样以平均 1 分钟以内两次的频率，无序地进行以推定工作人员的行动要素的出现比例。通过随机数表可以确定抽样的时间点。

图书馆工作人员行动记录用纸

工作人员姓名:________　记录者姓名:________
记录日期和时间:________________

时间/s

时间/min	0~10	10~20	20~30	30~40	40~50	50~60
1		P		S		
2	M			C		
3		O				C
4	C			C		
5				R	G	
6	C		S			
7					M	C2
…						

R: 拿起书读取书的索引号；P: 将书放到移动车中；S: 看书架标记；C: 对比书架和书籍；
G: 将书放回书架；M: 移动；C1: 与放书相关的交流；C2: 与放书无关的交流；O: 其他

行动	R	P	S	C	G	M	C1	C2	O
次数	7	2	6	14	10	17	2	1	1

图 18-7　观测用纸记录及整理结果

3. 统计处理

根据得出的结果，必要的时候进行描述性统计处理。比如，各个动作频度的度数分布等，或者各个动作的比例。

18.2.5　讨论与总结

1. 讨论

根据图 18-8，推定图书馆工作人员的行动要素出现频度时，发现所占无效行动集中在寻找具体书架架位，尤其是确定要插入的书籍具体位置。

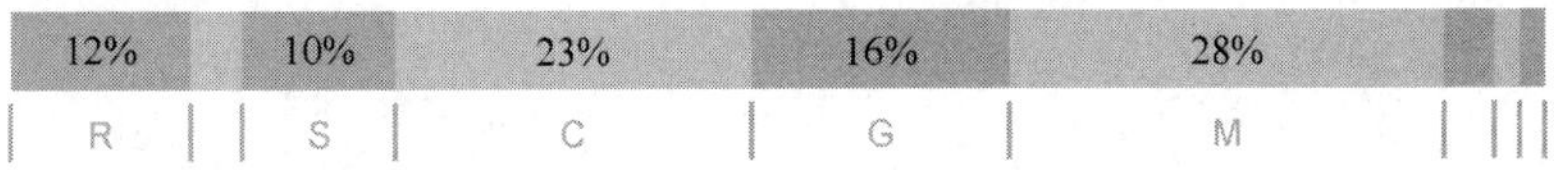

图 18-8　整理归还书籍行为分布图

2. 总结

(1)“对比书架与书籍的索引号”这一行为占 23%，表明在归还书籍过程中，确定书籍确切的放置位置会比较耗费时间，需要工作人员对索引号的排列规则较为熟悉。除此之外，书籍阅读之后没有放置到正确位置的情况也会干扰整理归还书籍的过程，工作人员需要将放还错误位置的书籍重新排列。

(2)“移动”这一行为占 28%，表明工作人员需要反复走动来归还书籍，其中移动这一行为还可以细分为推着还书车移动、拿着待放回书籍移动、搬运还书梯。

(3)"将书放回书架"这一行为作为任务的主要目的,仅占16%,分析认为,放回书架这一动作发生的时间较短,但仍占用了一定比例的时间,可能是因为书不容易确定位置、索引书号数字较小、书籍位置分散、书籍乱放影响放回判断,占用了较多时间。

18.3 工作抽样法的优缺点及应用

工作抽样是用于确定工人在各种确定的活动类别中花费的时间比例的统计技术。这种方法允许快速分析,识别和增强工作任务、绩效能力和组织工作流程。这种方法具备广泛的适用性,其受验人群的数量可以非常少、被观察的对象非常广泛、行为的量化比较容易、不会给被分析对象增加精神负担。同时,这种方法也具备一定的缺点,比如,难以区分无效工作,难以了解某些工作的目的,难以评估工作节奏。得益于其简单高效的特征,工作抽样法可以运用在图书馆业务检查与工作评估,企业生产管理,优质护理效果监测、行政人员工作效率评估等方面。工作抽样法不仅可以运用于作业或操作任务的流程分析,还可以和文本分析技术相结合,比如通过观察对话、演讲,抽取观测时间点来了解其中的关键词分布情况,进而得到有益于设计实践探讨等认知的结论[76]。

18.4 思考与练习

1. 分析确定快递点的快递员整理快递、快递入架的行动要素。
2. 辨析连续观测和瞬间观测分别适用于什么样的研究主题。
3. 设计一个实验,使用工作抽样法对老年广场舞者从进入广场到离开进行行动分析,获得其关键特征。

第 19 章　眼动分析法

当需要了解人视觉获取信息的特征时，可以考虑使用眼动分析(Eye Tracking)法。

19.1　眼动分析法的基本概念

1. 眼动分析法简介

眼动分析法，简而言之是通过分析眼球运动来了解人如何关注信息。外界物体将光反射到人眼中，人对物体、环境形成印象并获取大量的外界信息。人在看什么、看了多久、视线轨迹如何变化、哪些地方没有留意到，这是眼动分析研究所关注的问题[77]。通过分析眼球运动，人的关注点如何影响人的注意力以及其不同于非关注点的特征都将有可能被分析。

常见的眼动设备有两种：非接触式红外眼动仪和头戴眼镜式眼动仪。这些仪器可以连续记录人的眼角膜和瞳孔反射，并利用图像处理技术得到完整的眼球图像。经由软件处理得到视线变化的数据，从而达到视线追踪的目的。其中，头戴眼镜式眼动仪还发展到了 VR 场景。这些设备通过获取眼睛瞳孔的位置，来间接计算用户的视点位置。图 19-1 所示为头戴式眼动仪捕获的人右眼眼睛。眼动技术与 VR 技术结合不仅能分析二维信息，还能分析三维空间中的图像信息；并且能够接近于真实环境，降低了实验室效应。

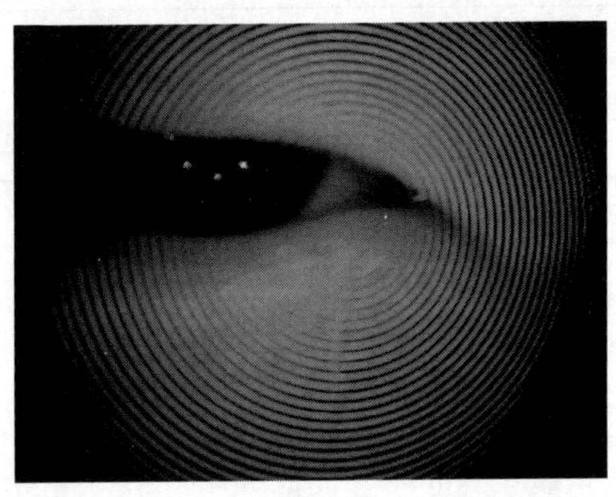

图 19-1　机器视觉技术捕捉的眼睛瞳孔

一般的，眼动分析法在实施时，需要有眼动仪以及配套的设备、分析软件。配套软件主要有眼动仪驱动软件和实验设计集成分析软件。有的眼动仪还需要研究人员掌握一定的建模软件(比如 Unity 等),比如 Tobii 公司的眼动仪 Tobii Pro Glasses 2(如图 19-2 所示)、宏达通信有限公司的 HTC VIVE。

图 19-2 Tobii Pro Glasses 2 眼动仪

眼动技术在设计领域的研究中应用极为广泛,通过研究用户视觉特征获取丰富的信息,比如,三维空间信息传达研究、消费者调研、用户体验与人机交互、产品与艺术设计等。

2. 实施的必要条件

眼动分析法的刺激变量可以是任何视觉信息,但需要注意视觉信息在呈现到平面上后是否有信息传达不准确等问题。当有 VR 眼动条件时,可以将视觉信息设计为三维环境。一般的,眼动分析实验需要招募无近视、无散光的受验者。如果只是为了定性研究用户的眼动轨迹,那么只需要 6 名用户即可。如果需要分析热点图,那么应当考虑叠加所有用户的数据综合分析。至少需要 30 名用户的大样本,才能减少生理实验中个体差异的影响。Nielsen 总结了一份采用眼动测试时关于受验者人数的表[78],如表 19-1 所示。在实验进行时推荐使用摄像机(DV)辅助眼睛观察记录。

表 19-1 眼动研究的最低实验受验者人数

研究目的或方法	用户数
定性用户测试	5
卡片分类	10
定量用户测试	20
眼动测试以获取热点图	39
眼动测试以获取眼动轨迹	6

19.2 研究实施的一般步骤

一般的,眼动分析法的步骤如图 19-3 所示。

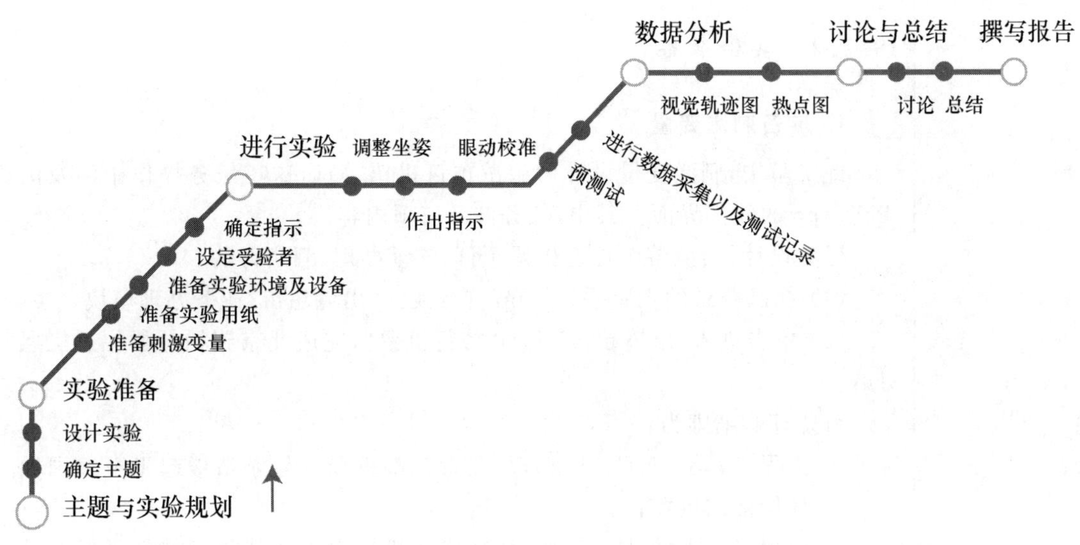

图 19-3 眼动分析法的实施步骤

19.2.1 主题与实验规划

1. 确定主题

随着线上旅游服务的快速发展,我国游客旅游逐渐由通过旅行社转为通过线上旅游平台进行自主景区游览。线上旅游、出境自由行等业务办理量逐年增加,线上旅游平台集成了多样化的信息,来为用户提供周详、到位的服务。那么,用户在面对海量景区信息、进行路线规划操作时,主要关注哪些内容呢?由此确定研究主题为:"移动端线上旅游预订服务的流程操作,用户的视线关注特征是怎样的?"①

2. 设计实验

从研究主题入手设计实验,如表 19-2 所示。

表 19-2 实验设计(眼动分析法)

步骤名称	步骤内容
对有趣的现象提出疑问	移动端用户如何处理旅游平台提供的大量信息?如何通过一步步操作实现旅游预定?
确定研究对象	移动端用户对旅游 App 的视觉信息处理
确定实验对象	飞猪 App(8.0.3 版本)中预订机票、酒店的界面要素设计
准备实验	

① 实验材料来自"可用性测试技术"课程 14 级本科生谢建利、原姚姚、林雪薇、李勇、李晓阳组作业,有一定改动。

19.2.2 实验准备

1. 准备刺激变量

此实验中，刺激变量设计为旅游预订机票、酒店这一任务操作中涉及的飞猪 App 的软件界面。其中，任务涉及三项内容。

任务设计：出境游中往返机票预订、签证办理、酒店订购。

(1) 在已登录的飞猪手机 App 首页找到“出境超市”业务办理模块；

(2) 单击进入“出境超市”中的“旅行机票”，完成北京到柏林的往返机票订购。

机票订购细则为：

- 去程：12 月 20 日 01:25，从北京首都机场 3 号航站楼起飞至德国柏林特格尔机场；
- 返程：12 月 24 日 17:15，从特格尔机场起飞回到北京首都机场 3 号航站楼；
- 费用：要求机票费用花费最低。

(3) 返回“出境超市”主页面，单击进入“出境超市”中的“签证”，完成德国签证办理。

签证办理要求：在所有“北京送签”的办签项目中，选择起步价的价格最低的一个签证项目进入办理签证业务。

(4) 返回“出境超市”主页面，单击进入“出境超市”中的“酒店”，完成柏林的酒店订购。

酒店订购细则为：

- 12 月 21 日入店，12 月 24 日离店，共 3 晚；
- 成人一位，订购位于德国柏林的柏林米特美居酒店的任一间房。

受到顺序效应的影响，我们不清楚视觉观察的某些行为特征是由刺激材料还是经验缺乏或疲劳引起的。因此在准备刺激变量阶段，我们还需要对顺序效应进行处理。

如果实验由一组图片构成，那我们只需要简单地将顺序随机化。即对于单个受验者来说，某一刺激材料既有可能出现在实验开始，也有可能出现在实验中间或末尾。这一过程可以通过 Pro Lab 进行设置完成。

眼动实验可以设置的刺激变量较为多样，比如文字、图像、视频等。当需要测试对于实物的眼动特征时，需要转化为平面材料。使用集成了 VR 技术的眼动实验，可以模仿实际场景设计虚拟场景进行实验。

2. 准备实验用纸

一般的，眼动实验会结合访谈、问卷、量表等其他调研方法进行，可以根据具体情况制作实验记录表。通常眼动实验的实验用纸包含《实验协议书》《实验知情同意书》《调查人员任务清单》《调查问卷》等。这项实验中，需选定固定的手机型号、App 版本，并设计任务操作流程及任务卡片。

3. 准备实验环境及设备

此项实验使用 SMI Experiment Center 进行实验设计,使用 SMI iView X 进行数据记录,使用 SMI BeGaze 进行数据分析。实验环境包含一张长桌子、一台计算机、两台显示屏。

4. 设定受验者

在招募受验者时,招募信息上可以提及一些与眼动相关的基本信息,让受验者有一定的心理准备。在实际实验中,难免会遇到用户来到实验室后,发现眼动仪无法识别用户的眼球位置的情况。此时需告知受验者实验情况,并发放实验礼品。如果有设计其他环节,比如访谈,则视情况决定是否让受验者参与访谈。如果访谈主要为收集问题信息,则可以让受验者继续参与。

- 人数:6 名;
- 年龄层:18~30 岁;
- 男女比例:男性 3 名,女性 3 名;
- 职业:本科生。

5. 确定指示

在评判开始前需要以标准化的方式向评判者进行解释说明,以确保不同的受试者能够获得一致的、无缺漏的实验指导。指导语示范如下:"您好,我们这项实验的主题是'移动端线上旅游预订服务中的流程操作视线特征'。您需要坐在这个位置上,将头放在下巴托上,保持这一坐姿进行实验。接下来,您面前的显示屏上会展现使用移动端旅游预订服务 App 进行旅游预订的收集页面。您需要通过单击鼠标来完成旅游预定任务。还有什么问题吗?没有的话我们现在开始实验。"

19.2.3 进行实验

1. 调整坐姿

如果采用非接触式红外眼动仪,则需要调整坐姿,以确保用户的双眼在眼动仪视野的正中。不同的眼动仪,其说明书稍有不同。一般来说,非接触式红外眼动仪会要求人眼与屏幕的距离保持在 50~60 cm。

2. 作出指示

如果采用非接触式红外眼动仪,进行坐姿调整后应作出口头指示,告知用户在整个实验过程中尽可能保持姿势不变;如果采用头戴眼镜式眼动仪,则需要告知用户应当在什么样的范围内走动,不能跨越出边界。

3. 眼动校准

眼动校准非常关键,只有确保校准成功,测试结果才能有效。不同品牌的眼动仪校准步骤略有不同,可参考产品的使用说明文档。

4. 预测试

在正式开始实验前,需要用户熟悉实验的流程,预实验的流程和正式实验基本一致。眼动追踪测试需要更多的时间进行设计、录像和分析，存在出错的可能性。预测试有助于熟悉场景、步骤，研究人员也可以观察用户是否遇到困难，并及时调整实验。

5. 进行数据采集以及测试记录

按照软件的使用说明，进行数据采集。正式测试的过程中，实验人员应当认真记录。在整个测试结束后，可以对用户进行访谈，为眼动数据的解释及数据分析提供更为丰富的信息。

测试过程中用户难免疲劳，如果需要休息，那么休息过后应当重新进行眼动校准。

19.2.4 数据分析

人在看物体或场景时，由 A 点到 B 点形成的轨迹为视觉轨迹，在每个点停留的时间形成视觉热区。眼动数据分析一般通过热力图、轨迹图进行定性分析，通过划定兴趣区、由软件输出各种参数来进行定量分析。

1. 视觉轨迹图

注视轨迹图可以直观展现出受验者在刺激材料上的视点停留状态、视线轨迹。不同设备产出的视觉轨迹图会有所差异，有的还将视觉停留的时间也呈现出来。一般的，视点停留时间用圆形表示，圆形的直径越大，表明视线停留的时间越长。

在图 19-4 中，受验者的视觉轨迹在往返时间中反复对比移动。

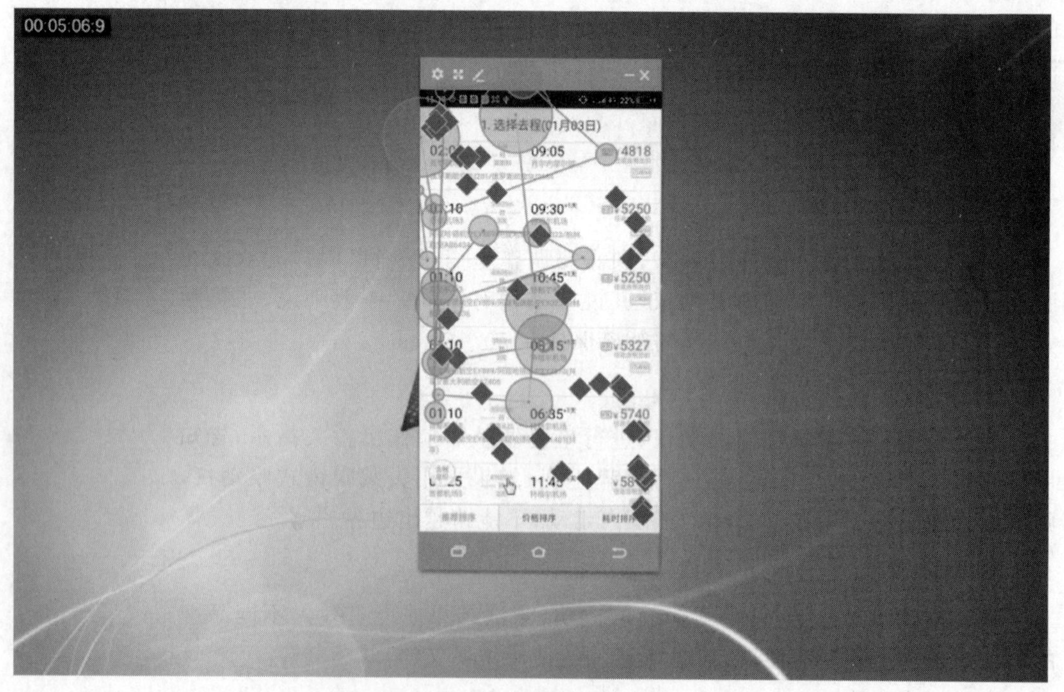

图 19-4　注视轨迹图：购买机票选择去程

在图 19-5 中，受验者的视觉轨迹反复在日期处停留移动，并不明确修改日期的操作如何进行。

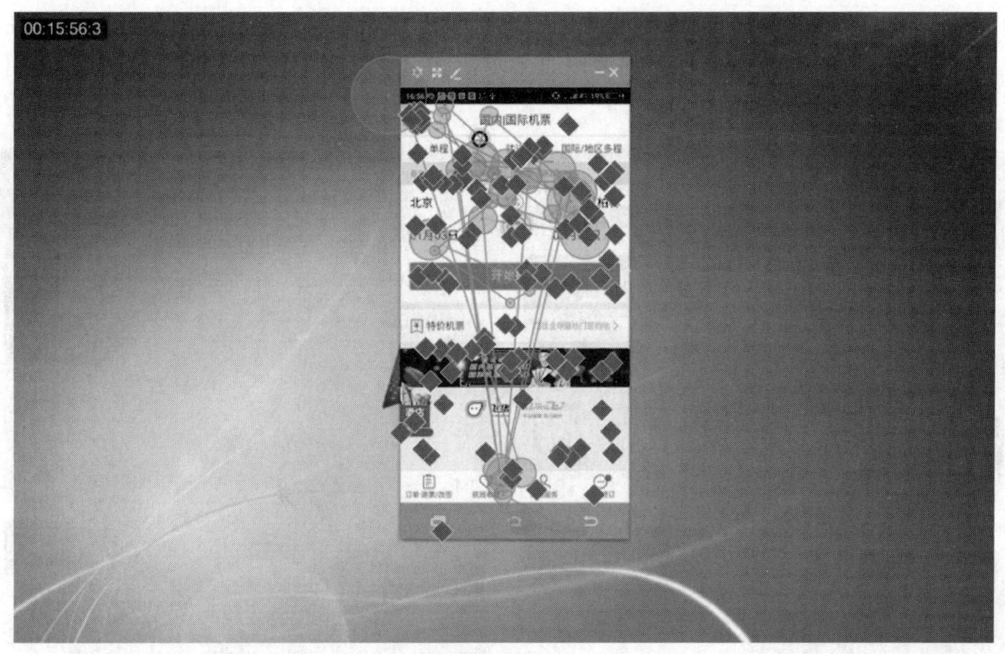

图 19-5　注视轨迹图：修改机票日期

在图 19-6 中，受验者需要寻找符合要求的酒店。可以看到，受验者的视点分布较散，并主要浏览酒店图旁边的名称、地点等信息。

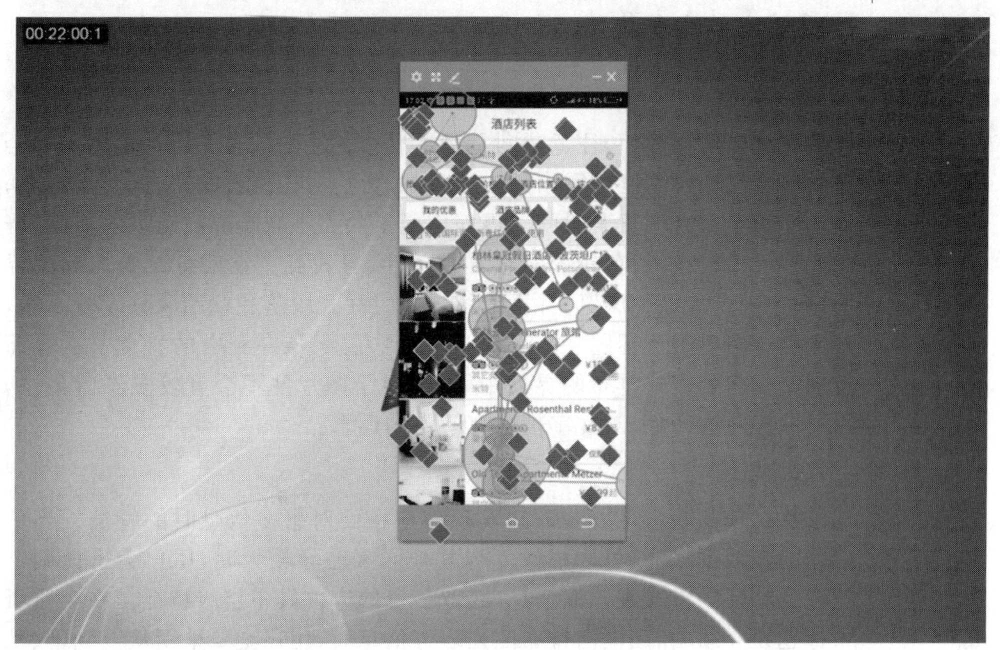

图 19-6　注视轨迹图：酒店预订

2. 热点图

如图 19-7 所示，热点图可展示出被试者在刺激材料上的视线分布情况。与注视轨迹图相比，热点图没有提供观察顺序的信息和单个注视点的详细信息。热点图能够直观地同时展示出多名受验者的视觉关注重点区域，适用于受验者较多的实验。

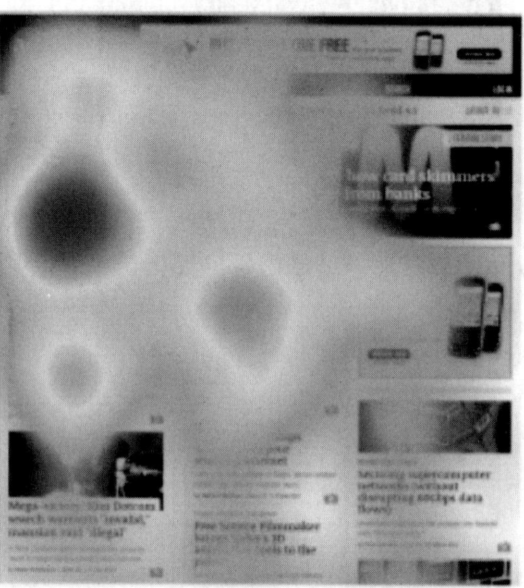

图 19-7　热点图

19.2.5　讨论与总结

1. 讨论

在机票选择界面，往返时间是最主要被关注的内容。用户在使用时会先寻找迎合目标时间区域需求的往返时间，然后对比旅程时间、返回来对比，难以迅速确定适合的机票时间。界面中元素的大小影响寻找确定的速度，当目标元素尺寸较小、颜色较淡时很难被关注、寻找到。在信息较为均等的界面中，用户进行大面积浏览，并不停留较长时间。段落和标题区分度较高时，用户浏览会主要关注标题，并且呈从左上到左下、从左到右的特点。在界面上有图文且为列表式排布的界面中，用户对于图片并不会有较多停留关注，仅通过图片获取印象，对文字信息有一定的诉求。

2. 总结

从这项实验中可以验证并发现用户在面对繁多信息时的特征。当信息之间的相似度较高、目标相似度与其他元素差异较大时，用户会迅速确定浏览一类特征的方式来读取信息，获取信息的方式具备层级特征。在浏览页面中标题及介绍内容、横向排布的列表等信息时，用户主要采用从上到下、从左到右的方式，符合阅读的习惯。对于页面中的图片和文字信息的关注度，在进行目标寻找时用户会倾向关注文字信息而非图片信息。通过分析眼动信

息，可以了解用户对于信息的理解与认知困难的程度。

19.3　眼动分析法的优缺点

由眼动分析法得到的数据直观、有效。结合访谈内容分析眼动轨迹及热区，可以更好地进行定量和定性分析。由于其眼动数据较多，当分析视频、实景三维空间时则显示出一定的劣势。

19.4　思考与练习

HTV VIVE 配套实验设计软件说明

1. 对眼动分析在交互设计领域的研究应用进行文献搜索与总结。

2. 设计一个实验，使用眼动分析法研究三维空间下人的视点特征，自拟主题。其中设备使用 HTV VIVE，可参考设备使用说明了解其使用方法。

3. 搜索相关研究和前沿技术，思考如何更好地研究产品宣传广告视频中的视觉注意力分布特征。

第6部分 研究论文撰写

第20章 设计科学研究论文撰写

20.1 概 述

优秀的论文撰写能力是一种可以通过学习获得的技巧，需要学习者拥有一颗追求专业水平的心和进行大量观察、练习的勇气和毅力。论文撰写是在一个主题确定后，进行调研、设计规划、研究实施和结果分析，最终对过程的记录和结果按照一定的逻辑整理形成可以公布的报告。学习论文撰写需要了解记录整个研究过程的范式、结果公布的规范格式。在开始学习写论文之前，需要了解论文的主要架构和写作思路。线性的结构并不意味着需要从头到尾、一次性完成。在实验类论文中，撰稿者常常会先撰写摘要中的目的和方法，以及正文中的结果与讨论部分。这样写作有利于研究人员把握思考实验的逻辑，反思实验的设计与结果是否满足了实验目的需求。并且，结果与讨论是这一类论文最核心的部分。对于大多数论文来说，一次性无法完全撰写成稿。循环往复，对论文的逻辑结构进行修改、补充，查找阅读更多文献来为研究作背景说明、观点佐证或反证。

在学习撰写论文之前，还要明确撰写论文的意义和价值。撰写论文有两个好处，理解论证所做研究、让别人了解所做研究。通过撰写论文，以一个规范的结构引导思维进行研究梳理、批判性的思考。通过对所做研究进行思考与反思，培养锻炼逻辑思维能力。当所做研究进行发布时，一个规范的格式有利于审核人进行要点的把握与研究方法流程规范性的评判，有利于其他同行迅速地判断是否和他们所做研究相关、进行进一步的学习。论文可以将众多优秀的研究者的发现，系统、有机地纳入人类深层次的理论知识库。

论文撰写过程中，需要把握一些基本原则：全局把握、逻辑正确、格式规范。首先，全局观指的是论文的每一个构成部分为中心论点服务，看看文章各部分的比例分配是否合适，篇幅的长短是否恰当，从全局的角度去检查每一部分在论文中所占的地位和作用。其次，逻辑关系正确指的是从论据能够推理得到结论，不能通过个人主观感觉来跳过某一环节。研究用于推导结论的材料之间具备清晰的、可靠的逻辑联系，不能一味地进行铺陈。最后，格式规范要求写作者按照学术领域规范的论文结构、格式进行论文的稿件发布。

格式相当于论文的外包装，规范的格式让人赏心悦目。规范的格式展现出写作者已达到最基本的撰稿水平，并且让感兴趣的读者快速地定位阅读要点。

20.2 从撰稿到发表

很多人认为，从撰稿到发表，是一个和自己、和论文、和审稿人不断交流的疲惫过程。事实上也确实如此，一篇论文很有可能需要花费几个月的时间来打磨。

20.2.1 论文选题与文献回顾

论文的题目主要来源于实验、调研的研究主题和研究结果。论文的题目避免过于宏观的论证，阅读者从论文的题目可以了解到研究的主要内容和研究点。撰写论文的动机还可以来源于研究者对论坛、会议征稿主题的关注，以及专业期刊中的热点话题。

当研究生尚未进行实验、调研，想要确定一个研究主题时，一般可以从以下来源入手：课程作业、实验室项目、课程教师、偶然事件等。以前的课程作业也是可选研究主题的重要来源，课程中你感兴趣的、觉得理解有难度的，也可以作为研究的出发点。通过研究，对于课程作业进行拓展、对知识点进行深层次的学习与应用实践。实验室的项目一般都具有较高的研究价值，通过项目的文献回顾与对研究进展的思考，获得论文题目来源。课程教师也可以为学生推荐设计学研究领域中重要的研究点、前沿技术。偶然事件则指的是生活中发生的一些事件。比如在当地或国内引发不同论点的现象，是否可以提炼为论文主题，又是否具备可以进行设计的因素？如果对于群体、人的行为及心理特征感兴趣，可以在生活的周边环境多转转，观察人们的行为与生活，尤其注意那些碰巧发生的行为[79]。

题目确定后，需要进行相关文献工作的阅读与了解，对研究题目的背景和研究观点有大体上的认知，并对相关研究有足够的了解，明确其研究的手法、得到的结论以及对本研究工作的作用。文献回顾中，需要注重文献的质量，以及对研究工作是否符合规范的分析。如果遇到相关研究论文较多的情况，推荐使用文献引用分析工具 Histcite 和可视化分析工具 Citespace。

20.2.2 论文起草

学术论文的结构相对固定，中文的学术期刊论文一般包含摘要、介绍/引言、(文献综述)、方法或实验、结果、讨论、总结、(局限性)、参考文献几部分，英文的学术期刊论文一般包含 Abstract、Introduction、(Literature Review)、Methods、Results、Discussion/Conclusion 几部分。Literature Review 不多时，可以放在 Introduction 中，否则单独成一节内容；Discussion 展开较多时，则需要和 Conclusion 分成两节撰写。在具体写作时，这几部分会根据具体需要进行增减变化，初学者按照主要的结构进行撰写即可。根据自己的习惯或已有材料，为每一部分加入内容。如果习惯先完成文献、理论背景部分，可以优先进行文献回顾工作；如果数据分析内容有一定基础，也可以先对数据结果进行整理完善。

20.2.3 论文修改

论文的内容修改可以从以下几个方面入手。

(1) 内容：行文的逻辑明白，表达清晰，方法、实验描述清晰、完整。

(2) 结构：结构完整。

(3) 语法与标点：语法正确，标点符号使用符合规范。

(4) 图表：图表的格式符合三横线式、图名和表名无缺漏。

(5) 句段、词汇：使用书面语，使用词汇含义明确，措辞严谨。

在这些要素中，论文的逻辑，论据，结果的论证、解释和表达以及他人工作引证是最耗费时间、最重要、需要修改的内容。

20.2.4 投稿与发表

当论文打磨得差不多后，需要及时确定意向发表期刊、联系期刊编辑部。可以通过期刊官网、官方公众号进行期刊内容、期刊质量和投稿联系方式的了解。一般情况下，可以优先给较高水平的期刊投稿，如不通过，则改投其他较低水平的期刊，切记不要“一稿多投”。一稿多投属于学术不端行为，端正学术态度、认真考量学术期刊的质量和内容是一名研究者的基本素质。在投稿之前，需要了解期刊的种类和本领域高水平的中外文期刊。投稿时可以先投比稿件水平稍微高一些的期刊，稿件一旦被录用，会收到期刊编辑部的邮件录用通知。

期刊整体上分为学术期刊和非学术期刊，学术期刊刊登学术研究、文献综述、研究理论或评论等高水平的学术论文文章，学术性、领域性较强；非学术期刊刊登一些报道、讲话、心得体会、现象评论等，可以作为学术研究的参考资料。被学术期刊尤其是核心期刊录用，是对我们研究工作和撰写能力的一种肯定。

20.3 学术期刊论文的结构

学术论文是一项科学记录，其研究的学术课题在实验性、理论性或观测性上具有新的科学研究成果或创新见解。学术论文也可能是对某已知原理的实际应用、新进展的结构性总结，用于学术会议上宣读、交流或讨论，或在学术刊物上发表。学术论文须提供新的科技成果和信息，其内容应立足于发现、发明、创造、前进，而不是重复、模仿、抄袭前人的成果。

20.3.1　中文学术期刊的结构

1. 标题

标题是论文的研究点概括，一般要求 15～20 个汉字。注意，题目要无歧义，尽量不使用缩略词或简化词，尽量不使用标点符号，比如问号、冒号、分号。有些期刊要求对论文的标题和摘要撰写英文版本，需注意翻译正确、无语法错误。一般的，若报告、论文用作国际交流之用，应当有外文标题（英文）。外文标题一般不宜超过 10 个实词。

2. 摘要

论文的摘要可以通过把握摘要的四要素来进行撰写。这四个要素分别是目的、方法、结果、结论。在第一个要素中，阐述研究的目的、问题的由来。在第二个要素中，说明研究使用的方法、具体应用在什么地方、方法的要素如何设计的，以及数据统计分析的方法。比如使用工作抽样法，则需要说明行动要素的分类依据、观测记录的方式。在第三个要素中，需要将研究的主要结果进行报告，包含具体、准确的数据以及可信度、差异显著性的水平。在第四个要素中，简要说明实验得到的结论，以及结论的应用与推广价值。

在撰写时，如图 20-1 所示，先将四要素放到摘要中，然后填入相应的内容。

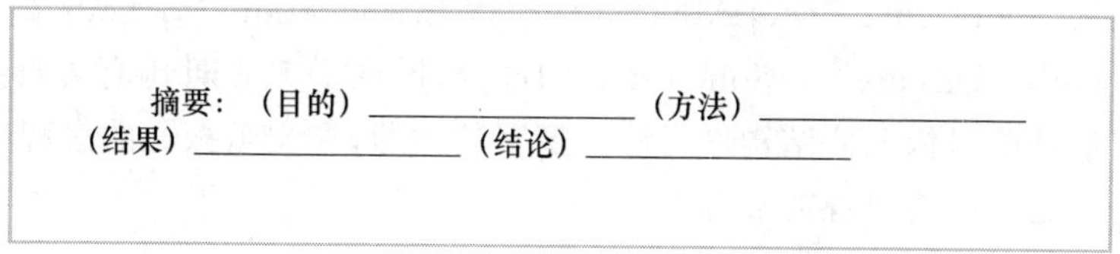

图 20-1　摘要的内容结构

3. 关键词

关键词一般为 3～5 个，主要来源于研究的主要对象要素、研究使用的关键方法、全文频率最高的有意义名词。关键词的质量影响二次文献的收录与利用，因此不可以随意选取。对其他文献的了解有利于明确研究的专业术语，因此可以在文献回顾工作完成之后敲定关键词。

4. 引言/背景

引言主要介绍论文的社会背景、理论背景，让读者了解这项研究的意义、研究问题的发生背景。有的研究论文在这部分不做标题，有的研究论文将引言前编号设置为“一”或“1”，有的研究论文则将这部分标题的前置编号设置为“0”，即标题为“0 引言”，具体设置需要参考期刊的要求。如期刊未设置官网，可参考期刊近年发表论文的格式。

5. 正文

一般的，正文指的是引言后、结论/结语前的内容。这部分主要包含方法、结果、讨论三节内容。通过这三节内容,作者对于论点进行详细、充分、有逻辑的描述分析。论文的语言要注重言简意赅,专业术语、单位、编号格式、文中引用图名等要统一。

6. 结论

结论并非对讨论内容的简单复述,而是与正文其他部分相联系,陈述观点、意见,而非数据。在讨论部分,已经对数据进行了充分的论证,结论部分需要将论证的结果进行描述。比如《触觉地图辅助盲人建构陌生环境空间表征的研究》[80]中,讨论部分根据触觉地图训练后“绝大部分被试能对陌生环境建立起清晰的空间表征”,并结合语言的序列信息特征,解释了复杂路径下环境布局表征会不够清晰,因而不利于文字语言信息转化为表象,得出了触觉地图训练可以提升盲人的空间表征能力的结论,在此基础上,对盲人使用触觉地图的准确性进行了讨论。这篇论文在结论部分是这样撰写的:“触觉地图可以提升盲人对陌生环境的空间表征能力,还可以提升被试在陌生环境中的行走准确性,但对于行走速度并无提高。而语言描述的方式也有一定的效果,控制组效果最差。”

20.3.2 英文学术期刊的结构

英文学术期刊论文有着比较固定的结构化写作范式,其中 IMRD 结构非常常见。如图 20-2 所示,IMRD 结构包含 Introduction、Methods & Materials、Results、Discussion/Conclusion 四部分,展现了英文期刊论文的主要结构。初学者可以依循此结构进行论文撰写的学习,在文献探讨的过程中了解归纳结构之外可能出现的部分。

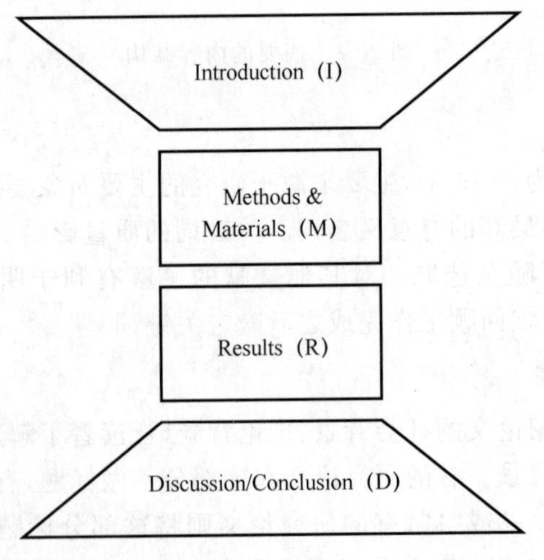

20-2 英文学术期刊论文的 IMRD 结构范式

1. Abstract

英文期刊论文的摘要和中文期刊论文的摘要一样,是对论文的一个简要

概括。摘要的撰写需要以简洁、准确的语言去概括研究关键信息，便于读者阅读和引用。一般会在摘要下方列出 3～8 个关键词，方便论文的索引。

2. Introduction(Literature Review)

Introduction 有两个功能，一是引出论文的研究主题，二是起到修辞功能，比如激发读者的兴趣、提高论文说服力、为发表提供支撑等。根据学术论文的典型结构——IMRD 结构，引言的写作思路应该从比较广泛的话题，逐渐聚焦到具体的研究问题或假设上。这种广泛到具体的写作思路被称为 General-Specific(G-S)。Literature Review 可以放在 Introduction 中，如果文献回顾的内容较多时，也可以单独成为一小节。

3. Methods & Materials

Methods & Materials 部分要求作者以准确清晰的语言来陈述实验所用方法和材料、具体的实验流程和受访者相关信息等，文风以及描述的内容在不同学科领域有着不同的要求。一般对于设计研究来说，需要描述实验招募、设备材料、实验方法与任务设计等。

4. Results

Results 部分主要展示研究结果，以描述事实为主。实验结果的回报要遵循客观、科学、真实的原则，不可以随意篡改实验结果，违背学术道德。在 Results 部分主要对结果进行汇报，可以对结果进行解释说明，但不应添加主观推断。

5. Discussion/Conclusion

Discussion/Conclusion 部分需要围绕论文观点进行论述。论述时要有理有据，不重复罗列实验结果。论述内容要与研究领域和应用场合相结合，内容与写作语言要具备抽象化、普适性、理论化的特点。讨论和引言部分的结构相反，讨论是从具体的观点开始，过渡到普适性的观点，这种从具体到广泛的思路称为 Specific-General(S-G)。

20.4 学位论文的结构

在本科结束阶段撰写的学位论文又称为学士论文，学士论文关注本科学习的理论知识积累、基本操作技能，衡量学生是否具备专业知识进行应用、报告的基本能力素养。在硕士阶段，学位论文则体现出作者在专业领域的理论研究与应用实践水平，展现个人能够独立从事设计实践应用与科学研究工作的能力和技术水平。博士论文则要求作者在掌握理论的基础上，对理论有系统、深入的研究能力。博士生不仅要具备独立从事学术课题研究的能力，还要求在领域内有创造性的成果。一般来说，无论是本科、硕士还是博士，学位论文的结构大体上是一致的，如表 20-1 所示。

表 20-1 学位论文的结构[81]

结构名	结构内容
封面	封面含有分类号、单位编号、保密级别、卷或分册或篇的序号、版本号、责任者姓名、申请学位级别等。不同的高校有不同的要求，按照学校要求即可
标题页或题名页	题名页是报告或论文进行著录的依据，包含的内容有：单位名称和地址、在封面上未列出的责任者职务、职称、学位、单位名称和地址，参加部分工作的合作者姓名等
序或前言	主要介绍研究工作的背景、主旨、目的和工作意义，以及获得资助、协作经过等，也可以不用写
摘要	学位论文的摘要不受字数限制
目录页	包含章节、附录等的序号、名称、页码内容
图表清单	文中的图表较多时，需将图表序号、图表名称、页码列出清单
术语清单	符号、标志、缩略词、计量单位、名词、专业术语等注释说明汇集表
引言或绪论	重点陈述研究的理论背景，对前人研究工作进行综合评述及理论分析
正文	主要包含：调查对象、实验或评价方法、仪器设备、实验材料、实验流程和结果、统计分析方法、数据资料、经过加工的图表、数据分析得到的结论等
结论	陈述研究工作的总体结论，也可以提出研究设想、设备改进意见、尚未解决的问题以及研究局限性
致谢	对基金、协助完成研究工作或提供便利条件的组织或个人、提供研究工作帮助的人、给予转载和引用权的资料所有者等进行感谢
参考文献	按照参考文献格式进行引用。编排顺序可以与文中引用的顺序相对应，也可以按照姓名首字母进行编排。按照前者编排时，文中引用一般为[1]、[2]
附录	学位论文一般都会有附录，主要为调查用纸、较为关键的长代码等
结尾（必要时）	为了将报告、论文迅速存储入电子计算机，可以提供有关的输入数据。可以编排分类索引、著者索引、关键词索引等

20.4.1 中文学位论文的结构

1. 前置部分

论文的前置部分包括标题、序或前言、摘要、关键词、目录页、插图和附表清单、术语清单。前置部分相当于论文的“档案袋”，它提供了研究的基本信息。

标题以最恰当、最简明的词语反映报告、论文的重要内容，是一种关键词汇的逻辑组合。标题所用每一词语必须有助于选定关键词和编制题录、索引等二次文献可以提供检索的特定实用信息。为学位论文撰写标题时需要注意不能使用不常见的缩略词、首字母缩写字、字符、代号和公式等。标题一般小于或等于 20 字。主标题以外，还会有作者使用副标题。使用副标题的情况可能是标题意犹未尽，可为主标题补充说明或引申，也有可能是一个研究

有多个阶段性成果，用副标题加以区分。

报告或论文中的序，一般是作者或他人对文章的简介，说明研究工作缘起、背景、目的、意义、编写体例，以及资助、支持、协作经过等。“序”并非必要的部分，类似的内容也可以在正文引言中加以说明。

摘要中包含数据、结论，要求读者在不阅读全文的情况下，通过摘要就可以知道文章的完整意思。中文摘要一般200～300字，英文摘要不宜超过250个实词。一般的，不会在摘要中放置图、表、公式、非专业术语或符号。

关键词是从论文中选取出来用以概括全文内容的单词或术语，为文献标引工作所用。每篇论文选取3～8个词作为关键词。一般情况下，关键词放在摘要的下方另起一行，并且“关键词”三个字进行加粗标识。

长篇的论文需要有目录页，目录页中包含篇、章、附录、题录的序号、名称、页码，需要另起一页。

如果论文中的图表较多，可以列出清单并放于目录页之后。图的清单应有图序号、图名和页码。表的清单应有图序号、表名和页码。

术语清单包含符号、标志、缩略词、首字母缩写、计量单位、名词、术语等，一般放在图表清单之后。

2. 主体部分

论文的主体部分包括引言或绪论、正文、结论、致谢、参考文献。

引言部分需要以简洁的语言，说明研究目的、研究领域的前人成果、理论基础、研究方法、实验设计、预期结果和意义等，但要注意避免和摘要雷同。引言不是摘要的扩写，这是一个对于自己研究和他人研究的有机组合。

论文的正文占主要篇幅，是核心部分。由于研究工作涉及的学科、选题、研究方法、实施过程、结果表达等存在差异，因此对正文内容不能刻板地规定成某一种模式。但均需要把握实事求是、客观、准确、完整、符合逻辑、语言简明这几个原则。

论文的结论起到总结全文的作用，针对的是全文而不是某一个部分，更不是正文中各段的复述。如果没有获得有价值的结果，则需要在结论中进行反思，对下一步研究提出建议以及尚未解决的问题。

致谢的对象是在研究工作中提供帮助的组织或个人，可以是：

(1) 国家科学基金，资助研究工作的奖学金基金，合同单位，资助或支持的企业、组织或个人；

(2) 协助完成研究工作和提供软硬件帮助的组织或个人；

(3) 在研究工作中提出建议的人；

(4) 给予转载和引用权的资料、图片、文献、研究思想与成果的所有者；

(5) 其他应感谢的组织或个人，例如父母、亲友、恩师等。

3. 附录部分

附录是对论文材料的补充说明，并非必须。附录编排于正文部分后，内容一般包括：

(1) 详尽的研究方法、技术的深入叙述，由于过于冗杂而没有全部放在正文中；

(2) 篇幅较长的重复性资料，比如问卷题目、访谈大纲等；

(3) 不便于编入正文的罕见珍贵资料；

(4) 对一般读者没有必要阅读，但对本专业同行有参考价值的资料；

(5) 某些重要的原始数据、数学推导、计算程序、框图、结构图、注释、统计表、计算机打印输出件等。

4. 格式

在完成论文内容的基础上，需要注重格式的规范性。具体可以参考各个学校的学位论文格式规范。

20.4.2 英文学位论文的结构

1. 标题与封面(Title and Cover Page)

标题是对论文中所含信息的准确描述，如果论文的内容大于标题可以准确描述的范畴，那么需要采用复合标题。复合标题显示为两行，主要标题到冒号(包括冒号)放在第一行，副标题出现在第二行。整个标题应居中，并从顶部1英寸的空白处向下大约五行(单行)。接下来需要注明"提交给某某大学的论文"，毕业生所在学院需要认证和推荐学生毕业，这行字必不可少。

2. 前置部分(Front Matter)

完成初始标题与封面页后，作者可以着手准备论文的前置部分。前置部分包括以下内容：

- 内页(Inside Cover)；
- 版权(Copyright)；
- 签名(Signature)；
- 献词(Dedication)；
- 目录(Table of Contents)；
- 图表清单(Tables，Figures，Illustrations，Charts，Graphs)；
- 术语清单(Nomenclature List)；
- 摘要(Abstract)。

3. 主体部分(Main Text)

论文的主体一般按照章节进行编排，正文有基本的结构，但也可以在实际撰写时根据工作说明进行一定的更改。下面是主体部分的结构：

- 章节标题(Chapter Headings)；
- 文献综述(Review of the Literature)；
- 方法(Methods)；
- 结果(Results)；
- 讨论和设计应用(Discussion and Design Application)。

4. 后置部分（Back Matter）

文章在完成后，作者应着手于后置部分。该部分提供文档正文中提及但未多加说明的更多信息和术语。后置部分的第一部分是文中引用的参考文献或著作，其后是附录、专业术语解释，根据论文的类型还可以包括个人履历或作者简介。下面是后置部分的结构：

- 引用（References（APA）or Works Cited（MLA））；
- 附录（Appendices）；
- 专业术语解释（Glossary of Terms）；
- 个人履历或作者简介（Curriculum Vitae or Author's Biography）。

5. 格式

文本、字体、段落、图片、图名、表格、数学公式、特殊符号、引用格式等格式要求具体可参阅《Evidence Based Design：A Process for Research and Writing》[3]和《美国心理协会刊物准则》（第 6 版）。《美国心理协会刊物准则》（第 6 版）由美国心理学会（American Psychological Association，APA）出版。

20.5　规范引用及其重要性

引用文献和他人工作有利于读者了解作者在主题上的理解，明确作者研究的理论背景。写作者需要将论文所汇报工作的相关研究进行总结式介绍，告知读者谁、何时、何方法、如何做了什么研究。如果读者是相关领域的研究者，也有利于读者的研究方向与课题选择，为其提供一定的帮助、启发。如果没有完整了解一项研究工作，则不应随意进行引用。如果他人研究工作、想法理论对论文结构并无帮助，则不应泛泛地进行引用。

一般来说，规范引用需要格式正确。英文期刊的引用格式规范有 APA 和 MLA（Modern Language Association）两种，表 20-2 中给出了两种引用格式规范的使用领域和惯用表达术语。由于设计需跨学科解决问题，并主要属于社会科学领域，因此需掌握两种引用格式，并重点掌握 APA 这一引用格式。

表 20-2　APA 与 MLA 的使用领域与术语使用差异

	使用领域	文中引用及引用列表术语使用差异
APA	行为与社会科学、教育、商业、工程	文中引用强调作者及作者工作何时发表，文末文献引用列表名为 References
MLA	人文、语言、文学	文中引用强调作者及文献所在出版物的页码，文末文献引用列表名为 Works Cited

20.5.1 如何引用

引用主要有直接引用、间接引用、总结式引用三种类型。其中直接引用指的是原文引用、不进行删改或转述。在英文期刊论文中，直接引用分短句和长句，英文中小于 40 个单词则添加引号进行引用，40 个单词以上则不加引号但缩进以进行引用。间接引用指的是用自己的话复述要引用的内容，要求写作者使用不同形式的表达转述他人所要表达的内容，并达到一个更精要的理解程度。总结式引用指的是引用整本书或整篇文章。在总结时，需要保持客观的态度来总结评价他人工作，压缩其研究工作内容的表述。表 20-3 对学术论文中引用撰写的不同情况是否符合复述引用要求进行了判定。

表 20-3 复述的正确与否示范

复述引用情况分析	结果判定
将别人的研究数据拿来直接放在文中，没有引用、复述、给出来源	剽窃，需修改
对其他论文中的句子进行了另一番陈述，但仅重排了句序和词汇	剽窃，需修改
在引用时标注了引用，但实际上是二手来源，将他人引用别人工作的内容拿了过来	剽窃，需修改
进行了正确的引用标记，并进行了解释，但对作者没有的东西进行了建议和推断	错误引用，需修改
引用为明显不同的表述，保持了原作者的客观陈述，标记了引用和初始来源	不剽窃

20.5.2 避免剽窃

初学者在进行论文撰写的时候，非常容易因为抄袭、引用不当被认定有剽窃(Plagiarism)行为。一般来说，抄袭他人概念、抄袭文本、自我抄袭是三种最容易规避的剽窃抄袭，如表 20-4 所示。了解这些行为内容后，绝大多数初学者都能够有效避免。然而，在英文论文中，不恰当的引用也将被视为剽窃。比如在引用时仅进行了替换词汇、转换语序的操作，没有进行客观、恰当的转述，也被视为剽窃。

表 20-4 抄袭的三种形式

抄袭的分类	具体说明
抄袭概念	在论文中声明某一由他人提出的概念是论文作者所提出，转述他人的想法时不进行引用
抄袭文本	复制粘贴他人论文内容，而不进行引用
自我抄袭	将自己已经发表的阶段性工作抹去，并将其和最新阶段工作的进展一同汇报，来强调论文的重要性

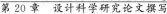

在一篇合格的、发表的论文中，作者、机构、期刊编辑三者共同对论文符合学术道德规范负责。规范引用已有研究工作，如果有疑问注明出处，不为了节约时间而简单复制粘贴，有助于初学者顺利进入规范性报告的阶段。在进行论文投稿时，也能给编辑留下较好的初级印象，助力论文的发表。

20.6　思考与练习

1. 了解APA和GB/T两种引用格式的组成要素，并总结获取不同论文的引用要素的方式渠道。

2. 练习使用文字编辑、引用管理、语料库管理等软件，并描述论文撰写流程的步骤及步骤中涉及的软件。

3. 请搜索与实验室研究方向相关的两篇英文文献，要求公布时间在2010年及以后，引用量超过10或较高，进行结构对比分析和各部分主要内容概括。

4. 了解主要的期刊评价标准，并列举设计研究领域涉及的中文期刊和外文期刊。

5. 了解期刊英文论文作者汉语姓名如何进行翻译，并为自己的名字确定不同应用场景（作者注明、Reference）下的英译形式。

参 考 文 献

［1］ Philip Kotler，Gary Armstrong. 市场营销原理（英文版）［M］. 9 版. 北京：清华大学出版社，2001:87.

［2］ 陈向明. 定性研究方法评介［J］. 教育研究与实验，1996(03):64-70.

［3］ Kopec D，Sinclair E，Matthes B. Evidence based design：A process for research and writing［M］. Pearson Higher Ed，2011:39.

［4］ 风笑天. 定性研究概念与类型的探讨［J］. 社会科学辑刊. 2017(3):51.

［5］ 拉里·克里斯滕森，等. 研究方法设计与分析［M］. 赵迎春，译. 北京：商务印书馆，2018.

［6］ 谢俊贵. 关于社会现象定量研究的简要评析［J］. 湖南师范大学社会科学学报，2000，29(4):40-46.

［7］ 刘海飞. 社会科学研究中的定量与定性研究方法［J］. 宁波职业技术学院学报，2009，13(06):66-69＋90.

［8］ 尹定邦. 设计学概论［M］. 第四次修订版. 湖南：湖南科学技术出版社，2010.

［9］ 刘永涛. 中国当代设计批评研究［D］. 武汉：武汉理工大学，2011:2-3.

［10］ 祝帅. 实证主义对于设计研究的挑战——对当下设计研究范式转型问题的若干思考［J］. 美术观察，2009(11):104-108.

［11］ 李汉松. 从西方心理学史看心理学发展的条件和规律［C］//中国心理学会第三次会员代表大会及建会 60 周年学术会议（全国第四届心理学学术会议）文摘选集（上）. 1981:33-35.

［12］ 郭聪聪. 人机工程学在设计实践中的应用［J］. 大众文艺，2016(13):115.

［13］ 肖人彬，查建中. 智能设计——先进设计技术的核心［J］. 机械科学与技术，1997(4):1-3.

［14］ Loomis Jack M，Golledge Reginald G，Klatzky Roberta L. Navigation System for the Blind：Auditory Display Modes and Guidance［J］. Presence，1998(2):193-203.

［15］ 吴杏麟. 浅谈人机交互设计理论［J］. 西部皮革，2017,39(06):38.

［16］ 尤作，谭浩. 手势操控车载信息交互系统研究［J］. 包装工程，2019，40(02):62-66.

［17］ 贺雪岚，熊建新. 服务设计理念下的产品设计创新方法［J］. 包装工程，2017(20):298-301.

［18］ 丁兰，白阳娟，马芳，等. 质性描述性研究方法在护理研究中的应用［J］. 世界最新医学信息文摘，2018，18(76):105-106.

［19］ 袁荃. 社会研究方法［M］. 武汉：湖北科学技术出版社，2012：26-29.

[20] 欧阳黎黎. 厦门海湾公园方案设计与实地考察评述[J]. 贵州工业大学学报(自然科学版)，2008(03)：119-122+128.

[21] John Lyn Lofland，等. 分析社会情境：质性观察与分析方法[M]. 重庆：重庆大学出版社，2009.

[22] 杨威. 访谈法解析[J]. 齐齐哈尔大学学报(哲学社会科学版)，2001(4):114-117.

[23] 刘电芝. 教育与心理研究方法[M]. 成都：西南大学出版社，2013.

[24] 武艳艳. 生态学视野下的幼儿园户外活动空间设计研究[D]. 济南：山东师范大学，2014:16.

[25] 王宇石. 运用行为观察法辅助设计旅馆大堂[J]. 新建筑，1999(3):33-35.

[26] 郭志峰. 儿童气质活动性与父母教养方式关系的纵向研究[D]. 大连：辽宁师范大学，2007:18-19.

[27] 陈向明. 社会科学质的研究[M]. 台湾：五南图书出版公司，2002:335-336.

[28] 魏玮. 图书馆工作中的观察法及应用[J]. 科技经济导刊，2017(14):195-196.

[29] 王大龙. 基于观察法的产品开发流程研究——IDEO 设计方法分析[J]. 艺术与设计:理论版，2009(5X):192-193.

[30] Chen C M，Wu C H. Effects of different video lecture types on sustained attention，emotion，cognitive load，and learning performance[J]. Computers & Education，2015(80):108-121.

[31] 福田忠彦. 人間工学ガイド 感性を科学する方法[M]. 東京：サイエンティスト社，2004:4-10.

[32] 唐本予. 个案研究法[J]. 上海教育科研，1984(5):52-53.

[33] 李长吉，金丹萍. 个案研究法研究述评[J]. 常州工学院学报(社科版)，2011，29(6)：107-111.

[34] 韩巍. 论玛莎·舒瓦茨的极简主义设计观——以都柏林的大运河广场景观设计为例[J]. 南京艺术学院学报(美术与设计)，2014(1):142.

[35] 郑晓丽. 教育游戏软件界面视觉信息传达有效性的个案研究[J]. 中国电化教育，2009(8):70-73.

[36] 徐拥军，王兴华，孙南. 体育运动服饰文化释义——以篮球运动鞋为个案[J]. 体育文化导刊，2016(8):198-202.

[37] Park J，Han S H，Kim H K，et al. Modeling user experience：A case study on a mobile device[J]. International Journal of Industrial Ergonomics，2013，43(2)：187-196.

[38] Kim H K，Han S H，Park J，et al. The interaction experiences of visually impaired people with assistive technology：A case study of smart phones[J]. International Journal of Industrial Ergonomics，2016，55:22-33.

[39] 缪珂. 服务设计中的流程与方法探讨——以米兰理工大学设计创新与设计方法课程为例[J]. 装饰，2017(03):93-95.

[40] 何平. 比较史学的理论方法和实践[J]. 史学理论研究，2004(04):137-143.

[41] 孟庆顺. 比较史学方法评析[J]. 西北大学学报(哲学社会科学版)，1986(1)：

106-112.
[42] 徐俭，张宇霞，张竞琼. 森英惠、三宅一生、川久保玲之比较研究[J]. 天津纺织工学院学报，2000(05):36-39.
[43] 王爱云. 计量史学方法在当代中国史研究中的运用[J]. 当代中国史研究，2013(6):94-102.
[44] 刘燕. 新课改以来计量史学在高中历史教学中的应用[D]. 扬州：扬州大学，2015.
[45] 张帅. 心理史学概述[J]. 传承，2010(30):108-109.
[46] 薛彦超. 心理史学研究方法述评[J]. 决策与信息旬刊，2016(1):69-69.
[47] 李思雨. 心理历史学在高中历史教学中的应用[D]. 郑州：河南大学，2018.
[48] 姚曼青. 基于数据共享的参与式设计研究[D]. 南京：东南大学，2015.
[49] 管幸生，等. 设计研究方法[M]. 新北：全华科技图书股份有限公司，2006.
[50] 栗冬红. 中国古代屏风设计的文化阐释[D]. 长沙：湖南工业大学，2008.
[51] 金铁洙. 中韩两国教师教育比较研究[D]. 长春：东北师范大学，2006.
[52] 谢文婷. 情感化主导的城市导视系统设计研究[D]. 杭州：浙江工商大学，2013.
[53] 宋振峰，宋惠兰. 基于内容分析法的特性分析[J]. 情报科学，2012(7):964-966.
[54] 邱均平，余以胜，邹菲. 内容分析法的应用研究[J]. 情报杂志，2005(08):13-15.
[55] 刘振，朱恩. 交叉学科视角下的国内广告研究——基于 1 523 篇广告研究论文的内容分析[J]. 传媒观察，2019(4):37-41.
[56] 李本乾. 描述传播内容特征 检验传播研究假设——内容分析法简介(下)[J]. 当代传播，2000(1):47-49.
[57] 黄莹. 德系三大豪华轿车在《中国经营报》中的平面广告分析[D]. 厦门：厦门大学，2008.
[58] 王妍莉，杨改学，王娟，等. 基于内容分析法的非正式学习国内研究综述[J]. 远程教育杂志，2011，29(04):71-76.
[59] 唐海萍，陈海滨，李传哲，等. 基于 KJ 法的艾比湖流域生态环境综合治理研究[J]. 干旱区地理，2007，30(3):337-342.
[60] 孙启超. 医养结合服务模式下的老年人智能家居产品设计应用研究[D]. 上海：华东理工大学，2016.
[61] 李邹倩楠. 移动端音乐社区的应用创新与用户体验研究[D]. 杭州：浙江工业大学，2016.
[62] 胡幼慧. 質性研究——理論、方法及本土女性研究實例[M]. 新北：巨流图书公司. 2005.
[63] 杨冉冉，龙如银. 基于扎根理论的城市居民绿色出行行为影响因素理论模型探讨[J]. 武汉大学学报(哲学社会科学版)，2014(67):19.
[64] 刘镜，赵晓康，马书玲，等. 我国知识型员工创新能力感知的多维度量表开发[J]. 科技进步与对策，2019，36(09):149-156.
[65] 孔祥芬，王晓贝，陆佳恺. 动作分析方法在民航值机中的应用[J]. 工业工程，2015(2):115-120.
[66] 康向于. 基于方法研究的标准作业改善系统设计及应用[D]. 天津：天津大

学，2011.

[67] 玉利祐樹，竹村和久. 言語プロトコルの潜在意味解析モデルによる消費者の選好分析[J]. 心理学研究，2012，82(6):497-504.

[68] 竹村和久，玉利佑树，佐藤菜生，高崎いゆき. 描画と言語フニロトコルによる消費者の選好分析[J/OL]. http://www.waseda.jp/sem-takemura/pdfpaper/tamari-2.pdf. 2019-09-13.

[69] Na N，Choi K，Suk H J. Adaptive luminance difference between text and background for comfortable reading on a smartphone[J]. International Journal of Industrial Ergonomics，2016，51:68-72.

[70] Moskowitz H R. Ratio Scales of Sugar Sweetness[J]. Attention Perception & Psychophysics，1970，7(5):315-320.

[71] 潘志娟，汤华. 纺织品风格的感性评价方法的研究[J]. 辽宁丝绸，2001(3):12-15.

[72] 宋力，何兴元，张洁. 沈阳城市公园植物景观美学质量测定方法研究——美景度评估法、平均值法和成对比较法的比较[J]. 沈阳农业大学学报，2006(02):200-203.

[73] 周诗国，胡良平. q 临界值、ψ 值和 λ 值的含义及其计算[J]. 中国卫生统计，2012，29(1):27-30.

[74] Kantowitz B H. Selecting Measure for Human Research [J]. Human Factors，1992，34(4):387-398.

[75] Norman D A. Cognitive Engineering[M]. Lawrence Erlbaum Association，1986:31-62.

[76] Mehta N K K. Evaluation of engineers' public speaking using work sampling technique[C]//2017 IEEE International Professional Communication Conference (ProComm). IEEE，2017:1-8.

[77] Andrew，Duchowski. Eye Tracking Methodology: Theory and Practice[M]. New York: Springer-Verlag，2007.

[78] Kara Pernice，Jakob Nielsen. How to Conduct Eyetracking Studies[M]. USA: Nielsen Norman Group，2009.

[79] Martin D W. Doing psychology experiments[M]. Cengage Learning，2007.

[80] 谌小猛，李闻戈. 触觉地图辅助盲人建构陌生环境空间表征的研究[J]. 中国特殊教育，2016(09):36-42.

[81] 《国家标准〈GB7713-87 科学技术报告学位论文和学术论文的编写格式〉宣传贯彻手册》出版[J]. 编辑学报，1990(4):24.